											Gruppen					
		Gruppen									III	IV	V	VI	VII	VIII
		IVa	Va	VIa	VIIa	VIIIa			Ia	IIa						
																4,0 **He** 2
											10,8 **B** 5	12,0 **C** 6	14,0 **N** 7	16,0 **O** 8	19,0 **F** 9	20,2 **Ne** 10
											27,0 **Al** 13	28,1 **Si** 14	31,0 **P** 15	32,1 **S** 16	35,5 **Cl** 17	39,9 **Ar** 18
		47,9 **Ti** 22	50,9 **V** 23	52,0 **Cr** 24	54,9 **Mn** 25	55,8 **Fe** 26	58,9 **Co** 27	58,7 **Ni** 28	63,5 **Cu** 29	65,4 **Zn** 30	69,7 **Ga** 31	72,6 **Ge** 32	74,9 **As** 33	79,0 **Se** 34	79,9 **Br** 35	83,8 **Kr** 36
iden		91,2 **Zr** 40	92,9 **Nb** 41	95,9 **Mo** 42	(98) **Tc** 43	101,1 **Ru** 44	102,9 **Rh** 45	106,4 **Pd** 46	107,9 **Ag** 47	112,4 **Cd** 48	114,8 **In** 49	118,7 **Sn** 50	121,8 **Sb** 51	127,6 **Te** 52	126,9 **I** 53	131,3 **Xe** 54
173,0 **Yb** 70	175,0 **Lu** 71	178,5 **Hf** 72	180,9 **Ta** 73	183,8 **W** 74	186,2 **Re** 75	190,2 **Os** 76	192,2 **Ir** 77	195,1 **Pt** 78	197,0 **Au** 79	200,6 **Hg** 80	204,4 **Tl** 81	207,2 **Pb** 82	209,0 **Bi** 83	(209) **Po** 84	(210) **At** 85	(222) **Rn** 86
(259) **No** 102	(260) **Lr** 103	(261) **Ku** 104	(262) **Ha** 105	(263) 106	(262) 107	( ) 108	( ) 109	110	111	112	113	114	115	116	117	118

Element Name	Symbol	OZ[1]	Atommasse (u)
Samarium	Sm	62	150,4
Sauerstoff	O	8	15,9994
Scandium	Sc	21	44,9559
Schwefel	S	16	32,06
Selen	Se	34	78,96
Silber	Ag	47	107,868
Silicium	Si	14	28,0855
Stickstoff	N	7	14,0067
Strontium	Sr	38	87,62
Tantal	Ta	73	180,9479
Tellur	Te	52	127,60
Terbium	Tb	65	158,9254
Thallium	Tl	31	204,37
Thorium	Th	90	232,0381
Thulium	Tm (Tu)	69	168,9342
Titan	Ti	22	47,90
Uran	U	92	238,029
Vanadium	V	23	50,9415
Wasserstoff	H	1	1,0079
Wismut	Bi	83	208,9804
Wolfram	W	74	183,85
Xenon	Xe	54	131,30
Ytterbium	Yb	70	173,04
Yttrium	Y	39	88,9059
Zink	Zn	30	65,38
Zinn	Sn	50	118,69
Zirkonium	Zr	40	91,22

Radioaktive Elemente

Element Name	Symbol	OZ[1]	Langlebigstes Isotop Massenzahl
Technetium	Tc	43	98
Promethium	Pm	61	145
Polonium	Po	84	209
Astatin	At	85	210
Radon	Rn	86	222
Francium	Fr	87	223
Radium	Ra	88	226
Actinium	Ac	89	227
Thorium	Th	90	232
Protactinium	Pa	91	231
Uran	U	92	238
Neptunium	Np	93	237
Plutonium	Pu	94	244
Americium	Am	95	243
Curium	Cm	96	247
Berkelium	Bk	97	247
Californium	Cf	98	251
Einsteinium	Es	99	252
Fermium	Fm	100	257
Mendelevium	Md (Mv)	101	258
Nobelium	No	102	259
Lawrencium	Lr (Lw)	103	260
Kurtschatovium (Rutherfordium)	Ku (Rf)	104	261
Hahnium (Nielsbohrium)	Ha (Ns)	105	262

lehr-
buch
der
chemie

Lüthje
Gall
Reuber

lehrbuch der chemie

Organische Chemie

von Marion Quante,
Uwe Quante
und Wolfgang Thomas
unter Mitarbeit von
Gerd Hefele

Verlag Moritz Diesterweg
Frankfurt am Main

Verlag Sauerländer
Aarau · Frankfurt am Main · Salzburg

Das Lehrbuch der Chemie ist hervorgegangen aus Lüthje · Gall · Reuber „Lehrbuch der Chemie für Gymnasien“

Verfasser: Oberstudienrat Dr. Wolfgang Thomas, Darmstadt
Studienrätin Marion Quante, Hamburg
Studienrat Uwe Quante, Hamburg
Studiendirektor Gerd Hefele, Darmstadt

Genehmigt für den Gebrauch in Schulen. Genehmigungsdaten teilt der Verlag auf Anfrage mit.

ISBN 3-425-05096-6 (Diesterweg)
ISBN 3-7941-2251-8 (Sauerländer)

Gesamtherstellung: Brühlsche Universitätsdruckerei, 6300 Gießen
Grafik: K. Seidel, Bodenmais

Inhalt

Regeln für die Ausführung der Versuche durch Schüler

Die mit L bezeichneten Versuche dürfen nur vom Lehrer durchgeführt werden.

Ordnung, *Sauberkeit*, *Sorgfalt* und *Genauigkeit* sind unbedingte Erfordernisse für ein erfolgreiches Arbeiten im chemischen Labor. Die ausgewählten Regeln dienen der Sicherheit *aller*; ihre *Einhaltung* schließt Gefährdungen praktisch aus.

Benutzung der Arbeitsräume

1. Die Chemieräume dürfen nur unter Aufsicht des Fachlehrers betreten werden.
2. Faß Geräte, Chemikalien, Wasser- und Energieanlagen nur nach Anordnung des Fachlehrers an.
3. Lege auf den Labortisch nur alle benötigten Hilfsmittel und Chemikalien. Im chemischen Labor sind Essen und Trinken untersagt.
4. Informiere dich über den Standort des Verbandskastens, der Augenwaschflaschen, der Feuerlöscher und Feuerlöschdecken, des Löschsandes und aller sonstigen Schutzvorrichtungen.

Verhalten vor dem Experimentieren

1. Befolge **Versuchsvorschriften** und **Anweisungen** des Fachlehrers genau.
2. Schaffe alle erforderlichen *Geräte* und *Stoffe* herbei, setze die Apparaturen nach den Anweisungen zusammen und prüfe, ob alle Verbindungen (Schläuche, Stopfen) dicht sind.
3. Führe die Zusammenstellung der Apparatur dem *Lehrer zur Prüfung* vor. Führe Experimente nur nach Genehmigung des Lehrers durch.
4. Vernünftigerweise wird beim chemischen Experimentieren eine **Schutzbrille** getragen; dies gilt zwingend für alle Versuche, bei denen darauf hingewiesen wird.
5. Trage einen Labormantel und festes Schuhwerk.

Verhalten während des Experimentierens

1. Beachte das oberste Gebot beim Experimentieren: **Umsicht, Vorsicht, Rücksicht!**
2. Arbeite mit *geringen Stoffportionen*. Wenn nicht anders angegeben, nimm von festen Stoffen nur Stückchen von höchstens Erbsengröße, von pulverförmigen eine kleine Spatelspitze, von Flüssigkeiten 1–2 cm^3. Faß Chemikalien nie mit den Fingern an!
3. Beachte nachstehende Gefahrensymbole zur Kennzeichnung gefährlicher Chemikalien:

Giftig

Ätzend

Gesundheitsschädlich

4. Feste Stoffe laß nicht in Gläser hineinfallen, sondern *gleiten*; flüssige Reagenzien (besonders Säuren und Laugen) setze nur *tropfenweise* zu und achte auf die Wirkung jedes Tropfens.
5. Verschließe die Flaschen nach Entnahme von Reagenzien sofort wieder und stelle sie an den dafür vorgesehenen Platz zurück.
6. Schütte keinen aus einer Flasche entnommenen Stoff in diese zurück. Verschüttete Chemikalien müssen sofort beseitigt werden (z. B. Tropfen von ätzenden Säuren).
7. Stelle Geräte und Gefäße nie an den Rand des Tisches; halte Ordnung auf dem Experimentiertisch.
8. Beobachte die eintretenden Veränderungen sorgfältig. Prüfe wegen der Vergiftungsgefahr Stoffe nur dann auf ihren *Geschmack* oder *Geruch*, wenn dies ausdrücklich *angeordnet* wird.
9. Halte wegen Verbrennungsgefahr beim Anzünden und Experimentieren niemals das Gesicht über den Brenner.
10. Beim Kochen bewege das Reagenzglas hin und her und verwende einen Siedestein. Richte die Mündung weder auf dich noch auf deinen Nachbarn. Halte grundsätzlich nie das Gesicht über ein Gefäß, in dem eine Reaktion stattfindet.
11. Arbeite mit gesundheitsschädlichen oder übelriechenden Stoffen stets im **Abzug**.
12. Steigere beim Erhitzen die Temperatur allmählich.

Verhalten nach dem Experimentieren

1. Stelle die Gasflamme klein, solange du sie nicht brauchst (Sparflamme!) oder stelle den Brenner ganz ab.
2. Schütte kein Präparat weg, bevor du weißt, daß es nicht mehr gebraucht wird.
3. Schütte nur solche Flüssigkeiten in den Ausguß, die wasserlöslich und unbedenklich sind und spüle gut mit Wasser nach. Andere Flüssigkeiten und Chemikalien müssen nach den Anweisungen des Lehrers umweltbewußt beseitigt werden. Wirf feste Gegenstände (Filter; Zündhölzer; Glassplitter u. a.) in besondere Behälter.
4. Reinige nach der Übung den Arbeitsplatz und alle Geräte; lege letztere geordnet an den dafür vorgesehenen Platz zurück. Schließe Gas- und Wasserhähne.
5. Melde Beschädigungen oder Verlust von Geräten sofort dem Fachlehrer.
6. Vergiß beim Verlassen des Chemieraumes das Händewaschen nicht.

1 Einführung in die Chemie der Kohlenstoffverbindungen

Versuche

1. Man füllt in trockne Rg kleine Mengen (1–2 g) folgender Stoffe: **Sägespäne, Zucker, Stärke, Watte, Fleisch, Haare** und zum Vergleich **Kochsalz**. Man erhitzt die Proben erst langsam, dann stärker. Zwischendurch wird mehrmals auf Geruch, Flüchtigkeit und Brennbarkeit der Dämpfe geprüft. Man entzündet die Dämpfe. – Rückstand (Farbe, Aggregatzustand)?

2. Eine **Kerze** wird entzündet, und über die Flamme wird
a) ein (kaltes) Becherglas
b) ein mit **Barytwasser (Kalkwasser)** ausgeschwenktes Becherglas gehalten (Vorsicht, alkalische Lösungen sind ätzend, Schutzbrille).

3. Man gibt in einen langstieligen Verbrennungslöffel 2–4 Tropfen **Spiritus**, entzündet diesen und taucht den Löffel dann in einen trocknen Standzylinder, der mit einer Glasplatte abgedeckt wird. Man beobachtet die Wände des abgedeckten Zylinders und untersucht den Beschlag mit blauem **Cobaltpapier**[1] bzw. wasserfreiem (weißem) **Kupfersulfat**. Man prüft auch mit **Barytwasser**, mit dem man den Zylinder ausschüttelt (Vorsicht, Schutzbrille).

4. L. Man vermischt etwa 1 g trocknen **Zucker** oder **Stärke** mit 10 g getrocknetem **Kupfer(II)-oxid** (Drahtform) und erhitzt das Gemisch in einem schwer schmelzbaren Rg. Die sich bildenden Gase werden durch ein in **Eiswasser** stehendes U-Rohr und dann in eine mit **Barytwasser** gefüllte Waschflasche geleitet. Man untersucht den Beschlag aus dem U-Rohr wie in Versuch 3.

1.1 Begriffsbestimmung

Die Stoffe, aus denen Pflanzen und Tiere bestehen und die in ihren Zellen bzw. Organen immer aufs neue gebildet werden, haben von jeher besonderes Interesse geweckt.

Erhitzt man pflanzliche oder tierische Stoffe wie z. B. Holz, Zucker, Haare oder Fleisch unter Ausschluß von Sauerstoff (sog. **trocknes Erhitzen**) immer stärker und über längere Zeit, so stellt man eine zunehmende Verfärbung über Braun nach Schwarz fest (Abb. 1.1). Es entweichen gasförmige oder nach dem Kondensieren flüssige Zersetzungsprodukte, die häufig brenzlig riechen. Untersucht man den festen Rückstand, so erweist er sich als **Kohlenstoff**.

---

1 Herstellung: Filtrierpapier mit halbkonz. Cobalt(II)-chlorid-Lösung tränken und *über* einer Flamme vorsichtig trocknen. Beim Benetzen mit Wasser tritt Rosafärbung ein.

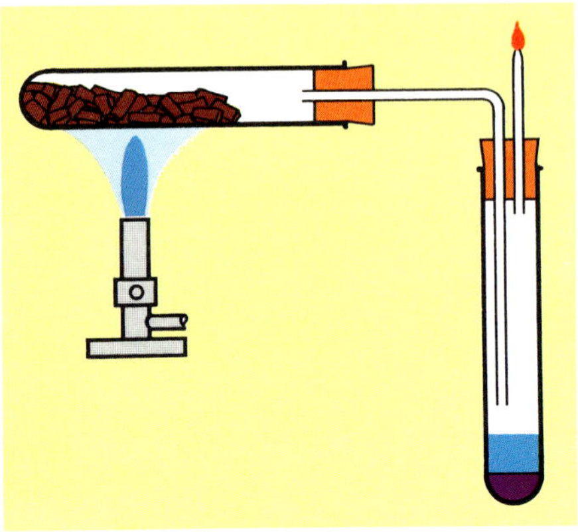

Abb. 1.1 Trocknes Erhitzen von Holz

In Luftsauerstoff können pflanzliche und tierische (=organische) Verbindungen vollständig verbrannt werden; auch mit Kupferoxid kann die Oxidation bei höherer Temperatur erfolgen. Als Verbrennungsprodukte entstehen stets Kohlendioxid und (fast) immer Wasser. Daher kann man aus den Verbrennungsvorgängen bzw. dem trocknen Erhitzen schließen, daß **organische** Verbindungen **immer** Kohlenstoff – als Hauptbestandteil – enthalten müssen.

Unter der organischen Chemie versteht man die Chemie der Kohlenstoffverbindungen.

Bereits LAVOISIER stellte fest, daß organische Verbindungen sämtlich *Kohlenstoff* und meist *Wasserstoff* enthalten. Noch im ersten Viertel des 19. Jahrhunderts glaubte man, daß sie nur durch die Lebenstätigkeit der Organismen erzeugt und im Gegensatz zu den Stoffen des Mineralreichs *nicht* im Laboratorium hergestellt werden könnten. So unterschied man streng eine „organische Chemie" von einer „anorganischen".

Diese Trennung verlor ihren Sinn, als es 1828 dem deutschen Chemiker FRIEDRICH WÖHLER als erstem gelang, einen bisher nur beim Stoffwechsel von Mensch und Tier beobachteten Stoff, den **Harnstoff**, $CO(NH_2)_2$, aus einer *anorganischen* Verbindung, dem Ammoniumcyanat, NH_4OCN, *künstlich herzustellen:*

$$\underset{\text{Ammoniumcyanat}}{NH_4OCN} \xrightarrow{\text{Erhitzen}} \underset{\text{Harnstoff}}{CO(NH_2)_2}$$

Seitdem hat man sehr viele Verbindungen des pflanzlichen und tierischen Körpers aus anorganischen Stoffen hergestellt. Außerdem sind bis heute sehr viele Kohlenstoffverbindungen, die in der belebten Natur *nicht* vorkommen, künstlich gewonnen worden.
Von den im Jahr 1982 bekannten **4 Mio** chemischen Verbindungen waren nur rd. 100000 bis 200000 Substanzen anorganischer Natur. Die überwiegende Anzahl aller chemischen Verbindungen sind Kohlenstoffverbindungen.

1.2 Eigenschaften und Zusammensetzung organischer Verbindungen

Besonders charakteristische Eigenschaften organischer Verbindungen lassen sich bei den Erhitzungsversuchen erkennen. Im Vergleich zu anorganischen Verbindungen, z. B. Salzen, schmelzen oder sieden organische Verbindungen relativ *niedrig*, es sind häufig flüchtige Verbindungen von oft charakteristischem Geruch. Daraus kann man schließen, daß organische Substanzen *Molekülverbindungen* sind, denn zwischen den Molekülen herrschen nur schwache zwischenmolekulare Kräfte. Vielfach tritt sogar vor dem Schmelzen oder Sieden Zersetzung ein: viele *organische Verbindungen* sind **wenig wärmebeständig**. Die Dämpfe zahlreicher organischer Stoffe sind brennbar; häufig erfolgt die Verbrennung unter Rußbildung. Allgemein kann durch eine **qualitative Elementaranalyse** festgestellt werden, welche Elemente in einer organischen Verbindung enthalten sind. Dazu wird die organische Substanz mit Kupferoxid vollständig oxidiert. Das gebildete *Kohlendioxid* wird durch Einleiten in Barytwasser nachgewiesen, wobei Bariumcarbonat ausfällt (Abb. 1.2).

$$CO_2 + Ba(OH)_2 \rightarrow BaCO_3\downarrow + H_2O\,.$$

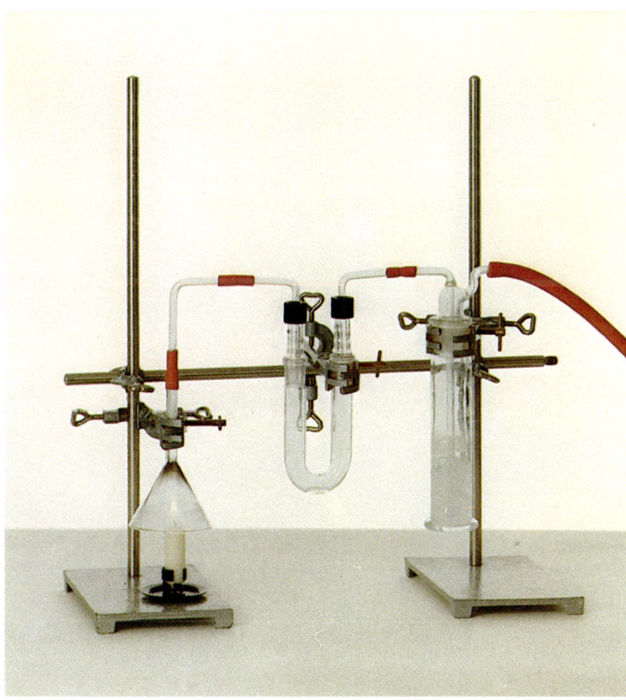

Abb. 1.2
Nachweis von Kohlenstoff und Wasserstoff in organischen Stoffen

Enthält die Substanz auch *Wasserstoff*, so wird er bei der Oxidation mit Kupferoxid zu Wasser umgewandelt. Dies kann mit blauem Cobaltpapier durch Rosafärbung oder mit wasserfreiem (weißem) Kupfersulfat durch Blaufärbung nachgewiesen werden.

Verbrennt man organische Substanzen (z. B. Eiweiß, Zucker, Kunststoff, Farbstoffe) vollständig, so kann man außer Kohlenstoff und Wasserstoff vergleichsweise *wenige* andere Elemente in den Verbrennungsprodukten nachweisen. Die Anzahl der am Aufbau organischer Verbindungen beteiligten Elemente ist also überraschend klein. Bei diesen sog. **organogenen Elementen** handelt es sich überwiegend um *nichtmetallische Elemente*, neben *Kohlenstoff* und *Wasserstoff* vor allem um *Sauerstoff*, *Stickstoff*, *Halogene*, *Schwefel* und *Phosphor*. Die typischen Metalle dagegen spielen in organischen Verbindungen, besonders jenen, die im Unterricht behandelt werden, nur eine geringe Rolle.

Aufgaben

1. Begründen Sie, ob es sich bei einer stark riechenden Substanz um eine Ionenverbindung handeln kann.

2. Nennen Sie mindestens drei experimentelle Verfahren (außer Geschmacksproben!), wie Zucker von Kochsalz unterschieden werden kann.

3. a) Zählen Sie Ihnen bekannte organische Verbindungen auf.

b) Schlagen Sie eine Methode vor, die von Ihnen genannten Stoffe als organische Stoffe zu identifizieren.

4. a) Geben Sie die Gleichung an für die Reaktion einer Kohlenstoff und Wasserstoff enthaltenden organischen Substanz mit Kupferoxid.

b) Formulieren Sie die Gleichung für den Nachweis des Wasserstoffs (als Wasser) mit weißem Kupfersulfat.

2 Gesättigte Kohlenwasserstoffe: Alkane und Cycloalkane

Versuche

1. Man pulverisiert in einer Reibschale **Holzkohle** und trocknet sie im Tiegel über einer Flamme. 7 g **Kohlepulver** werden mit 10 g **Aluminiumpulver** gemischt, die Mischung in einen Eisentiegel gebracht und vor dem Gebläse erhitzt. Man beobachtet das selbständige Durchglühen des Gemisches nach Entfernen der Flamme.

2. L. Eine Apparatur entsprechend Abb. 2.1 wird zusammengestellt. In den Standkolben legt man das feinkörnige **Produkt** aus Versuch 1 oder fertiges **Aluminiumcarbid** vor und tropft auf dieses unter schwachem Erwärmen 10%ige **Salzsäure**. Das entstehende Gas wird nach Verdrängung der Luft pneumatisch aufgefangen und entzündet, wenn die Knallgasprobe negativ ausgefallen ist. Über die Flamme hält man a) ein **trocknes** Becherglas, b) ein mit **Barytwasser (Kalkwasser)** ausgeschwenktes Becherglas. Vorsicht, Schutzbrille!

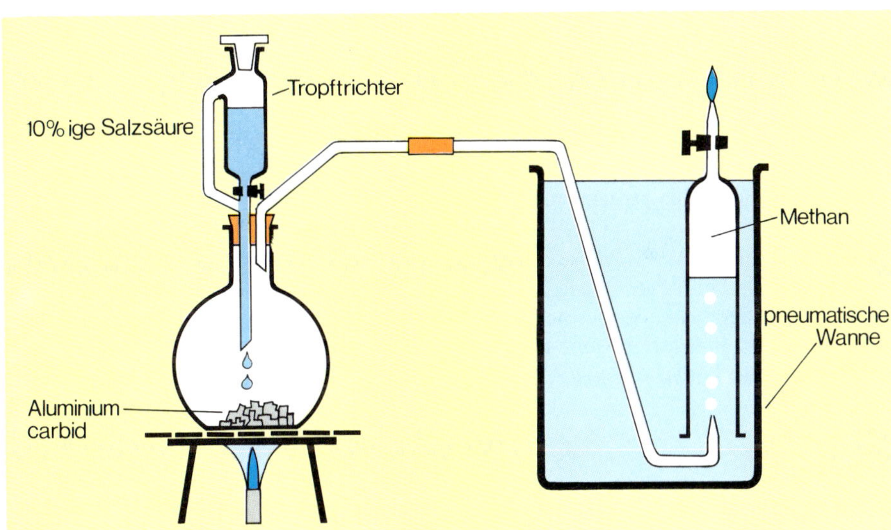

Abb. 2.1 Darstellung von Methan

3. L. Man füllt die genau austarierte Gasmolwaage entsprechend den Anordnungen von Kap. 8, Versuch 11, Bd. 1 mit dem getrockneten **Gas** aus Versuch 2 (oder mit **Erdgas**) und bestimmt dessen molare Masse.

4. a) Zu einem erbsengroßen Stück **Paraffin** werden 3 cm^3 **Wasser** gegeben und erwärmt. Man beobachtet das Schmelzen des Paraffins und läßt wieder abkühlen.

b) Man wiederholt den Versuch a) jeweils mit einem gleich großen Stück **Paraffin** und 3 cm^3 **Methanol, Ethanol, Hexan**. Nach dem Erwärmen auf dem Wasserbad (Vorsicht, Brennbarkeit!) schüttelt man die Lösungen und läßt sie wieder erkalten. Wie verhält sich das Paraffin in diesen drei Fällen?

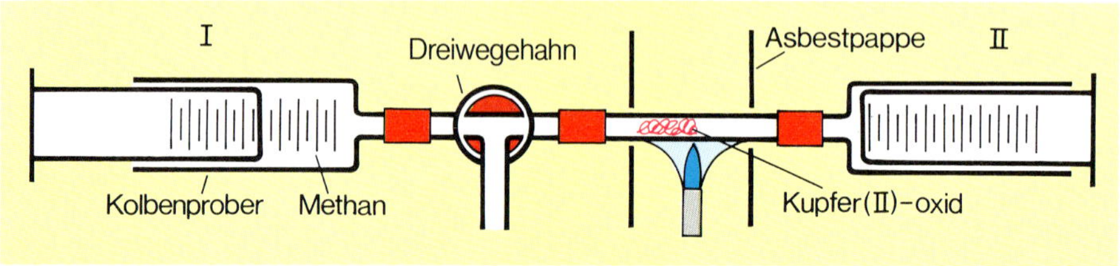

Abb. 2.2 Quantitative Verbrennung von Methan

5. L. Man stellt eine Apparatur gemäß Abb. 2.2 zusammen:
Über das stark erhitzte rotglühende **Kupfer(II)-oxid**, das sich auf der linken Seite des Quarzrohres befindet, drückt man langsam 50 cm^3 **Methan** mehrmals hin und her (Vorsicht, die Apparatur muß unbedingt dicht sein!). Nach dem Erkalten (Volumenkonstanz!) untersucht man das freie Ende des Röhrchens auf Beschlag, die Farbe des Kupfer(II)-oxids und das Gas (Volumen messen!) im Kolbenprober II mit **Barytwasser** (Vorsicht, Schutzbrille!).

6. In Porzellanschalen, die in jeweils 25 cm Entfernung voneinander aufgestellt sind, werden jeweils 1–2 cm^3 a) **n-Pentan**, b) **Benzin** (Siedebereich 80–100 °C oder 100–140 °C), c) **Petroleum**, d) **Paraffinöl** eingefüllt. Man nähert dann der Flüssigkeitsoberfläche einen brennenden Holzspan und beobachtet die Leichtigkeit des Entflammens. Man ordnet die Stoffe nach steigender Entzündungstemperatur und Rußbildung und vergleicht durch Schütteln die Viskosität (Zähflüssigkeit).

7. In mehrere Rg werden 1–2 cm^3 a) **n-Hexan**, b) **Paraffinöl** vorgelegt. Man versetzt jeweils eine Probe mit wäßrigen oder konzentrierten Lösungen von **Salzsäure**, **Schwefelsäure**, **Natronlauge** und **Kaliumpermanganat** und schüttelt (Vorsicht, Schutzbrille!).

8. L. a) Man füllt einen kleinen eckigen Glastrog (Küvette) mit **n-Hexan**, stellt die Flüssigkeit dann in den Strahlengang eines Dia-Projektors. Dann gibt man etwa 1 cm^3 **Brom** hinzu und beobachtet das Gemisch einige Zeit (Projektionsbild). Man haucht auch vorsichtig von der Seite über das sich entfärbende Gemisch oder bläst **NH_3-Dampf** darüber. Eine Probe wird in salpetersaurer Lösung mit **Silbernitratlösung** versetzt.

b) Man wiederholt den Versuch a) mit einem Reaktionsgemisch, das im Dunkeln aufbewahrt wird.

2.1 Darstellung, Eigenschaften und Bedeutung des Methans

Kohlenstoff reagiert mit stark elektropositiven **Metallen** durch direkte Vereinigung bei Temperaturen um 2000 °C; es bilden sich (salzartige) **Carbide**. So reagieren **Aluminium** und **Kohlenstoff** miteinander unter Bildung von **Aluminiumcarbid**, Al_4C_3:

$$4\,Al + 3\,C \xrightarrow{>2000\,°C} Al_4C_3\,.$$

Setzt man Al_4C_3 mit verdünnter Salzsäure um, so erhält man neben Aluminiumchlorid ein Gas, das *nur* aus Kohlenstoff und Wasserstoff besteht. Dies geht aus der Verbrennung des Gases hervor, die ausschließlich die Oxide dieser beiden Elemente, nämlich Kohlendioxid und Wasser liefert. Quantitative Untersuchungen zeigen, daß diese Verbindung, **Methan**, die Formel CH_4 hat:

$$Al_4C_3 + 12\,HCl \rightarrow 3\,CH_4 + 4\,AlCl_3.$$

Neben dieser bequemen Methode, Methan im *Labor* zu gewinnen, sind verschiedene *technische* Darstellungen bekannt (vgl. Kap. 6).

Methan ist die einfachste Wasserstoffverbindung des Kohlenstoffs, ein **Kohlenwasserstoff**. Es bildet sich in der Natur überall dort, wo organische Substanzen unter Wasser verfaulen. Aus dem Schlamm steigt es als **Sumpfgas** in großen Blasen empor. In Spalten von Kohlelagern findet es sich als **Grubengas**. In Erdölgebieten ist es zuweilen in porösen unterirdischen Gesteinsschichten im **Erdgas** gespeichert. Wenn diese angebohrt werden, entweicht das Gas unter Druck. Erdgas ist ein Gemisch, das vorwiegend aus Kohlenwasserstoffen besteht. Die Zusammensetzung schwankt je nach der Herkunft des Erdgases (Tab. 2.1)[1].

Tabelle 2.1 Mittlere Zusammensetzung des holländischen und sowjetischen Erdgases (in Vol.-%)

Bestandteil	holländisches Erdgas	sowjetisches Erdgas
Methan	82,5	93,0
Ethan	3,0	3,0
Propan	0,5	1,3
Butan und höhere Kohlenwasserstoffe	0,3	0,6
Stickstoff	12,5	1,1
Kohlendioxid	1,2	1,0

Methan ist ein *farbloses*, *geruchloses* und *wasserunlösliches* Gas, halb so dicht wie Luft (Dichte 0,717 g/dm³). Methan verbrennt unter großer Wärmeentwicklung mit wenig leuchtender Flamme:

$$CH_4 + 2\,O_2 \rightarrow CO_2 + 2\,H_2O \;/\; \Delta H = -802\,\text{kJ/Formelumsatz}.$$

Explosive Gemische von Methan und Luft verursachen in Bergwerken mitunter schwere Unglücksfälle: „*Schlagende Wetter*". Die Explosionsgrenzen liegen zwischen 5,3 und 14 Vol.-% Methan in der Luft. Vor schlagenden Wettern warnt die Sicherheitslampe nach DAVY (Abb. 2.3).

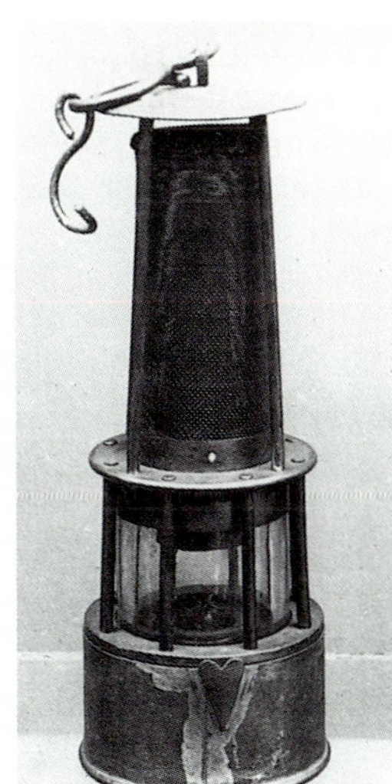

Abb. 2.3 Grubenlampe (Sicherheitslampe) nach DAVY

1 Die Angaben unterliegen gewissen Schwankungen, da es sich beim Erdgas um ein Naturprodukt handelt.

2.2 Ermittlung der Zusammensetzung von Kohlenstoffverbindungen

2.2.1 Molekül- oder Summenformel

Zur Bestimmung der Molekülformel einer organischen Verbindung sind im allgemeinen drei Arbeitsgänge notwendig: die *qualitative Analyse*, die *quantitative Analyse* und die Ermittlung der *molaren Masse*.
Aus der **qualitativen Analyse** (vgl. Versuch 4, Kap. 1), z. B. der Verbrennung des Methans, kann nur auf die Zusammensetzung, auf die Elemente Kohlenstoff und Wasserstoff, geschlossen werden. Das erste brauchbare Verfahren einer **quantitativen Analyse** organischer Stoffe wurde 1831 von LIEBIG unter dem Namen **Elementaranalyse** eingeführt. Sie ist eine Verbrennungsanalyse und stimmt im Prinzip mit der qualitativen Nachweismethode der Elemente Kohlenstoff und Wasserstoff überein.

Die Abb. 2.4 zeigt ein schwerschmelzbares Glasrohr, in dem sich ein Gefäß (a) zum Aufnehmen der genau *abgewogenen* Substanzmenge und Kupfer(II)-oxid (b) (oberflächlich oxidiertes, aufgewickeltes Kupferdrahtnetz und gekörntes Kupfer(II)-oxid) befinden.
Durch die Apparatur wird ein trockner, CO_2-freier Sauerstoffstrom (oder CO_2-freier Luftstrom) geleitet. Zuerst wird das Kupfer(II)-oxid auf Rotglut erhitzt und dann das Schiffchen.
Das gebildete Wasser wird durch trocknes Magnesiumperchlorat oder Calciumchlorid (c) aufgefangen, das Kohlendioxid durch konz. Kalilauge oder Natronkalk (d); aus der Massenzunahme der Absorptionsgefäße kann man sowohl die absolute Masse als auch den Prozentgehalt der ursprünglichen Substanz an Wasserstoff und Kohlenstoff ermitteln. Ist die Summe der Prozentzahlen kleiner als 100 und hat die qualitative Analyse außer diesen beiden Stoffen keine weiteren Elemente ergeben, so entspricht die Differenz dem Gehalt an Sauerstoff.
Hat die qualitative Vorprüfung gezeigt, daß der zu untersuchende organische Stoff außer den genannten Elementen auch Stickstoff, Halogene, Schwefel oder Phosphor enthält, so müssen die Massen dieser Stoffe nach besonderen Verfahren ermittelt werden.

Abb. 2.4 Apparatur zur Elementaranalyse nach LIEBIG

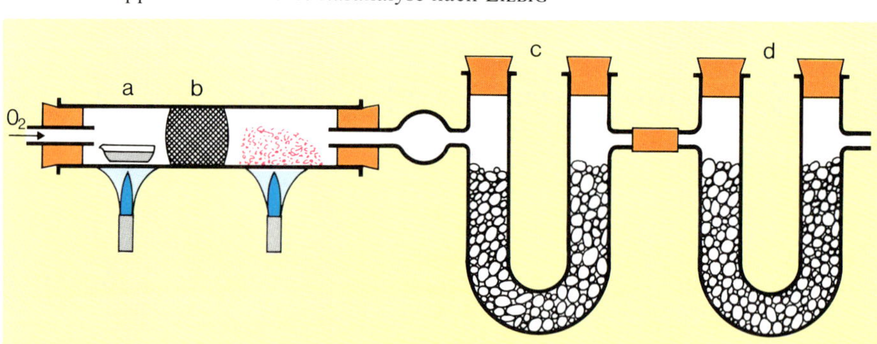

Beispiel: Durch Verbrennen von 0,415 g eines nur Kohlenstoff und Wasserstoff enthaltenden Stoffes sind 0,934 g Wasser und 1,141 g Kohlendioxid entstanden. Man ermittelt zunächst die prozentuale Zusammensetzung (Massenprozent) gemäß nachstehenden Überlegungen:

In 44 g Kohlendioxid (1 mol) sind 12 g (1 mol) Kohlenstoff enthalten.
In 1,141 g Kohlendioxid sind $\frac{12}{44} \cdot 1{,}141$ g Kohlenstoff = 0,311 g Kohlenstoff enthalten.
In 18 g Wasser (1 mol) sind 2 g (1 mol) Wasserstoff enthalten.
In 0,934 g Wasser sind $\frac{2}{18} \cdot 0{,}934$ g Wasserstoff = 0,104 g Wasserstoff enthalten.
0,415 g des Kohlenwasserstoffs enthalten 0,311 g Kohlenstoff (≙ 74,94 Massen-%) und 0,104 g Wasserstoff (≙ 25,06 Massen-%).

Die so ermittelte **prozentuale Zusammensetzung** (Massenprozent) führt zu einer Formel, die das *Zahlenverhältnis* der einzelnen Atome in der betreffenden Verbindung zum Ausdruck bringt, zur **Verhältnisformel**.
Man erhält das *Atomzahlenverhältnis der Elemente*, indem man die gefundenen Prozentzahlen, die ja eine Massenangabe darstellen, durch die Atommassen der betreffenden Elemente dividiert.

Massenverhältnis $m(C):m(H) = 74{,}94:25{,}06$
Zahlenverhältnis der Atome $N(C):N(H) = \frac{74{,}94}{12} : \frac{25{,}06}{1} = 6{,}245 : 25{,}06.$

Da Teile von Atomen nicht bekannt sind, dividiert man durch den kleinsten Zahlenwert, um ganzzahlige Zahlenverhältnisse zu erhalten:

Atomzahlenverhältnis $N(C):N(H) = \frac{6{,}245}{6{,}245} : \frac{25{,}06}{6{,}245} = 1:4.$
Die Verbindung hat die Verhältnisformel $(CH_4)_n$, wobei n eine natürliche Zahl ist. Für die untersuchte Substanz gilt n = 1.

Aus der molaren Masse $\left(\text{für die untersuchte Substanz Methan ist } M = 16\,\frac{\text{g}}{\text{mol}}\right)$ läßt sich nun die Molekülformel bestimmen. Für Methan entspricht also die **Verhältnisformel** auch der **Molekülformel: CH_4.**

In folgendem Beispiel stimmen die Verhältnis- und Molekülformel **nicht** überein:
Eine Verbindung enthält 83,33 % C und 16,67 % H.

Massenverhältnis $m(C):m(H) = 83{,}33:16{,}67$
Zahlenverhältnis der Atome $N(C):N(H) = \frac{83{,}33}{12} : \frac{16{,}67}{1} = 6{,}94:16{,}67.$
Die Division durch den kleinsten Zahlenwert erfolgt, um kleine ganze Zahlen zu erhalten.

Atomzahlenverhältnis $N(C):N(H) = \frac{6{,}94}{6{,}94} : \frac{16{,}67}{6{,}94} = 1:2{,}40$
Verhältnisformel $(CH_{2,40})_n$.
Da nach DALTON *keine* Teile von Atomen möglich sind, entspricht die berechnete Verhältnisformel *nicht* der Summenformel (Molekülformel). Die Bestimmung der molaren Masse (vgl. Kap. 8, 12, Bd. 1) ergibt den Wert $M = 72\,\frac{\text{g}}{\text{mol}}$. Die Verhältnisformel $(CH_{2,40})_n$ ergibt eine „molare Masse" von $14{,}40\,\frac{\text{g}}{\text{mol}}$. Das bedeutet, daß die Verhältnisformel nur $^1/_5$ der wahren molaren Masse angibt. Die Multiplikation der Verhältnisformel $(CH_{2,40})_n$ mit Faktor 5 ergibt die Summenformel (Molekülformel): $\mathbf{C_5H_{12}}$. Es handelt sich um das im Benzin vorhandene **Pentan**.

2.2.2 Struktur- oder Konstitutionsformel

Die Molekülformel ist eine reine Summenformel, sie sagt nur, *wieviele* Atome der beteiligten Elemente das Molekül enthält. Sie verrät aber *nichts* über die gegenseitige *Stellung* der einzelnen *Atome* zueinander, also über die Struktur oder Konstitution des Moleküls. Untersuchungen hierüber führen dann zu **Struktur-** oder **Konstitutionsformeln**. Es sind „Modelle", d. h. schematische, bildliche Darstellungen des Molekülbaus. Sie können als stark vereinfachte und vergröberte Abbilder der wirklichen Moleküle betrachtet werden. Erst aus der Strukturformel kann man auf die Natur der betreffenden organischen Verbindung schließen.

2.3 Modellvorstellungen zum Atombau des Kohlenstoffs und zur Struktur des Methanmoleküls

2.3.1 Das Tetraedermodell und das GILLESPIE-Modell

1. Tetraedermodell: Kohlenstoff als **Element** der 4. Hauptgruppe besitzt 4 Valenzelektronen. Die gegenseitige Abstoßung dieser 4 Valenzelektronen hat zur Folge, daß diese tetraedrisch angeordnet sind.

Durch Verbindung mit 4 Wasserstoffatomen, die jeweils 1 ungepaartes Elektron besitzen, bilden sich zwischen Kohlenstoff und Wasserstoff 4 *gemeinsame* Elektronenpaare aus: Das Molekül CH_4 hat ebenfalls die geometrische Form eines **Tetraeders**, in dessen Mittelpunkt sich das C-Atom befindet. Diese Struktur wird dadurch bestätigt, daß Methan völlig unpolar ist (Dipolmoment = 0), obwohl zwischen Kohlenstoff (EN 2,5) und Wasserstoff (EN 2,1) eine geringe Elektronegativitätsdifferenz besteht.

2. GILLESPIE-Modell: Auch nach dem Elektronenpaar-Abstoßungsmodell (vgl. Kap. 15.2, Bd. 1) ergibt sich als räumliche Struktur des **CH_4-Moleküls** ein **Tetraeder**. Die 4 Elektronenpaare der Valenzschale stoßen sich untereinander aufgrund der gleichen Ladung ab. Sie ordnen sich in *gleichem* Abstand zum Kern so an, daß sie untereinander den größtmöglichen Abstand besitzen. Dies führt zu einer tetraedrischen Ausrichtung der Elektronenpaare um das zentrale Kohlenstoffatom (Abb. 2.5). Der Winkel zwischen einer H—C—H-Bindung beträgt 109°28′ (Tetraederwinkel).

Das Methanmolekül hat Tetraedersymmetrie

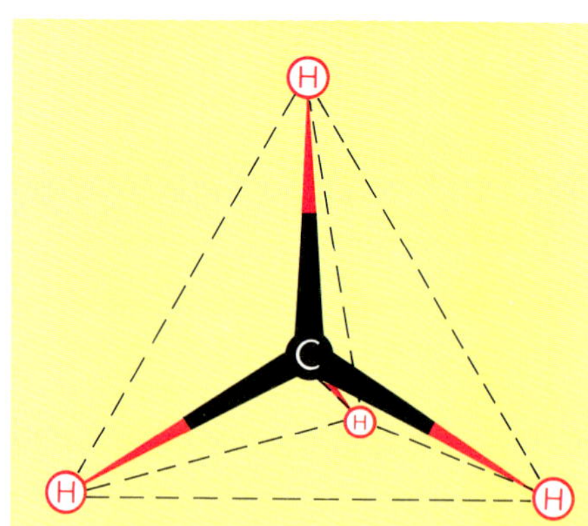

Abb. 2.5 Tetraedermodell des CH_4-Moleküls

2.3.2 Das Orbitalmodell

Eine Erklärung der Tetraederstruktur des Methans mit Hilfe des Orbitalmodells erweist sich als recht kompliziert.

Das Kohlenstoffatom verfügt in seiner Atomhülle über 6 Elektronen, davon besitzen 2 die Hauptquantenzahl $n=1$ (K-Schale) und 4 die Hauptquantenzahl $n=2$ (L-Schale). Von den letzteren sind 2 Elektronen mit entgegengesetztem Spin im 2*s*-Orbital und 2 Elektronen in zwei 2*p*-Orbitalen untergebracht. Dieser Elektronenzustand kann so beschrieben werden: $\mathbf{1s^2}$, $\mathbf{2s^2}$, $\mathbf{2p_x^1}$, $\mathbf{2p_y^1}$. Die Vierwertigkeit des Kohlenstoffs erscheint also überraschend, wenn man die Elektronenverteilung im Kohlenstoffatom nach der Orbitalvorstellung betrachtet (vgl. auch Kap. 16, Bd. 1).

Für die Erklärung der 4-Bindigkeit des Kohlenstoffatoms im CH_4 benötigt man 4 ungepaarte Elektronen (Abb. 2.6a). Das C-Atom besitzt im **Grundzustand** aber nur *zwei* ungepaarte Valenzelektronen, je eins im $2p_x$- und im $2p_y$-Orbital, das $2p_z$-Orbital bleibt unbesetzt. Im Grundzustand erscheint der Kohlenstoff *zweiwertig*.

Der Energieunterschied zwischen dem 2*s*-Orbital und den 2*p*-Orbitalen ist nur *gering*, bereits durch geringfügige Energiezufuhr können die beiden 2*s*-Elektronen entkoppelt werden, und eins der beiden kann das „leere“ $2p_z$-Orbital besetzen. Jetzt stehen *vier* ungepaarte Elektronen zur Verbindungsbildung zur Verfügung. Man bezeichnet diesen Zustand des C-Atoms als **angeregten Zustand** (Abb. 2.6b). Im angeregten Zustand zeigt das C-Atom seine charakteristische *Vierwertigkeit*.

Danach müßte man annehmen, daß zwei verschiedene Bindungsarten existieren, und zwar eine mit dem 2*s*-Orbital und drei (davon verschiedene) Bindungen mit den drei 2*p*-Orbitalen. Das trifft jedoch *nicht* zu. Vielmehr ist festgestellt worden,

Abb. 2.6 Kästchenschreibweise des Elektronenzustands im Kohlenstoffatom nach PAULING[1] a) Grundzustand b) angeregter Zustand c) $2sp^3$-hybridisierter Zustand

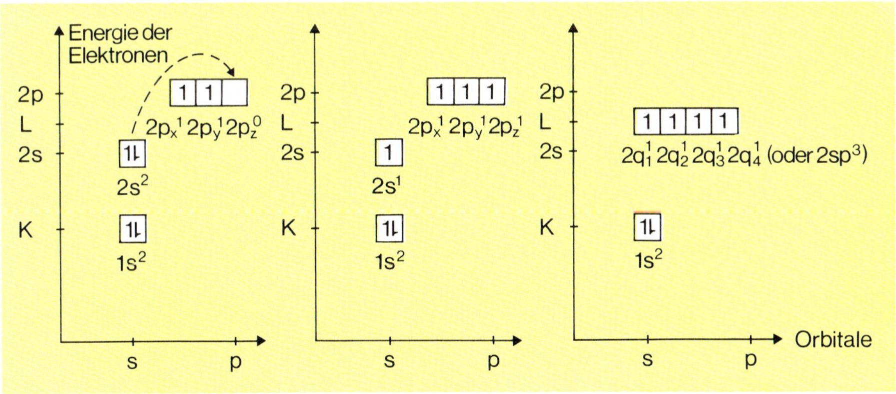

1 In diesen Energieniveaudiagrammen bedeuten die Kästchen die Orbitale, die Pfeile die Elektronen und die Pfeilrichtungen den Spin der Elektronen.

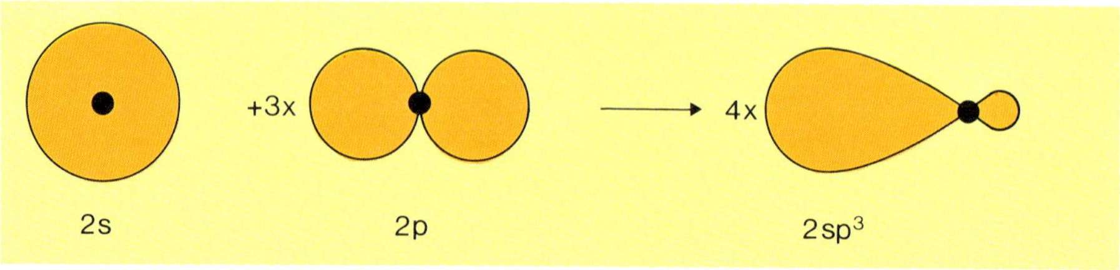

Abb. 2.7 Entstehung von $2sp^3$-Hybrid-Orbitalen (q-Orbitalen) aus $2s$- und $2p$-Orbitalen

daß vier *gleichwertige* Molekülorbitale vorhanden sind. Diese Tatsache wird so erklärt: Die ursprünglich energetisch ungleichwertigen $2s$- und $2p$-Elektronen beeinflussen sich gegenseitig. Es entstehen dadurch *vier* neue, identische und energetisch gleichwertige Orbitale. Solche Beeinflussungen zwischen energetisch ungleichartigen Valenzelektronen sind auch in anderen Atomen als C-Atome feststellbar. Sie führen zu einem Ausgleich der unterschiedlichen Energiezustände, zu einer **Hybridisierung**, wodurch neue Zustände entstehen, die *energiegleich* sind. Die Mischformen werden **Hybrid-Orbitale** genannt. Die vier Hybrid-Orbitale des Kohlenstoffs sind aus dem $2s$-Orbital und den drei $2p$-Orbitalen entstanden, sie werden deshalb als $2sp^3$-*Hybridorbitale* oder auch als ***q*-Orbitale** bezeichnet (Abb. 2.6c). Ein q-Orbital besitzt nun ebenso wie ein s- oder p-Orbital eine charakteristische *Gestalt* und eine bestimmte Lage zum Atomkern.

Zur schematischen Darstellung von Orbitalen gibt man nur die Umrandung der Ladungswolken an und zeichnet lediglich Schnitte der räumlichen Ausdehnung: Im Gegensatz zum kugelförmigen s-Orbital und den hantelförmigen p-Orbitalen ist das q-Orbital *asymmetrisch* gebaut (Abb. 2.7). Das q-Orbital streckt sich mit seinem Hauptteil vom Kern weg in eine bestimmte Richtung des Raumes. Diese Richtung ist durch die gegenseitige Beeinflussung der vier q-Orbitale untereinander eindeutig festgelegt: Die Achsen der vier q-Orbitale sind vom Atomrumpf als Mittelpunkt nach den Ecken eines regelmäßigen Tetraeders gerichtet (Abb. 2.8).

Im Kohlenstoff-Atom sind die vier Valenzorbitale tetraedrisch angeordnet.

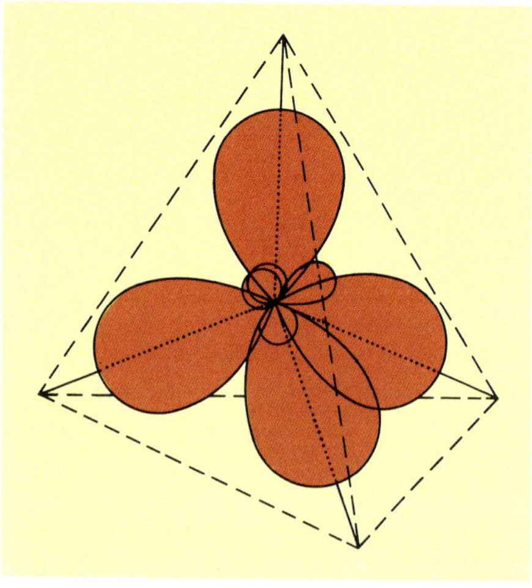

Abb. 2.8 Vier $2sp^3$-Hybrid-Orbitale (q-Orbitale)

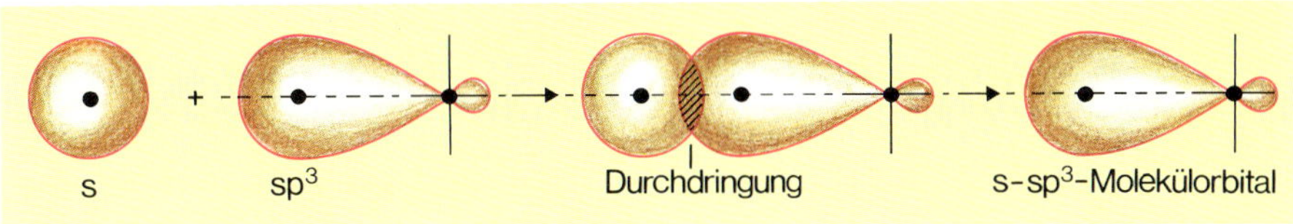

Abb. 2.9 a) Durchdringung von einem 1*s*-Orbital mit einem 2*sp*^{3}-Hybrid-Orbital

Das **Valenzorbital im Wasserstoffatom** ist das kugelsymmetrische 1*s*-Orbital. Das H-Atom vermag daher in *jeder* beliebigen Richtung eine Bindung einzugehen. Die **Bindungen im Methan-Molekül** werden durch die Durchdringung der vier *q*-Orbitale des C-Atoms mit den vier 1*s*-Orbitalen der vier H-Atome bewirkt (Oktettregel). Die *Bindungsrichtungen* sind ausschließlich durch die Lage der Valenzorbitale des C-Atoms bestimmt (Abb. 2.9a u. b); die Valenzwinkel betragen 109° 28′.

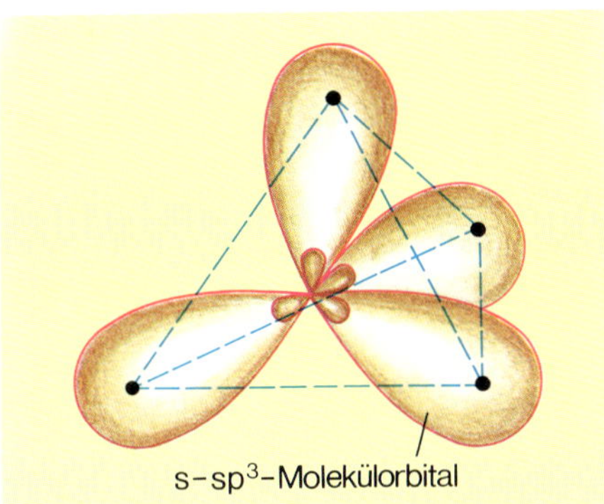

Die Tetraedergestalt des Methanmoleküls ergibt sich aus der tetraedrischen Anordnung der Valenzorbitale im C-Atom.

Abb. 2.9 b) Orbitalmodell des CH_4-Moleküls

Die Tatsache, daß die vier C—H-Bindungen (sogenannte σ-Bindungen) im Methanmolekül völlig gleichwertig sind (Energie, Länge, Winkel), läßt sich mit dem dargestellten Modell und der Hybridisierung des Kohlenstoffatoms ebenso erklären wie die räumliche Struktur des Moleküls.

2.3.3 Molekül-Modelle

Zum Verständnis der Eigenschaften organischer Moleküle werden diese vielfach durch anschauliche **Raum-Modelle** dargestellt. Zur Wiedergabe der *Valenzwinkel* in organischen Molekülen dienen **Kugel-Stab-Modelle** (Abb. 2.10a). In diesen bedeuten kleine Kugeln die Atommittelpunkte und die sie haltenden Stäbe die *gerichteten* Bindungen.
Diese Stabmodelle versagen, wenn es auf die *Raumerfüllung* der Atome im Molekül ankommt. Eine solche Raumerfüllung wird sehr exakt wiedergegeben durch die **Molekül-Kalotten-Modelle** (Abb. 2.10b). Die Kalotten, Kugelabschnitte, kommen infolge der gegenseitigen Durchdringung der Atome zustande. Für die meisten Zwecke genügt es jedoch, Strichformeln als **Strukturformeln** zu verwenden

(Abb. 2.11), die als Projektion des Tetraedermodells in die Papierebene angesehen werden können. Jeder *Strich* versinnbildlicht zugleich ein *bindendes Elektronenpaar*. Der Summenformel (Abb. 2.11) kommt nur eine geringe Bedeutung zu.

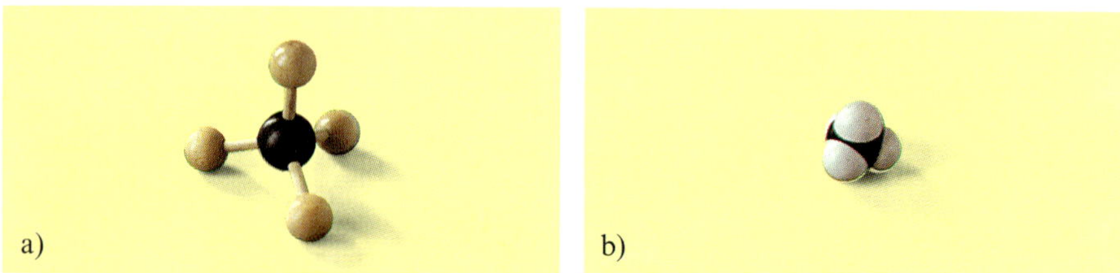

Abb. 2.10 Räumliches Modell des Methanmoleküls a) Kugel-Stab-Modell b) Molekül-Kalotten-Modell

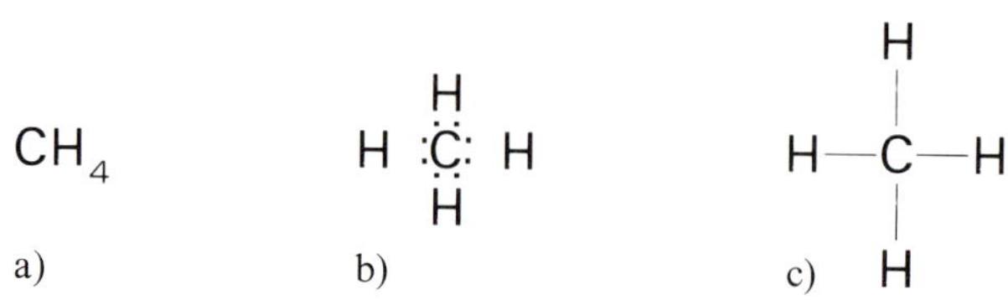

Abb. 2.11 Formeln des Methans a) Summenformel b) Elektronenformel (LEWIS-Formel) c) Strukturformel

2.4 Homologe Reihe der Alkane

2.4.1 Aufbau der Alkane

Da Kohlenstoffatome in der Lage sind, untereinander Bindungen auszubilden, ergibt sich eine ganze Reihe von Verbindungen, die nur aus C- und H-Atomen bestehen. Solche Verbindungen bezeichnet man als **Kohlenwasserstoffe**. Sind zwei C-Atome durch Atombindungen miteinander verbunden und alle restlichen Valenzen durch H-Atome abgesättigt, so liegt ein Kohlenwasserstoff der Formel C_2H_6 ($H_3C—CH_3$) vor, das **Ethan** (Abb. 2.12).
Geht man vom Tetraedermodell des C-Atoms aus, muß man für das Ethanmolekül *zwei* Tetraeder annehmen, die sich in je einer Ecke gegenseitig durchdringen (Abb. 2.13).

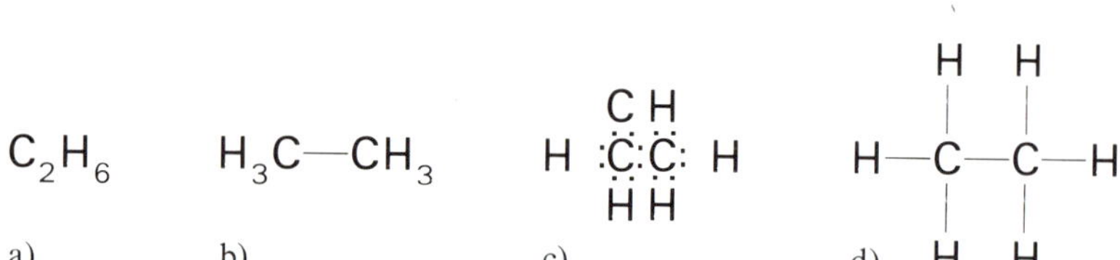

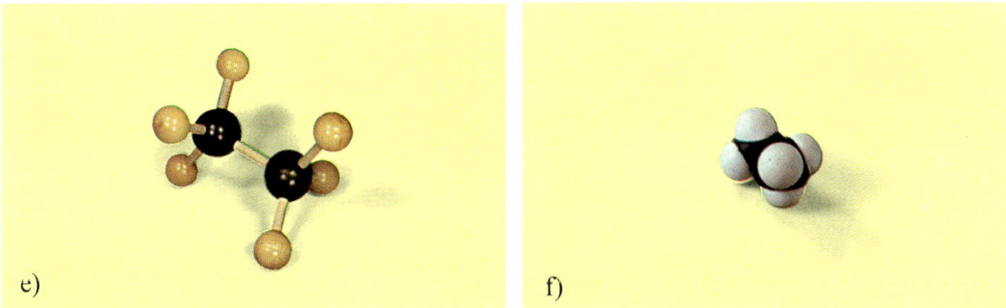

Abb. 2.12 Formeln und Modelle des Ethans a) Summenformel b) Halbstrukturformel c) Elektronenformel d) Strukturformel e) Kugel-Stab-Modell f) Molekül-Kalotten-Modell

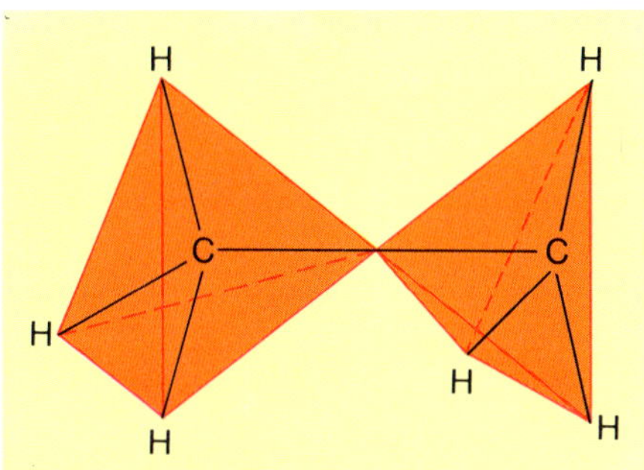

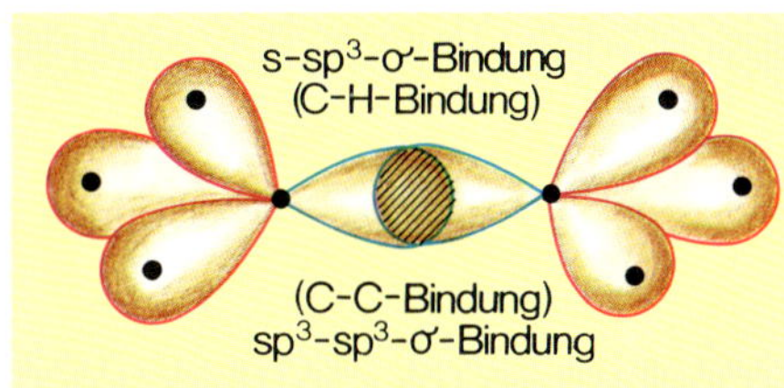

Abb. 2.14 Orbitalmodell des Ethanmoleküls

Abb. 2.13 Tetraedermodell des Ethanmoleküls

Nach dem Orbitalmodell erklärt sich die C—C-Bindung im Ethan so, daß sich nur je **drei** $2sp^3$-Hybrid-Orbitale der beiden C-Atome mit den $1s$-Orbitalen von 6 H-Atomen durchdringen. Die *beiden restlichen* $2sp^3$-Hybrid-Orbitale durchdringen sich gegenseitig unter Bildung einer C—C-Bindung (Abb. 2.14). Insgesamt bilden sich 7 σ-Bindungen aus.

Die Verknüpfung *dreier* C-Atome durch Atombindungen und Absättigung aller Valenzen durch H-Atome führt zu dem Kohlenwasserstoff der Formel C_3H_8 (H_3C—CH_2—CH_3), dem **Propan**. Das darauffolgende Glied dieser Reihe besitzt die Formel C_4H_{10} (H_3C—CH_2—CH_2—CH_3), **Butan**. Wie aus den Formeln hervorgeht, ist jedes folgende Glied dieser Reihe um 1 C-Atom und 2 H-Atome reicher, sein Molekül enthält also eine CH_2 Gruppe **(Methylen-Gruppe)** mehr als das vorhergehende. Solche Reihen chemisch ähnlicher Verbindungen bezeichnet man als **homologe Reihen**. Vom Methan läßt sich eine fortlaufende Reihe verschiedener, aber untereinander eng verwandter Verbindungen ableiten: **Alkane** (Methanreihe). Die einzelnen Verbindungen werden als *Homologe* des Methans bezeichnet und besitzen die **allgemeine Summenformel C_nH_{2n+2}**, wobei *n* die Anzahl der C-Atome angibt. Das *längste* bisher dargestellte Alkan besitzt 82 C-Atome.

Entfernt man aus einem Alkan ein H-Atom, bildet sich ein sog. **Alkylradikal** (allgemeine Formel C_nH_{2n+1}), z. B. das **Methylradikal**. Dieses *Radikal*, Methyl, das ein *ungepaartes* Elektron trägt, dargestellt durch einen Punkt, $\cdot CH_3$, kann wie alle

Tabelle 2.2 Physikalische Eigenschaften der unverzweigten Alkane (z. T. gerundete Werte)

Name	Formel	Smp (°C)	Kp (°C)	Radikal	
Methan	CH_4	−183	−162	Methyl	$\cdot CH_3$
Ethan	C_2H_6	−172	− 88,5	Ethyl	$\cdot C_2H_5$
Propan	C_3H_8	−187	− 42,6	Propyl	$\cdot C_3H_7$
Butan	C_4H_{10}	−135	+ 0,6	Butyl	$\cdot C_4H_9$
Pentan	C_5H_{12}	−130	+ 36,2	Pentyl	$\cdot C_5H_{11}$
Hexan	C_6H_{14}	− 94	+ 68,6	Hexyl	$\cdot C_6H_{13}$
Heptan	C_7H_{16}	− 91	+ 98,4	Heptyl	$\cdot C_7H_{15}$
Octan	C_8H_{18}	− 57	+125,6	Octyl	$\cdot C_8H_{17}$
Nonan	C_9H_{20}	− 51	+150,8	Nonyl	$\cdot C_9H_{19}$
Decan	$C_{10}H_{22}$	− 29,7	+174,1	Decyl	$\cdot C_{10}H_{21}$
Hexadecan	$C_{16}H_{34}$	+ 18	+288	Hexadecyl	$\cdot C_{16}H_{33}$
Eicosan	$C_{20}H_{42}$	+ 36	+205*	Eicosyl	$\cdot C_{20}H_{41}$
Hexacontan	$C_{60}H_{122}$	...	+331*	Hexacontyl	$\cdot C_{60}H_{121}$
usw.					
allgemein:					
Alkan	C_nH_{2n+2}			**Alkyl**	$\cdot C_nH_{2n+1}$

* Bei 19,95 mbar Druck

Alkyl-Radikale für sich allein nicht oder nur Bruchteile von Sekunden existieren; es ist bestrebt, durch Vereinigung mit einem anderen Radikal (oder einem Atom) wieder eine stabile Elektronenpaarbindung zu bilden.

Verbindungen, deren Moleküle nur aus den Elementen Kohlenstoff und Wasserstoff bestehen, heißen Kohlenwasserstoffe. Die Kohlenwasserstoffe der Methanreihe werden Alkane (allgemeine Formel: C_nH_{2n+2}), die Radikale Alkyle (allgemeine Formel: C_nH_{2n+1}) genannt.
In den Alkanmolekülen sind *alle* bindenden Kräfte abgesättigt (gesättigte Kohlenwasserstoffe).

Die Moleküle der längerkettigen, höheren Alkane enthalten eine aus C—C-Einfachbindungen bestehende C-Kette und daneben nur C—H-Bindungen. Die *kettenförmige* Anordnung der C-Atome verläuft – unter Berücksichtigung des Tetraederwinkels – *nicht gestreckt* geradlinig, sondern *gewinkelt*, d. h. die einzelnen C-Atome sind zickzackförmig angeordnet.

Beispiel:

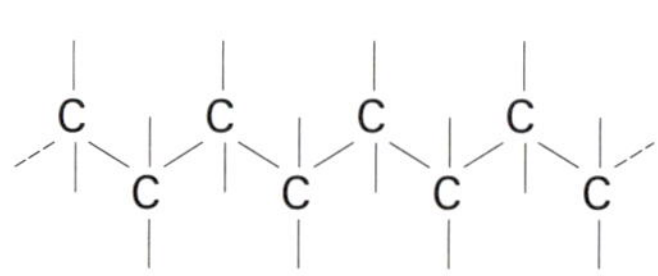

In der organischen Chemie verzichtet man beim Schreiben der Formeln häufig auf die Angabe von Wasserstoffatomen, wenn sie an Reaktionen nicht beteiligt sind.

2.4.2 Physikalische Eigenschaften und Vorkommen der Alkane

1. Die Kohlenwasserstoffe mit 1 bis 4 C-Atomen sind bei Raumtemperatur *gasförmig*, die folgenden – etwa bis Hexadecan – *flüssig* und die höheren Homologe sind *fest*. Alle Alkane sind farblos und – soweit sie gasförmig oder fest sind – auch in reinem Zustand geruchlos. Dagegen besitzen die *flüssigen* Glieder typischen Benzingeruch. Die Schmelz- und Siedepunkte steigen mit zunehmender Anzahl der C-Atome an (Tab. 2.2). Die höheren Homologe sieden – ohne Zersetzung – nur noch im luftverdünnten Raum. – Bei normalem Druck und höheren Temperaturen zerbrechen die langen C-Ketten infolge thermischer Molekülschwingungen, wobei es u. a. zur Bildung *kleinerer* und darum *stabilerer* Moleküle kommt (vgl. Kap. 6).

2. Die Ursache für den Anstieg der Schmelz- und Siedepunkte ist in der *Zunahme* der Van-der-Waalsschen Kräfte begründet. Dies sind Anziehungskräfte zwischen ungeladenen Atomen verschiedener Moleküle; sie werden hervorgerufen durch das Auftreten kurzzeitiger Dipole. Diese sehr schwachen intermolekularen Kräfte nehmen mit steigender Anzahl der mit Nachbarmolekülen in Wechselwirkung tretenden Atomen eines Moleküls zu. Für die unpolaren Kohlenwasserstoffe bedeutet dies, daß die intermolekularen Kräfte mit steigender Anzahl der C- bzw. H-Atome und so mit steigender Molekülmasse zunehmen (Abb. 2.15). Sie sind z. B. beim C_{20}-Alkan, dem Eicosan, so groß, daß dieses Molekül *vor* Erreichen des Siedepunktes in kleinere Bruchstücke zerfällt; die Summe der Van-der-Waals-Kräfte ist größer als die C—C- bzw. C—H-Bindungsenthalpien.

Abb. 2.15 Grobes Schema zur Veranschaulichung von intermolekularen Kräften (van der Waalssche Kräfte)

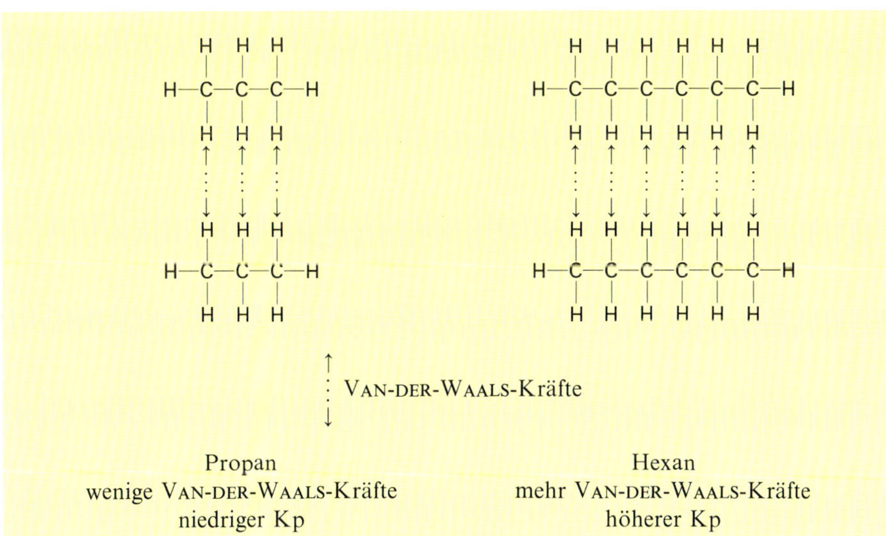

3. Alle Alkane sind in Wasser *unlöslich*, sie sind *hydrophob*[1], aber *lipophil*[2], Alkane sind untereinander mischbar. Die Wasserunlöslichkeit muß damit erklärt werden, daß die starken Wasserstoff-Brücken zwischen H_2O-Molekülen von den schwachen VAN-DER-WAALS-Kräften der Alkane **nicht** zerstört werden können. Dagegen zeigen die *flüssigen* Alkane (Pentan, Hexan u. a., sowie Gemische von ihnen wie Benzin) ein gutes Lösungsvermögen für Verbindungen, deren Moleküle viele CH_2- (und CH_3-) Gruppen enthalten, also sehr *ähnlich* gebaute Moleküle besitzen (dazu gehören auch fettartige Stoffe, z. B. Öl). In diesen Fällen stellen weder die Moleküle des Lösungsmittels noch die des gelösten Stoffes Dipole dar, zum anderen bestehen zwischen den „eigenen" Molekülen jeweilig nur *schwache* zwischenmolekulare Kräfte, folglich können sich beide Molekülarten durch Ausbildung von VAN-DER-WAALS-Kräften vollkommen miteinander mischen.

Es gilt die Regel, daß sich „Gleiches mit Gleichem" mischt, d. h. polare Stoffe lösen sich nur in polaren Lösungsmitteln und unpolare Stoffe in unpolaren Lösungsmitteln.

4. Mit wachsender Molekülmasse (steigender Anzahl der C-Atome) steigt auch die *Dichte* an. Alle Alkane haben eine *kleinere Dichte als Wasser* und schwimmen auf der Wasseroberfläche.

5. Treten Alkane in festem (kristallisiertem) Zustand auf (Zick-Zack-Ketten), so werden ihre Moleküle im Kristallgitter nur durch VAN-DER-WAALS-Kräfte zusammengehalten; dadurch wird ihr niedriger Schmelzpunkt erklärt.

Moleküle mit ungerader C-Zahl schmelzen stets etwas niedriger als solche mit gerader C-Zahl. Die Ursache dafür liegt in der *weniger günstigen* Anordnung von Molekülen mit ungerader C-Zahl im Gitter.

In der Natur finden sich die niederen Alkane im **Erdgas**, **Erdöl (Benzine)**, **Erdwachs**. Die flüssigen und festen Alkane sind die Hauptbestandteile des Erdöls (vgl. Kap. 6), erstere besitzen große wirtschaftliche Bedeutung als Heiz- und Treibstoffe.

2.5 Isomerie

Für die ersten drei Glieder der Alkanreihe ist nur *eine* Anordnung der Kohlenstoffatome im Molekül möglich. Demgegenüber existieren aber *zwei* Kohlenwasserstoffe mit der Summenformel C_4H_{10}, **zwei** Butane, die sich in ihren physikalischen und vor allem in ihren chemischen Eigenschaften unterscheiden. Diesem Verhalten entsprechen zwei verschiedene Strukturformeln. Das Molekül des einen, des **Normalbutans** (n-Butan; Kp −0,6 °C) hat eine **unverzweigte** C-Kette, $H_3C—CH_2—CH_2—CH_3$, während das Molekül des anderen Butans eine **verzweigte** C-Kette besitzt:

$$\begin{array}{l} H_3C—\underset{\displaystyle CH_3}{\underset{|}{CH}}—CH_3 \end{array}$$

das **Isobutan** (i-Butan; Kp −11,7 °C) oder **2-Methylpropan**.

---

1 hydrophob (griech.) = „das Wasser meidend".
2 lipophil (griech.) = „das Fett liebend".

Ganz allgemein gilt: Bei den Kohlenwasserstoffen und ihren Abkömmlingen beobachtet man die auffallende Erscheinung, daß viele Stoffe, obwohl sie *qualitativ* und *quantitativ* ganz gleich zusammengesetzt sind und die gleiche molare Masse haben, in ihren physikalischen und chemischen Eigenschaften doch voneinander abweichen. Man nennt diese Erscheinung **Isomerie**, die betreffenden Verbindungen **isomere Stoffe** oder kurz **Isomere**.
Unverzweigte Alkane (n-Alkane) sieden insgesamt höher als verzweigte Isomere (i-Alkane) mit gleicher Anzahl von C-Atomen; je stärker die Verzweigung ist, desto niedriger ist der Siedepunkt. Dies erklärt sich dadurch, daß mit kleinerer Berührungsfläche die VAN-DER-WAALS-Kräfte abnehmen (= kleinere Wechselwirkung) (vgl. Kap. 2.6.6).

Beispiel: Formeln und Siedepunkte der drei Pentane

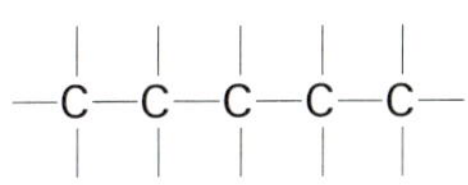

Kp: 36,2 °C

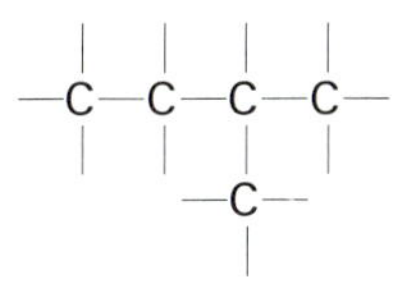

Kp: 27,9 °C

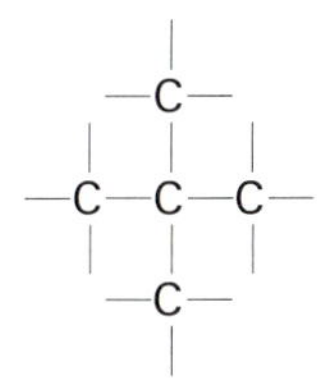

Kp: 9 °C

Isomere Verbindungen bestehen aus *derselben* Anzahl gleicher Atome, die aber *verschieden* gruppiert sind. Diese Art der Isomerie nennt man **Strukturisomerie** (vgl. 2.6.6). Strukturisomere unterscheiden sich durch ihre **Konfiguration** voneinander, d. h. durch die *räumliche Anordnung* der Atome bzw. Atomgruppen.

Mit der Anzahl der C-Atome wächst die Anzahl der möglichen Isomere in schneller Steigerung; z. B. gibt es von den Alkanen mit

5	6	7	8	9	10	11	12	13	20	C-Atomen
3	5	9	18	35	75	159	355	802	366319	Isomere

von denen aber nur ein Bruchteil bekannt ist.

2.6 Nomenklatur der Alkane

Die Fülle von Kohlenwasserstoff-Verbindungen macht eine rationelle, systematische Bezeichnungsweise (Nomenklatur) notwendig. Aus den exakten Namen lassen sich Aussagen über die *Molekülstruktur* herleiten. Die Richtlinien für die Benennung wurden 1892 auf dem internationalen Chemiekongreß in Genf (Genfer Nomenklatur; IUPAC-Nomenklatur[1]) festgelegt und werden laufend überarbeitet:

1. Die Verbindungen mit **unverzweigter C-Kette** werden als **normale (n)-Alkane**, die mit **verzweigter C-Kette** als **iso-(i-)Alkane** bezeichnet.

---

1 IUPAC = **I**nternational **U**nion of **P**ure and **A**pplied **C**hemistry.

2. Bei verzweigten C-Ketten wird zwischen einer **Hauptkette** und einer oder mehreren **Seitenketten** unterschieden. Als Hauptkette, die den Stammnamen des Moleküls bestimmt, wird stets die längstmögliche unverzweigte C-Kette gewählt, z. B.

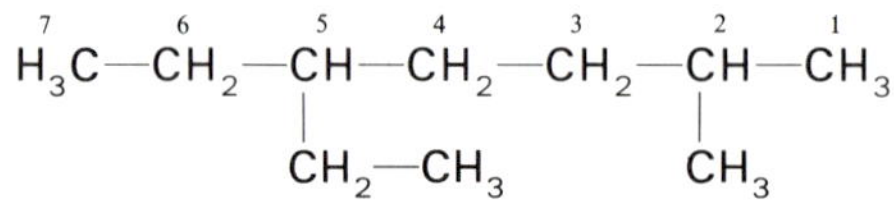
(Hauptkette: Heptan)

Die **Namen** der Kohlenwasserstoffe, die die Methanreihe bilden, werden aus einem *Stammnamen* und einer *Endung* gebildet. Die Stammnamen der ersten vier Glieder sind von Trivialnamen hergeleitet. Vom 5. Glied an wird der Stammname von griechischen Zahlwörtern abgeleitet, die die Anzahl der in dem betreffenden Molekül vorhandenen C-Atome angibt. – Dem Stammnamen wird in allen Fällen die Endung **-an** angehängt (Tab. 2.3).

3. Zur Kennzeichnung der C-Atome der Hauptkette, die die Seitenketten tragen, werden die C-Atome der Hauptkette von einem Ende her fortlaufend mit arabischen Ziffern durchnumeriert. Von den beiden möglichen Richtungen der Zählung wählt man die Numerierung stets so, daß das die Seitenkette tragende C-Atom eine möglichst *niedrige Ziffer* erhält (Beispiele 2 u. 3).

4. Die Lage der Seitenketten wird durch die Nummer des C-Atoms angegeben, an dem die Abzweigung erfolgt (Beispiele 2 u. 3).

5. Die Seitenketten sind *Alkyle* und tragen deren Namen. Wenn das Molekül eines Kohlenwasserstoffs *mehrere* Seitenketten enthält, werden die Seitenketten in alphabetischer Reihenfolge genannt. Mit den Ziffern der Verzweigungsstelle werden sie als *Präfixe* vor die Stammnamen gesetzt.

Tabelle 2.3 Die fünf möglichen **Hexane**, C_6H_{14}

Nr.	Formel	Name	Kp (°C)
1	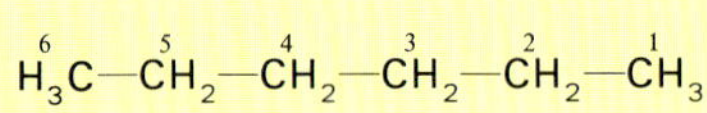	n-Hexan	68,6
2	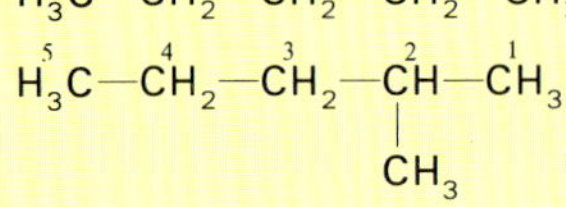	2-Methylpentan	60,3
3	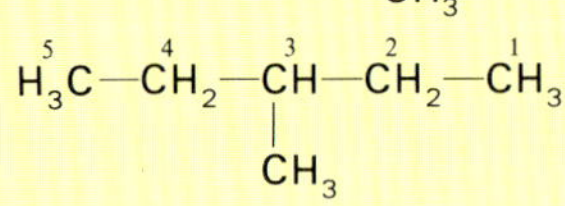	3-Methylpentan	63,3
4	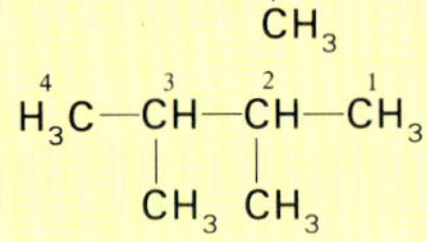	2,3-Dimethylbutan	58
5	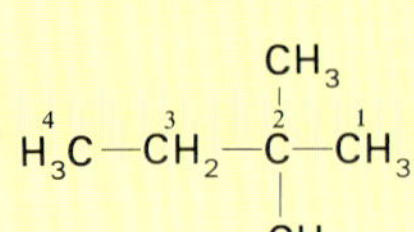	2,2-Dimethylbutan	49,7

6. Sind mehrere *gleichartige* Seitenketten vorhanden, wird ihre Anzahl durch Voransetzen des entsprechenden griechischen Zahlwortes vor den Namen des betreffenden Alkyls gekennzeichnet. Auch jetzt müssen die Ziffern der Verzweigungsstelle genannt werden (Beispiele 4 u. 5).

In den Formeln aller möglichen Hexane fällt auf, daß die einzelnen C-Atome *unterschiedlich viele benachbarte* C-Atome besitzen. In der Formel (1) verfügen die beiden endständigen CH_3-Gruppen nur über je ein benachbartes C-Atom; man bezeichnet diese Atome als **primäre C-Atome**. Die vier mittleren CH_2-Gruppen besitzen stets zwei C-Nachbarn. Es handelt sich um **sekundäre** C-Atome. Ein **tertiäres** bzw. **quartäres** C-Atom, d. h. C-Atome mit drei bzw. vier C-Nachbarn, sind das dritte C-Atom in Formel (3) bzw. zweite C-Atom in Formel (5).

2.7 Chemische Eigenschaften der Alkane

1. Alle Alkane sind *brennbar*; als Verbrennungsprodukte liefern sie CO_2 und H_2O. Die Leuchtkraft der bei der Verbrennung entstehenden Flamme nimmt mit steigendem Kohlenstoffgehalt der Alkane (wachsende Kettenlänge) zu. Dies ist die Folge der zunehmenden Rußabscheidung (unvollständige Verbrennung); die kleinen Kohlenstoffpartikel glühen in der Flamme auf (Abb. 2.16).

Abb. 2.16 Flammen von brennenden Kohlenwasserstoffen a) Methan b) Butan c) Hexan d) Benzol (vgl. Kap. 5)

2. Wegen des sehr ähnlichen Molekülbaus unterscheiden sich die Alkane in chemischer Hinsicht nur unwesentlich voneinander. Alle Alkane sind *reaktionsträge* Stoffe, bedingt durch die *unpolare*, widerstandsfähige C—C-Einfachbindung und die *fast unpolare* C—H-Bindung.
Diese Reaktionsträgheit macht auch ihren Namen **Paraffine**[1] verständlich; von wäßrigen und konz. Säuren, Laugen, Oxidationsmitteln wie Kaliumpermanganat werden sie bei RT *nicht* angegriffen. Auch ihre Entzündungstemperatur liegt vergleichsweise hoch; die *Entflammbarkeit* hängt von der Kettenlänge, d.h. auch von der Stärke der VAN-DER-WAALSschen Kräfte ab. Ihre Verbrennung verläuft stark exotherm; darauf beruht besonders die Verwendung der flüssigen Alkane (Benzine, Dieselöle etc.) als Heiz- und Treibstoffe.

3. Die Alkane sind trotz ihrer großen chemischen Indifferenz nicht völlig reaktionslos. Beispielsweise sind die Halogene (außer Iod) geeignete Reaktionspartner für die gesättigten Kohlenwasserstoffe. Tropft man zu Hexan Brom, so stellt man im Dunkeln *keine* Veränderung der Probe fest. Dagegen tritt im diffusen Tageslicht sehr allmählich und im Sonnenlicht (oder im Strahlengang eines Projektors) *rasche* Entfärbung der Probe ein. Zusätzlich läßt sich eine Gasentwicklung, verbunden mit einer Trübung des Reaktionsgemisches, beobachten. An feuchter Luft nebelt das sich bildende Gas stark, rötet Lackmus und ergibt mit gasförmigem Ammoniak einen weißen Rauch. Das Gas erweist sich als *Bromwasserstoff*, der sich mit der Luftfeuchtigkeit oder Wasser zu Bromwasserstoffsäure umsetzt; der Rauch stellt Ammoniumbromid dar. Der für die Bromwasserstoffbildung erforderliche Wasserstoff kann nur aus dem Hexanmolekül stammen. Das zweite Bromatom des Br_2-Moleküls ist anstelle eines H-Atoms in das Hexanmolekül eingetreten:

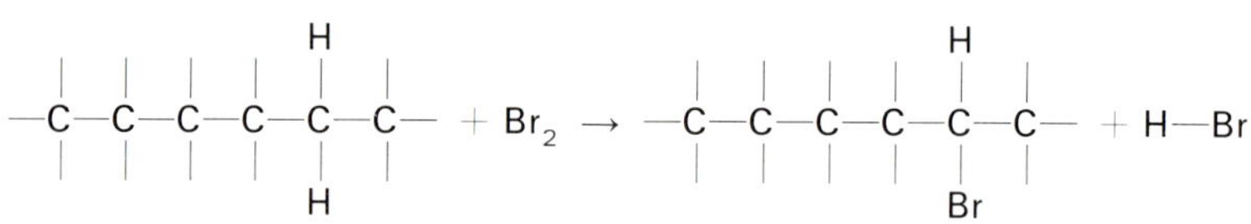

Zwischen Hexan- und Brommolekülen hat eine **Substitutionsreaktion** unter Bildung von **Monobromhexan** stattgefunden. Dieser **Reaktionstyp** wird allgemein beobachtet, wenn Alkane mit Brom oder Chlor unter Lichteinfluß umgesetzt werden.

Unter **Substitution** versteht man den gegenseitigen Austausch von Atomen oder Atomgruppen.

Durch den **Reaktionsmechanismus** läßt sich der Reaktionsverlauf im molekularen Bereich *modellartig* erklären: Das eingestrahlte Licht (besonders UV-Licht) setzt die Reaktion in Gang; im Dunkeln findet keine Umsetzung statt. UV-Licht ist energiereich genug, um die Bindungsenergie der Br—Br-Bindung im Br_2-Molekül zu überwinden (Tab. 2.4).

---

1 Paraffin (lat.) = „reaktionsträge".

Bindung	Energie
C—C	347,4
C—H	413,6
Br—Br	190,0
H—Br	366,2
C—Br	275,9
Cl—Cl	239,4
H—Cl	432,0
C—Cl	328,6

Tabelle 2.4 Bindungsenthalpien einiger Atombindungen (in kJ/mol)

Das bindende Elektronenpaar der Br—Br-Bindung im Br_2-Molekül wird **homolytisch** gespalten; es entstehen Br-Atome, sog. **Bromradikale** (Gl. 2.1: **Radikalbildung**). Nun kommt es zu einer Kettenreaktion, da fortlaufend neue Radikale gebildet werden. Die Bromradikale reagieren mit Hexanmolekülen derart, daß Hexylradikale und Bromwasserstoff gebildet werden (Gl. 2.2: **Kettenstart**). Das Hexylradikal ist energiereich genug, um weitere Brommoleküle homolytisch zu spalten (Gl. 2.3: **Kettenfortsetzung**); die Bromradikale greifen erneut Hexanmoleküle an usw. Die Reaktion kommt zum Stillstand, wenn eines der Edukte verbraucht ist. Zu einem Abbruch dieser Kettenreaktion kann es auch kommen, wenn Radikale miteinander *reagieren* (Gl. 2.4a–c: **Kettenabbruch).** Für die Reaktion von Hexan mit Brom, die nach dem Mechanismus einer **radikalischen Substitution** verläuft (S_R-Reaktion), lassen sich nachstehende Reaktionsschritte formulieren:

Radikalbildung:

$$|\overline{Br}—\overline{Br}| \xrightarrow{\text{Licht}} |\overline{Br}\cdot + \cdot\overline{Br}| \;/\; \Delta H = +190\ \text{kJ/mol} \qquad \text{(Gl. 2.1)}$$

Diese Energiemenge wird durch das UV-Licht geliefert.

Kettenstart:

$$H_3C—CH_2—CH_2—CH_2—CH_2—CH_3 + \cdot\overline{Br}| \rightarrow$$
$$H_3C—CH_2—CH_2—CH_2—\dot{C}H—CH_3 + HBr / \Delta H = +47{,}4\ \text{kJ/Formelumsatz} \qquad \text{(Gl. 2.2)}$$

Die endotherme Spaltung der C—H-Bindung benötigt eine Enthalpie $\Delta H = +413{,}6$ kJ/mol, die exotherme Bildung von HBr liefert $\Delta H = -366{,}2$ kJ/mol. In der Summe ist der Kettenstart ein endothermer Vorgang: $\Delta H = +47{,}4$ kJ/Formelumsatz.

Kettenfortsetzung:

$$H_3C—CH_2—CH_2—CH_2—\dot{C}H—CH_3 + Br_2 \rightarrow$$
$$H_3C—CH_2—CH_2—CH_2—\underset{\underset{Br}{|}}{C}H—CH_3 + \cdot\overline{Br}| / \Delta H = -85{,}9\ \text{kJ/mol} \qquad \text{(Gl. 2.3)}$$

Die Spaltung der Br—Br-Bindung erfordert $\Delta H = +190{,}0$ kJ/mol, die Knüpfung der C—Br-Bindung liefert $\Delta H = -275{,}9$ kJ/mol. In der Summe ist die Kettenfortsetzung ein exothermer Vorgang: $\Delta H = -85{,}9$ kJ/Formelumsatz. So ist die Gesamtreaktion nach dem S_R-Mechanismus exotherm: $\Delta H = -38{,}5$ kJ/Formelumsatz.

Kettenabbruch: $|\overline{\underline{Br}}\cdot + \cdot\overline{\underline{Br}}| \rightarrow Br_2$ (Gl. 2.4a)

$$C_6H_{13}\cdot + \cdot C_6H_{13} \rightarrow C_{12}H_{26} \quad \text{(Gl. 2.4b)}$$

$$C_6H_{13}\cdot + \cdot\overline{\underline{Br}}| \rightarrow C_6H_{13}Br \quad \text{(Gl. 2.4c)}$$

Man hat gefunden, daß *nicht* alle C-Atome des Hexanmoleküls gleich gut bromiert werden. Dementsprechend erhält man die drei isomeren Monobromhexane: 3-Bromhexan, 2-Bromhexan oder 1-Bromhexan in unterschiedlicher Ausbeute.

2.8 Cycloalkane

Im kaukasischen Erdöl findet man reichlich sog. **Naphthene,** gesättigte Kohlenwasserstoffe in einer **Ringstruktur**. Bekanntester und zugleich wichtigster Vertreter ist das **Cyclohexan**, C_6H_{12}. Infolge des Tetraederwinkels des C-Atoms ist dieses Molekül **nicht** eben gebaut. In der sog. **Sesselform** (Abb. 2.17a) ist es etwas energiegünstiger als in der **Wannenform** (Abb. 2.17b).

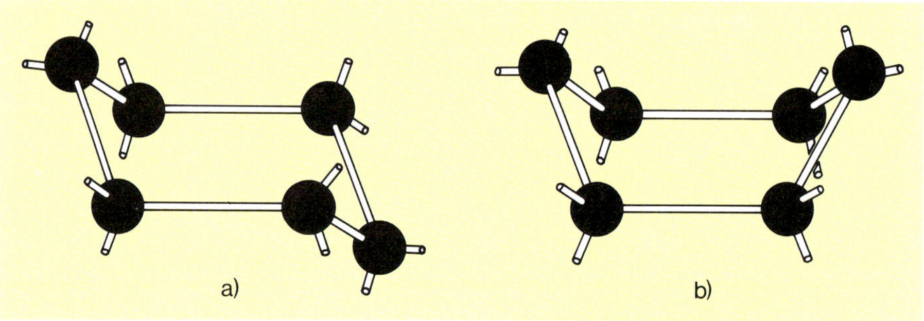

Abb. 2.17 Konformation des Cyclohexanmoleküls a) Sesselform b) Wannenform

Bei Ringen mit weniger als 6-C-Atomen müssen zunehmend Verkleinerungen des Tetraederwinkels eintreten; die gebildeten ringförmigen Moleküle stehen daher alle unter einer *Ringspannung*. Cyclopentan ist noch fast ohne Ringspannung und damit stabil, während das Cyclobutan- und das Cyclopropanmolekül im Vergleich zu den entsprechenden offenkettigen Vertretern recht instabil sind. Ringe mit sechs und mehr C-Atomen sind gewellt.
In ihren physikalischen Eigenschaften und chemischen Reaktionen ähneln die Cycloalkane den offenkettigen Alkanen sehr. Die **allgemeine Formel** der Cycloalkane lautet $\mathbf{C_nH_{2n}}$. Sie bilden ebenfalls eine homologe Reihe. Zu ihrer Benennung versieht man die Namen der entsprechenden offenkettigen Alkane mit der Vorsilbe **Cyclo**.

Aufgaben

1. 1 mol n-Hexan soll vollständig an der Luft verbrannt werden.

a) Formulieren Sie die Gl.

b) Wie weist man die Verbrennungsprodukte nach? (Gl.)

c) Wieviel dm^3 Luft braucht man?

d) Begründen Sie unter Berücksichtigung von c), was man beobachten kann, wenn die Verbrennung in einer Porzellanschale vorgenommen wird.

2. Geben Sie die Strukturformel (Halbstrukturschreibweise) des nachstehenden Halogenalkans an:

1-Brom-5,5-dichlor-4-ethyl-2,3,6,8-tetramethylnonan

3. Geben Sie die Strukturformeln (Halbstrukturschreibweise) und die zugehörigen Namen aller isomeren Kohlenwasserstoffe mit der Summenformel C_7H_{16} an. Ordnen Sie die Moleküle nach steigenden Siedepunkten und begründen Sie.

4. Bei der Chlorierung von Propan konnten 4 Produkte der Formel $C_3H_6Cl_2$ isoliert werden. Geben Sie ihre Strukturformeln an.

5. Eine Verbindung enthält 83,72% C und 16,28% H.

a) Berechnen Sie die Summenformel (Molekülmasse: 86 u) und geben Sie die Struktur in Schreibweise der Halbstrukturformel an.

b) Formulieren Sie die möglichen Isomere (Halbstrukturformel).

6. Wie heißt die nachstehende Verbindung (Genfer Name)?

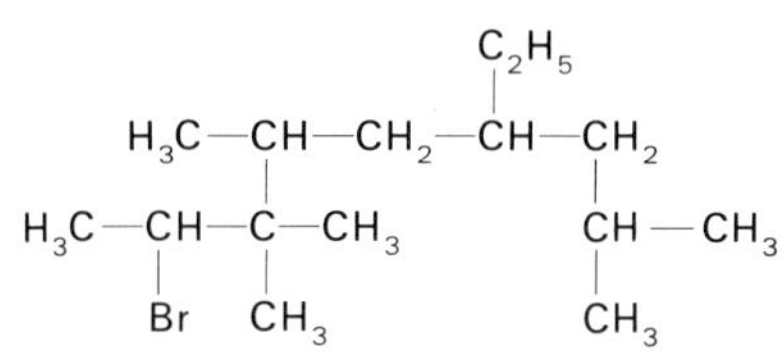

7. i-Pentan (2-Methylbutan) soll monochloriert werden.

a) Formulieren Sie die Gl. (Halbstrukturformel).

b) Begründen Sie, warum das Reaktionsgemisch an der Luft nebelt, und formulieren Sie eine Gl.

c) Wie viele isomere Monochlorpentane sind möglich?

8. a) Formulieren und erläutern Sie den Mechanismus der in Frage 7 durchgeführten Reaktion und berechnen Sie die Energiebilanz (s. Tab. 2.3).

b) Warum läuft die Reaktion vollständig ab?

c) Wie könnte man die Kette vorzeitig abbrechen?

9. Was versteht man unter Konfiguration?

10. Erläutern Sie, worin man Wachs (festes Paraffin) lösen kann.

11. Erklären Sie, welches der beiden Gase a) Ethan, b) Sauerstoff die größere Dichte hat.

12. Warum sind

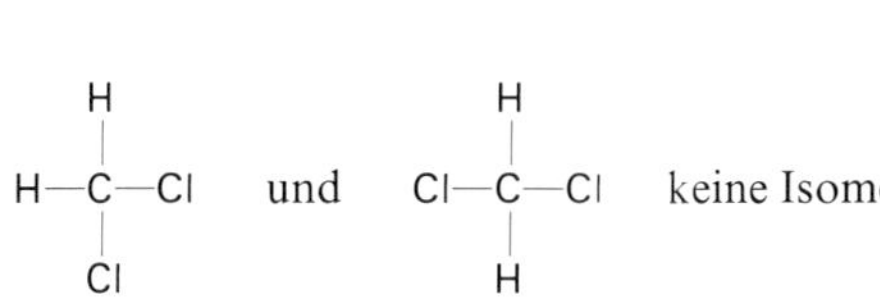

keine Isomere?

13. Zeichnen und benennen Sie Cycloalkane mit a) 3-, b) 5-, c) 8-C-Atomen.

14. Erklären Sie die besondere Reaktivität von Alkylradikalen.

3 Halogenalkane

Versuche

Hinweis: Vorsicht! Halogenalkandämpfe sind z.T. **giftig** – nicht einatmen!

1. Man gibt zu je 1 cm³ **Monobrommethan, Trichlormethan** (Chloroform), **Tetrachlormethan** a) 1 cm³ **Wasser**, b) 1 cm³ **Olivenöl**, c) 1 cm³ **Ethanol**, d) 1 cm³ **Ether**. – Welche der vier Flüssigkeiten mischt sich mit den genannten Halogenalkanen?

2. Man gibt in je ein Rg 1 cm³ **Trichlormethan** bzw. **Tetrachlormethan** und prüft mit **Silbernitratlösung** auf Chlorid-Ionen.

3. Je eine 50-cm³-Bürette wird mit a) **Trichlormethan**, $CHCl_3$, b) **Tetrachlormethan** (Tetrachlorkohlenstoff) CCl_4, c) **Monoiodethan**, CH_3CH_2I, gefüllt. Man reibt einen **Hartgummi-** oder **Kunststoffstab** kräftig mit einem **Fell** und nähert ihn jeweils einem aus den Büretten ausfließenden schwächeren Flüssigkeitsstrahl.

4. Ein Streifen dünnes **Kupferblech** wird oxidiert, indem er mit einer Tiegelzange in die rauschende Flamme des Brenners gehalten wird. Man gibt einige Tropfen **Trichlormethan, Tetrachlormethan** oder **Iodethan** auf das abgekühlte Blech und bringt es erneut in die rauschende Flamme. Flammenfärbung?

5. L. Man stellt nachstehende Anordnung zweimal zusammen (Abb. 3.1):
Beide Standzylinder werden mit jeweils 1 VE **Methan** (Erdgas) und 4 VE **Chlor** gefüllt und umgekehrt in die Glaströge gestellt. Die Apparaturen läßt man dann bis zur nächsten Unterrichtsstunde a) im diffusen Tageslicht, b) im Dunkeln stehen. Man überprüft den pH-Wert der Salzlösung des Versuchs a) mit **Universalindikator-Papier.** Volumenänderung?

6. L. Man schmilzt im Rg je ein entrindetes und ein gut getrocknetes erbsengroßes Stück **Natrium** und **Kalium** zusammen und läßt die Legierung im verschlossenen Rg vollständig erkalten. Danach bringt man mit einer Pipette sehr vorsichtig das 3fache Volumen **Tetrachlormethan** über die bei RT flüssige Legierung und läßt das mit einer Klammer gehaltene Rg mit ausgestrecktem Arm aus 1 m Höhe in einen Splitterkorb fallen, der auf der steinernen Tischplatte steht.

Hinweis: Unbedingt Schutzbrille, Handschuhe und 2 Schutzscheiben verwenden!

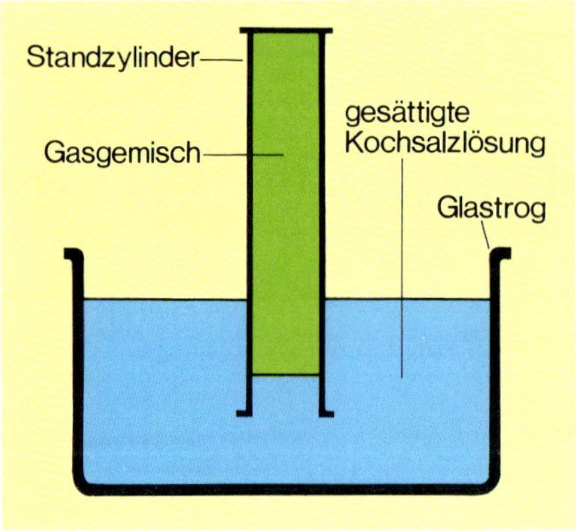

Abb. 3.1 Reaktion von Chlor mit Methan

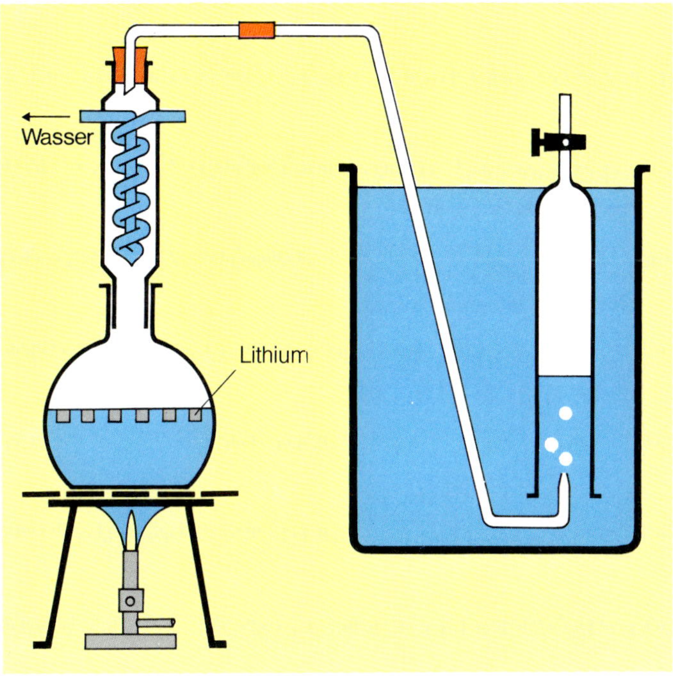

Abb. 3.2 Apparatur für die WURTZ-Synthese

7. L. Man stellt nachstehende Apparatur zusammen (Abb. 3.2):
Man gibt in einen kleinen Rundkolben etwa 5 cm^3 **Monoiodethan**, wirft rasch ca. 5–10 erbsengroße entrindete, getrocknete **Lithium**stücke ein und verschließt den Kolben schnell. Nach ggfs. schwachem Erwärmen läßt man zunächst die Luft entweichen (Knallgasprobe) und fängt das gebildete Gas pneumatisch auf. Es wird auf seine Brennbarkeit und analog Versuch 2 (Kap. 1) auf seine Zusammensetzung untersucht. Die molare Masse des Gases wird mit der Gasmolwaage (Versuch 3, Kap. 2) ermittelt. Der feste Rückstand wird vorsichtig in **Wasser** aufgenommen und in salpetersaurer Lösung mit **Silbernitratlösung** versetzt.

3.1 Darstellung und Eigenschaften von Halogenalkanen

1. Unter Einfluß von Sonnenlicht reagieren Alkane mit Halogenen wie z.B. Brom oder Chlor in einer *Substitutionsreaktion* unter Bildung von Halogenalkanen (vgl. Kap. 2.7).

Halogenalkane sind Halogenderivate (= Abkömmlinge) der Alkane.

(Gl. 3.1)

Nach Gl. 3.1 bildet sich 2-Brompentan neben Bromwasserstoff. Daneben entstehen weitere Monobrompentane, die isomeren 1-Brompentan bzw. 3-Brompentan.

2. Substitutionsreaktionen von Alkanen mit Halogenen verlaufen glatt mit Chlor oder Brom; mit **Iod** tritt **keine** Substitutionsreaktion ein (vgl. Kap. 4.4.3). Läßt man **Fluor** auf Alkane einwirken, dann erfolgt die Reaktion so heftig, daß auch C—C- und C—H-Bindungen *gespalten* werden.

3. Zur Bezeichnung von Halogenderivaten setzt man den Namen des betreffenden Halogens als *Vorsilbe* vor den Namen des Alkans, von dem sich die Halogenverbindung ableitet. Die Ziffer der Stellung des Halogens ist möglichst niedrig zu wählen.

Beispiel:

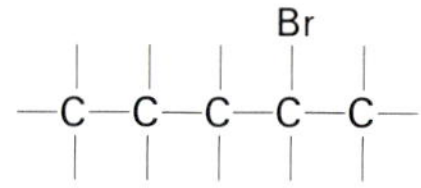

2-Brompentan

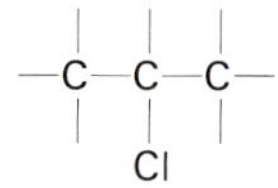

2-Chlorpropan

Die Anzahl der Halogenatome wird durch die Vorsilben mono, di, tri usw. angegeben:

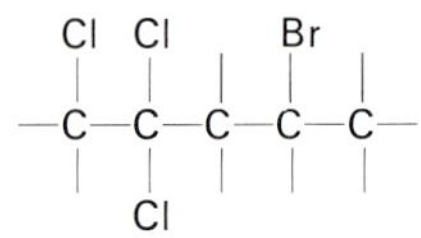

4-Brom-1,2,2-trichlorpentan

Insgesamt gelten die in Kap. 2.6 vorgestellten Nomenklaturregeln.

4. Die Halogenalkane sind wie die Halogenwasserstoffe (im wasserfreien Zustand) echte Moleküle mit Elektronenpaarbindungen, also Nichtleiter für den elektrischen Strom. In wäßrigen Lösungen bilden die Halogenwasserstoffe sofort H^+-bzw. Hal^--Ionen, die in Wasser unlöslichen Halogenalkane dagegen nicht. Deshalb bleiben auch Fällungsreaktionen mit Silbernitratlösung bei den Halogenalkanen aus.

In den Halogenalkanen ist das Halogen nicht in Ionenform gebunden.

Zwischen Kohlenstoff und dem Halogen besteht eine *Elektronenpaarbindung* (Einfachbindung). Infolge der unterschiedlichen Elektronegativitäten ist das die σ-Bindung bildende Elektronenpaar *nicht symmetrisch* zwischen beiden Atomen verteilt (außer der Bindung C—I). Das elektronegativere Halogenatom trägt daher eine **negative Partialladung**. Mit dem Eintritt eines Halogens wird aus dem unpolaren Alkanmolekül ein **polares Halogenalkan-Molekül**.

Beispiel: 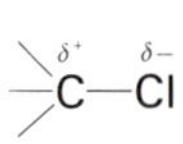

oder 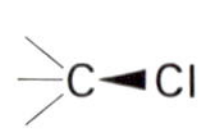

Die polaren Moleküle richten sich im elektrischen Feld aus; dadurch wird z. B. der Strahl von Trichlormethan oder Iodethan, nicht aber Tetrachlormethan, im

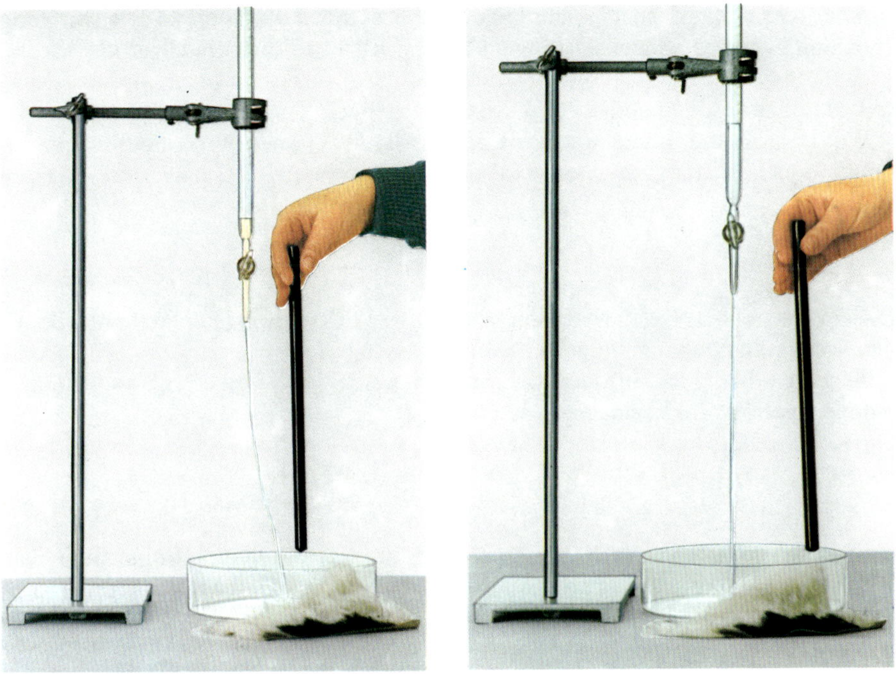

Abb. 3.3 Verhalten eines a) Trichlormethan- b) Tetrachlormethanstrahles im elektrischen Feld

elektrischen Feld abgelenkt (Abb. 3.3). Dies hat die Ursache darin, daß die Dipolmoleküle der ersten beiden Stoffe eine Anziehung vom geladenen Kunststoffstab erfahren, während das tetraedrisch gebaute Tetrachlormethan-Molekül wie alle Tetrahalogenmethane mit gleichen Halogenatomen *keinen* Dipol darstellt. In diesen Molekülen fallen die positiven und negativen Ladungsschwerpunkte zusammen. Zwar ist z. B. die einzelne C—Cl-Bindung im CCl_4 für sich polarisiert; die symmetrische Verteilung der Ladungen bedingt aber, daß diese Stoffe keine Dipolnatur besitzen.

Das Dichlormethan bestätigt die Richtigkeit der Vorstellung vom räumlichen Aufbau der Moleküle organischer Stoffe. Bei der Annahme, die vom C-Atom betätigten vier Valenzen lägen in einer Ebene, müßte es zwei isomere Verbindungen Dichlormethan geben, wobei das erste unpolar, das zweite ein Dipol wäre:

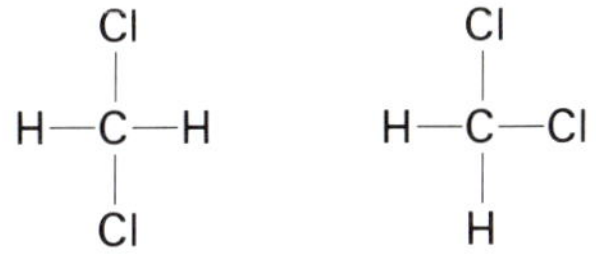

Diese Isomeriemöglichkeit ist nicht nachzuweisen. Sie entfällt, wenn man die tetraedrische Gestalt des C-Atoms, also die *räumliche* Verteilung der Wertigkeiten, den Betrachtungen zugrunde legt.

5. Die Reaktivität der Halogenalkane wird besonders durch die C—Hal-Bindung bestimmt; **Halogenalkane sind allgemein wesentlich reaktionsfreudiger als Alkane.** Von ihren zahlreichen Umsetzungen – besonders diejenigen mit reaktionsfreudigen Metallen – sollen einige Reaktionen besonders genannt werden:

– **WURTZ-Synthese.** Kürzerkettige Halogenalkane können mit metallischem Lithium oder Natrium umgesetzt werden, wobei doppelt so lange Alkanketten entstehen.

Beispiel:

$$2\,H_3C—CH_2—I + 2\,Li \rightarrow H_3C—CH_2—CH_2—CH_3 + 2\,LiI$$

Diese WURTZ-Reaktion gestattet, je nach Größe des verwendeten Halogenalkans, die gezielte Darstellung einfacher Kohlenwasserstoffe.

– Besonders heftig verläuft die Reaktion mit einer Na-/K-Legierung, wenn höherhalogenierte Produkte eingesetzt werden:

$$CCl_4 + 2\,K + 2\,Na \rightarrow 2\,KCl + 2\,NaCl + C$$

– Der qualitative Nachweis des Halogens in Halogenalkanen erfolgt durch die sog. BEILSTEIN-Probe. Verbrennt man die zu untersuchende Probe auf einem Kupferblech, so kommt es in der Flamme zur Bildung von flüchtigen Kupferhalogeniden, welche die Flamme intensiv *grün-blau* färben.

3.2 Wichtige Halogenalkane

Bei den Reaktionen zwischen Alkanen und Halogenen entstehen meistens keine einheitlichen Produkte, da alle H-Atome sich an der Reaktion beteiligen können. So findet bei der Einwirkung von Chlorgas auf Methangas im zerstreuten Tageslicht – je nach Dauer der Einwirkung – folgende Umsetzung statt:

$CH_4 + Cl_2 \rightarrow HCl + H_3CCl$	Monochlormethan
$H_3CCl + Cl_2 \rightarrow HCl + H_2CCl_2$	Dichlormethan
$H_2CCl_2 + Cl_2 \rightarrow HCl + HCCl_3$	Trichlormethan (Chloroform)
$HCCl_3 + Cl_2 \rightarrow HCl + CCl_4$	Tetrachlormethan (Tetrachlorkohlenstoff)

Halogenalkane sind wichtige Produkte der chemischen Industrie, die sehr verschiedene Anwendungen finden (Tab. 3.1).

Die heute in gewaltigem Umfang als indifferente *Treibgase* in Spraydosen aller Art eingesetzten Frigene (Freone) stellen eine sehr ernste Gefahr für die Umwelt dar, da sie die Ozonschicht der Stratosphäre langfristig zerstören. Ozon filtert denjenigen Teil des Sonnenlichts, der für die Entstehung von Hautkrebs verantwortlich ist, so daß die Schwächung der Ozonschicht eine große Gefahr für die Gesundheit darstellt.

Tabelle 3.1 Eigenschaften und Anwendung wichtiger Halogenalkane

Wissenschaftlicher Name	Trivialname	Formel	Smp (°C)	Kp (°C)	Farbe, Aggregatzustand	Geruch	Anwendung
Trichlormethan	Chloroform	$HCCl_3$	−63,55	61,15	farblose Flüssigkeit	süßlich	Ausgezeichnetes Lösungsmittel für Harze, Fette und Iod. – Eine geringe Menge Chloroformdampf erzeugt vorübergehende Bewußtlosigkeit und Empfindungslosigkeit: *Anästhesie.*
Tetrachlormethan	Tetrachlorkohlenstoff	CCl_4	− 25,9	76,7	farblose Flüssigkeit	ätherisch; süßlich	Tetrachlormethan, CCl_4, ist ein gutes Lösungsmittel für Harze, Fette und dgl. Da Tetrachlorkohlenstoff kein H-Atom mehr im Molekül enthält, ist es eine der wenigen nicht brennbaren organischen Verbindungen (nicht feuergefährliches Fleckwasser, chem. Reinigung, Feuerlöschmittel für elektr. Anlagen, giftig !).
Triiodmethan	Iodoform	HCI_3	119	ca. 218	gelbe, blättchenförmige Kristalle	eigentümlich	Wegen seiner keimtötenden Eigenschaft als Antiseptikum zum Desinfizieren von Wunden verwendet (Iodoformgaze).
Dichlordifluormethan	Frigen 12 oder Freon 12, Freon 22, Frigen 22	CCl_2F_2	−158	−29,8	farbloses Gas	geruchlos	Dichlor-difluor-methan. CCl_2F_2 wird als Kühlmittel in Hauskühlschränken und Aggregaten für Klimaanlagen benutzt und ist hierfür besonders gut geeignet, da es nicht brennt, ungiftig ist und nicht korrodierend wirkt. Es findet auch als Treibgas in Spraydosen Verwendung.
Monochlorethan	Ethylchlorid	H_5C_2Cl	−136,4	12,3	farblose Flüssigkeit	süßlich	Es wird bei kleineren Operationen zur örtlichen Betäubung verwendet; die Unempfindlichkeit gegen Schmerz wird durch hohe Verdunstungskälte hervorgerufen (Kälte-Anästhetikum des Zahnarztes).
Bromtrifluormethan	Freon FE 1301	$BrCF_3$	—	−59	farbloses Gas	—	Trifluor-brom-methan (Freon FE 1301) dient als *Feuerlöschmittel.* Es übertrifft in seiner Löschkapazität „Tetra" um das 6–12fache, Kohlendioxid um das 4–7fache.

Aufgaben

1. Formulieren Sie in der Schreibweise von Halbstrukturformeln isomere Di- bzw. Trichlorpentane und benennen Sie diese.

2. Formulieren Sie die Umsetzung des Systems

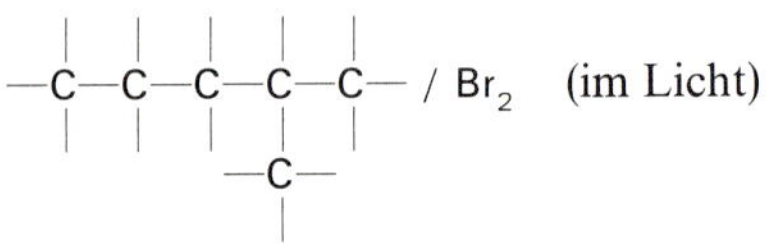

3. a) Formulieren Sie die Gl., die zur Darstellung von n-Hexan aus Ethan führt.
b) Welche Produkte entstehen außerdem?

4. Formulieren Sie die Umsetzung des Systems

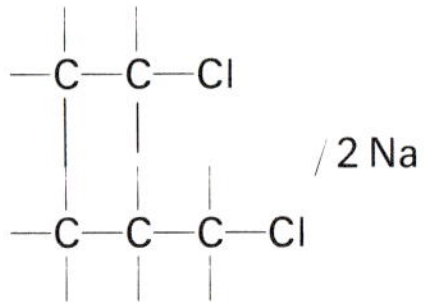

5. Begründen Sie nachstehende Zahlenwerte:

$HCCl_3$ Löslichkeit (RT) 0,82 g/100 g H_2O

CCl_4 Löslichkeit (RT) 0,077 g/100 g H_2O

4 Ungesättigte Kohlenwasserstoffe: Alkene, Alkine und Polyene

Versuche

Hinweis: Ethen-Luft-Gemische bzw. Ethin-Luft-Gemische sind explosiv. **Vorsicht**, Schutzscheibe, Schutzbrille!

1. L. Man stellt nachstehende Apparatur (Abb. 4.1) zusammen:
In einen Erlenmeyerkolben gibt man 5 cm³ **1,2-Dibromethan**, einige Siedesteine und verdünnt mit etwa 25 cm³ **Ethanol**. Das schwerschmelzbare Glasrohr wird lose mit Glaswolle gefüllt, die 2–5 g **Zinkpulver** trägt. Man erhitzt das Zink kräftig und dann die organische Lösung zum Sieden. Nachdem die Luft entwichen ist (Knallgasprobe), fängt man das sich bildende Gas pneumatisch auf und entzündet es. Über die Flamme hält man a) ein trocknes Becherglas, b) ein mit **Barytwasser (Kalkwasser)** ausgeschwenktes Becherglas, c) in die Flamme hält man eine kalte Porzellanschale. (Vorsicht, Schutzbrille!)
Bei Versuchsende wird nach dem Abkühlen das Reaktionsrohr über einem Filter mit Wasser ausgespült. Das Filtrat wird mit verd. **Salpetersäure** und wäßriger **Silbernitratlösung** versetzt.

2. L. Man füllt die genau austarierte Gasmolwaage entsprechend der Beschreibung von Versuch 11, Kap. 8, Bd. 1 mit dem über **Calciumchlorid** getrockneten **Gas aus Versuch 1** und bestimmt dessen molare Masse.

3. Je ein trockner Standzylinder gleicher Größe wird mit dem **Gas aus Versuch 1** bzw. **Bromdampf** gefüllt und mit Deckplatten verschlossen. Man stellt den Zylinder mit dem Bromdampf auf den Zylinder mit dem Gas aus Versuch 1, zieht die beiden Verschlußplatten weg und schwenkt mehrmals um. Farbänderung? Geruch? Öltröpfchen?

Abb. 4.1 Darstellung von Ethen

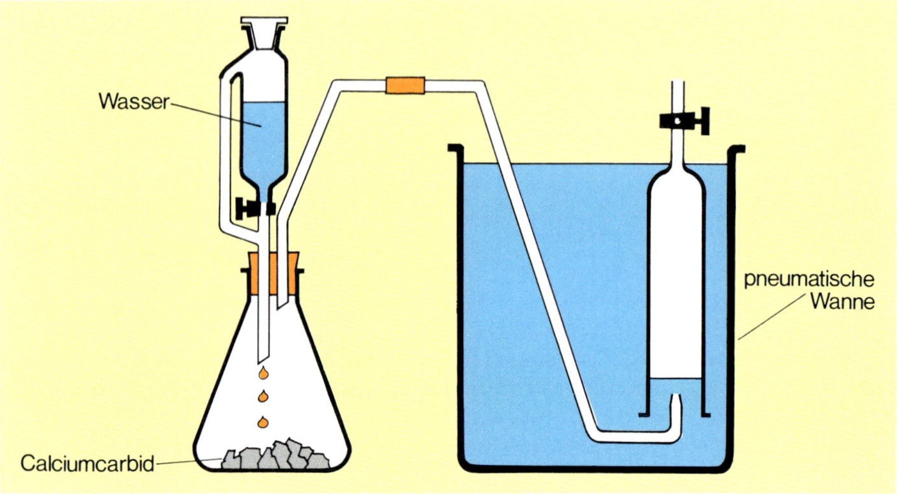

Abb. 4.2 Darstellung von Ethin

4. Man schüttelt etwas **Cyclohexen** mit **Bromwasser** im Rg; der Versuch wird mit a) einem Rg, das mit Aluminiumfolie umwickelt ist, b) **Cyclohexan** anstelle von Cyclohexen wiederholt.

5. L. Man mischt in einem kleinen Standzylinder **Ethen** mit **Sauerstoff** im Verhältnis 1:3 oder mit **Luft** im Verhältnis 1:15. Man umwickelt das Gefäß mit einem Tuch und entzündet das explosive Gemisch. (Vorsicht, Schutzbrille!).

6. L. Man stellt vorstehende Apparatur (Abb. 4.2) zusammen:
Man gibt in einen Erlenmeyerkolben einige gröbere Brocken **Calciumcarbid**, verschließt ihn und tropft langsam **Wasser** darauf. Dann läßt man zunächst die Luft entweichen (Knallgasprobe) und fängt das gebildete Gas pneumatisch auf. Es wird auf seine Brennbarkeit und analog Versuch 2, Kap. 1 auf seine Zusammensetzung untersucht. Die molare Masse des Gases wird mit der Gasmolwaage (Versuch 3, Kap. 2) ermittelt. Eine Probe der hellgrauen Suspension untersucht man mit **Lackmus-** oder **Phenolphthaleinlösung**. Um eine langsamere Umsetzung zu erhalten, verwendet man statt Wasser eine 20%ige **Kochsalzlösung**.

7. Das **Gas aus Versuch 6** wird einige Zeit durch eine Waschflasche geleitet, die mit **Bromwasser** beschickt ist. Farbänderung? Vergleich mit Versuch 4.

8. Man füllt ein Rg mit dem **Gas aus Versuch 6** pneumatisch und verschließt das Rg mit dem Daumen. Dann stellt man es mit der Öffnung nach unten in eine Glasschale, die 1–2 cm hoch mit **Aceton** gefüllt ist und befestigt es. Man beobachtet einige Zeit später den Flüssigkeitsstand im Rg.

9. L. Das **Gas aus Versuch 6** wird einige Zeit durch eine Waschflasche, in der verd. ammoniakalische **Silbernitratlösung** vorliegt, geleitet (Herstellung: Silbernitratlösung langsam mit Ammoniak versetzen bis der u.U. auftretende Niederschlag gerade verschwindet). Den gebildeten Niederschlag filtriert man, wäscht ihn mit **Wasser**, **Ethanol** und schließlich mit **Ether**. Nach dem Trocknen an der Luft bringt man den grauen Feststoff auf ein Asbestnetz und erhitzt ihn im Dunkeln (Vorsicht, Schutzbrille!). An den Geräten haftender Niederschlag wird mit konz. **Salzsäure** vernichtet.

4.1 Darstellung und Eigenschaften von Ethen

Bei der Reaktion zwischen 1,2-Dibromethan und metallischem Zink entsteht bei höherer Temperatur ein farbloses, brennbares Gas, das süßlich riecht und mit rußender Flamme verbrennt. Die *qualitative* und *quantitative* Analyse (Verbrennungsanalyse) ergibt einen Kohlenwasserstoff der Zusammensetzung $(CH_2)_n$. Die molare Masse beträgt 28 g/mol, so daß dieses Gas die Summenformel C_2H_4 besitzt. Es handelt sich um den Kohlenwasserstoff **Ethen**.

Neben Ethen[1] bildet sich bei seiner Darstellung auch das Salz **Zinkbromid**, so daß nachstehende Reaktionsgleichung formuliert werden kann:

$$\underset{|\underline{Br}|}{H_2C}-\underset{|\underline{Br}|}{CH_2} + Zn \rightarrow C_2H_4 + ZnBr_2$$

Ethen, Smp: −169 °C, Kp: −104 °C, ist ein nahezu wasserunlösliches Gas. Es verbrennt unter Abscheidung von Ruß, der in der Flamme zum Glühen gebracht wird (Leuchten der Ethenflamme). Mit Sauerstoff (Luft) gemischt, gibt Ethen explosive Gemische.

4.2 Die C=C-Doppelbindung

4.2.1 Das Tetraedermodell

Verglichen mit dem Ethanmolekül fehlen dem Ethenmolekül zwei H-Atome, um die sechs Valenzen der beiden C-Atome ganz abzusättigen, d.h.

Ethen ist ein ungesättigter Kohlenwasserstoff.

Abb. 4.3 Formeln und Modelle des Ethens a) Summenformel b) Halbstrukturformel c) Elektronenformel d) Strukturformel e) Kugel-Stab-Modell f) Molekül-Kalotten-Modell

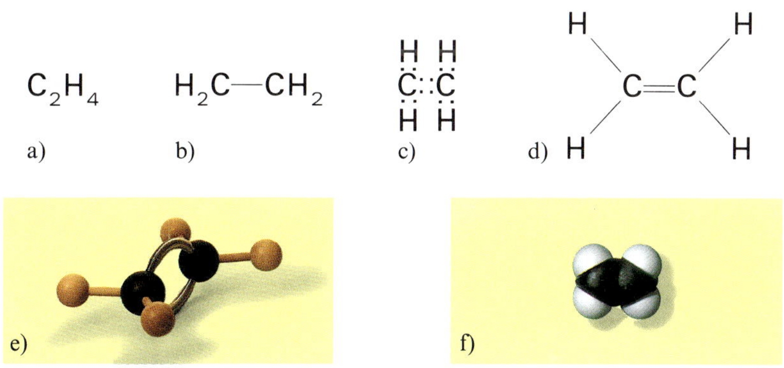

1 Wir verwenden den Namen Ethen, wenn es sich um die chemischen und physikalischen Eigenschaften des Stoffes handelt; bei der technischen Verwendung dagegen spricht man von Ethylen. Analoges gilt für die Homologen.

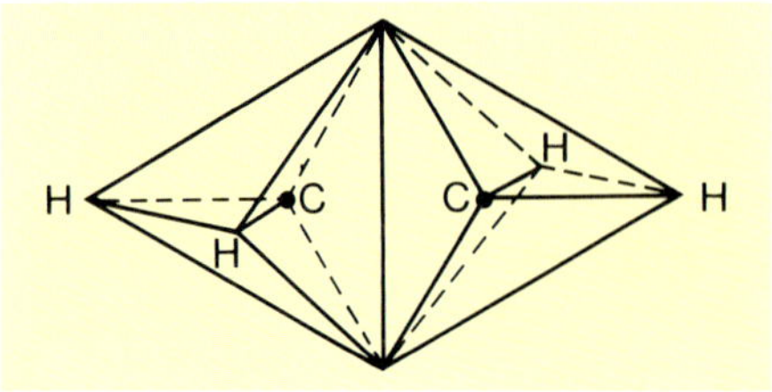

Abb. 4.4 Tetraedermodell des Ethenmoleküls

Die Struktur des Ethenmoleküls stellt man sich so vor, daß die beiden C-Atome „doppelt" miteinander gebunden sind, d.h. an der Ausbildung dieser Doppelbindung sind *zwei* Valenzelektronen *jedes* C-Atoms beteiligt (Abb. 4.3). Zwischen den beiden C-Atomen des Ethenmoleküls bilden sich **zwei gemeinsame Elektronenpaare** aus. Infolge der Gleichartigkeit der Ladungen weichen sich die Elektronenwolken gegenseitig aus; es kommt zur Ausbildung einer sog. „Bananenbindung". Während sich die beiden Kohlenstofftetraeder im Ethan räumlich mit je einer Spitze berühren (Abb. 2.12), sind sie im Ethen $H_2C{=}CH_2$ mit je einer Kante verbunden (Abb. 4.4).
Mit dem Tetraedermodell gelingt es auch, die Abstände von C—C, C=C und auch C≡C-Bindungen sowie die Zunahme der Bindungsenthalpien in der genannten Reihenfolge zu veranschaulichen (vgl. Tab. 4.1). Über die Berührung der Ecken von zwei Tetraedern (Abb. 2.12) bzw. bei der C=C-Bindung der Kanten (Abb. 4.4) kommt es bei der C≡C-Bindung zu einer Berührung der Flächen (Abb. 4.12). In dieser Reihenfolge verringern sich die Bindungslängen; natürlich verstärken sich dadurch die Bindungsenthalpien.

Bindung	mittlere Bindungsenthalpie (kJ/mol)	Bindungslänge (nm)
C—C	348	0,154
C=C	615	0,134
C≡C	839	0,121

Tabelle 4.1
Mittlere Bindungsenthalpie (gerundet) und Bindungslängen

Aus der Tabelle 4.1 erkennt man, daß die Bindungsenthalpie einer C=C-Doppelbindung demnach um 81 kJ/mol geringer ist als die Summe der Energiebeträge zweier C—C-Einfachbindungen. Man hat daraus gefolgert:

Nach dem Tetraedermodell entsteht die C=C-Doppelbindung aus zwei gleichartigen Bindungen, die aber von C—C-Einfachbindungen abweichen: Bananenbindung

4.2.2 Das Orbitalmodell

Mit dem Tetraedermodell gelingt es jedoch nicht, diesen Sachverhalt zu erklären, d.h. man benötigt eine verbesserte Modellvorstellung, das **Orbitalmodell**.
Es wird angenommen, daß in den C-Atomen der ungesättigten C=C-Gruppe eine *andere* Art der Hybridisierung vorliegt als die im Kap. 2.3 beschriebene $2sp^3$-Hybridisierung.

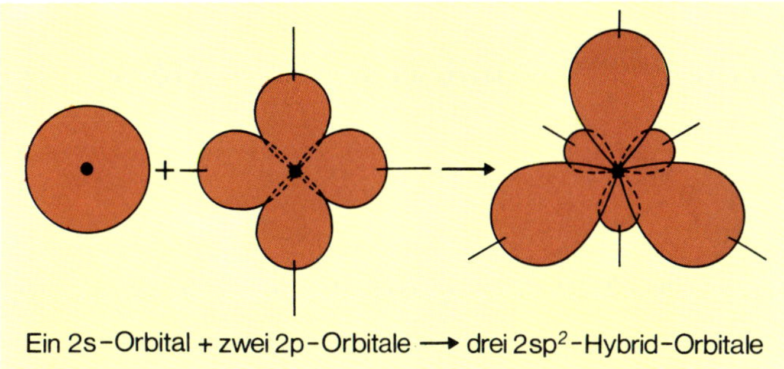

Abb. 4.5 Bildung der drei $2sp^2$-Hybrid-Orbitale

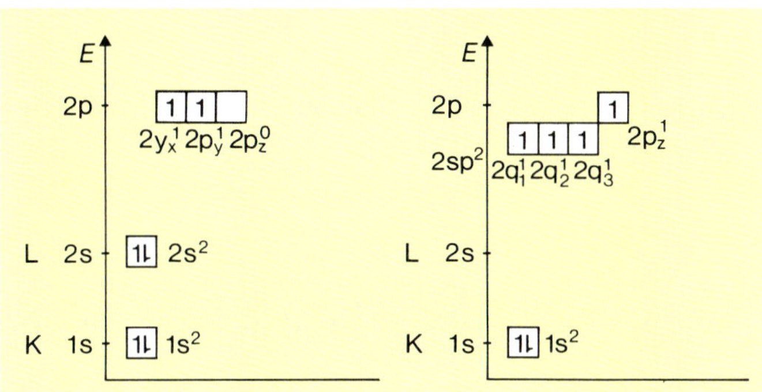

Abb. 4.6 Energieniveauschema des Kohlenstoffatoms im a) Grundzustand b) $2sp^2$-hybridisierten Zustand (nach PAULING)

Abb. 4.7 Anordnung der Orbitale bei der Ausbildung einer C=C-Doppelbindung

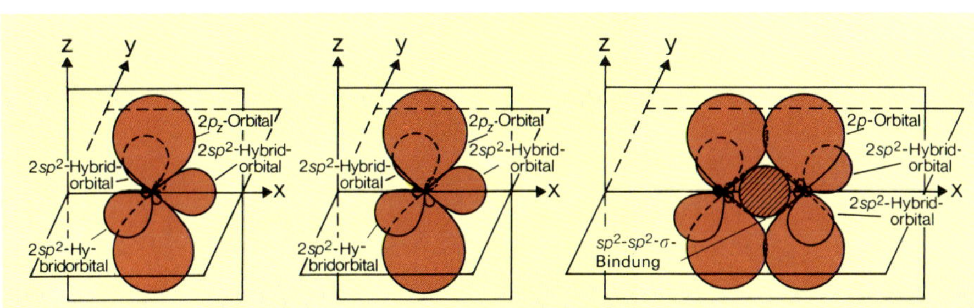

Während in den C-Atomen der gesättigten Verbindungen die Hybridisierung zwischen *drei* $2p$-Orbitalen und dem einen $2s$-Orbital eintritt, wobei vier q-Orbitale entsprechend den vier Bindungspartnern des C-Atoms entstehen, nehmen in doppelt gebundenen C-Atomen an der Hybridisierung neben dem $2s$-Orbital nur zwei der drei $2p$-Orbitale teil. Das $2p_z$-Orbital ist an der Hybridisierung nicht beteiligt. Damit entstehen in diesem Fall, entsprechend den drei Bindungspartnern des C-Atoms, drei q-Orbitale: **drei $2sp^2$-Hybridorbitale** (Abb. 4.5). Die Achsen der Hybridorbitale (q_1, q_2, q_3) liegen in einer *Ebene*, und je zwei von ihnen bilden miteinander einen Winkel von 120°. Demnach sind von den vier Valenzorbitalen des C-Atoms nur drei einander gleichwertig, das vierte, das erhalten gebliebene $2p_z$-Orbital, hat einen etwas höheren Energiegehalt (Abb. 4.6) und steht senkrecht auf der q-Orbital-Ebene (Abb. 4.7).

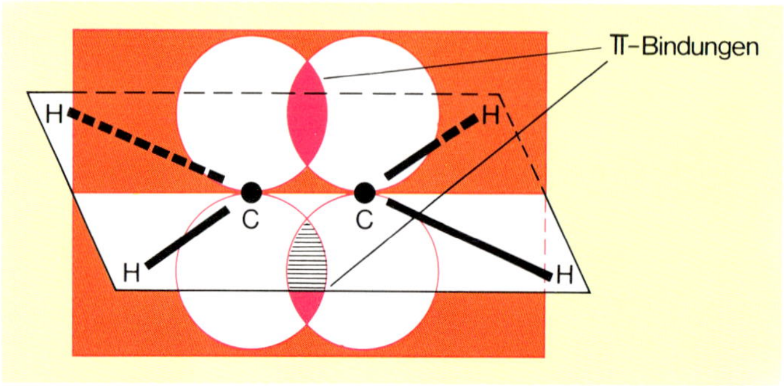

Abb. 4.8 Bindungsverhältnisse im Ethenmolekül

Im **Ethenmolekül** liegen nun folgende Bindungsverhältnisse vor:

- Die q_1-Orbitale der beiden C-Atome durchdringen sich, wodurch in der Verbindungsgeraden der beiden C-Atome eine C—C-σ-Bindung gebildet wird.
- Die 1*s*-Orbitale zweier H-Atome und die q_2- und q_3-Orbitale eines jeden C-Atoms durchdringen sich, wodurch *s*-*q*-σ-Bindungen zwischen den H- und den C-Atomen entstehen.
- Die nicht hybridisierten, hantelförmigen $2p_z$-Orbitale der beiden C-Atome bilden gleichfalls eine Bindung aus. Diese beiden Atomorbitale durchdringen sich aber nur gering, deshalb ist diese Bindung schwächer als die C—C-σ-Bindung.

Man nennt die von den parallelen $2p_z$-Orbitalen gebildete Bindung **π-Bindung** und die Elektronen π-Elektronen (Abb. 4.8).

So erklärt sich, daß die aus den beiden Bindungsarten bestehende C═C-Doppelbindung zwar fester als die C—C-Einfachbindung, aber nicht doppelt so fest wie diese ist. Durch die π-Bindung rücken die C-Atome näher zusammen (vgl. Tab. 4.1).

Im Ethenmolekül liegen zwei Arten von Bindungen zwischen den doppelt gebundenen C-Atomen vor; eine *festere* σ-Bindung und eine *schwächere* π-Bindung.

Der ungesättigte Charakter des Ethens wird durch die π-Bindung bewirkt.

Die Bindungsverhältnisse im Ethenmolekül lassen sich auch über sp^3-hybridisierte C-Atome und „Bananenbindungen" erklären.

4.3 Homologe Reihe der Alkene

4.3.1 Homologe Reihe

Wird in dem Ethenmolekül – formal – ein H-Atom durch eine CH_3-Gruppe ersetzt, so entstehen *homologe* Kohlenwasserstoffe mit jeweils *einer* Doppelbindung (vgl. Tab. 4.2).

Tabelle 4.2 Beispiele homologer Alkene

Name (techn. Name)	Formel in Halbstruktur-schreibweise	Name des Alkenrestes (Trivialname)	Formel
Ethen (Ethylen)	$H_2C{=}CH_2$	Ethenyl (Vinyl)	$-HC{=}CH_2$
Propen (Propylen)	$H_2C{=}CH{-}CH_3$	1-Propenyl 2-Propenyl (Allyl)	$-HC{=}CH_2{-}CH_3$ $-HC{-}CH{=}CH_2$
Buten-(1) (Butylen-(1))	$H_2C{=}CH{-}CH_2{-}CH_3$	1-Butenyl	$-HC{=}CH{-}CH_2{-}CH_3$
Buten-(2) (Butylen-(2))	$H_3C{-}CH{=}CH{-}CH_3$	2-Butenyl	$-H_2C{-}HC{=}CH{-}CH_3$
usw. allgemein:			
Alken	C_nH_{2n}	**Alkenyl**	C_nH_{2n-1}

Ab Buten müssen bei den höheren Homologen – je nach Lage der Doppelbindung – isomere Verbindungen unterschieden werden.
Die **Ethenreihe** ist (wie die Methanreihe) eine **homologe Reihe**, in der jedes folgende Glied um eine CH_2-Gruppe reicher ist als das vorhergehende.

Die Kohlenwasserstoffe der Ethenreihe, d. h. solche mit einer Doppelbindung, werden **Alkene**, ihre Reste Alkenyle genannt. Ihre allgemeine Formeln sind C_nH_{2n} bzw. C_nH_{2n-1}.

An ihrer Formel erkennt man, daß *Alkene* mit *Cycloalkanen isomer* sind.

Die C=C-*Doppelbindung* bedingt den chemischen Charakter dieser Verbindungsklasse und kann als eine Stelle der chemischen *Funktion* betrachtet werden. Die C=C-Gruppe wird deshalb auch als funktionelle Gruppe (vgl. Kap. 4.9) bezeichnet.

4.3.2 Nomenklatur

Die **Namen** dieser Kohlenwasserstoffe mit nur einer C=C-Doppelbindung werden entsprechend jenen der Methanreihe mit der Endung **-en** (oder in der älteren technischen Bezeichnungsweise mit der Endung **-ylen**) gebildet. – Die Lage der Doppelbindung wird durch die Nummer des C-Atoms angegeben, dem die Mehrfachbindung folgt. Diese Zahl wird in Klammern dem Namen des Kohlenwasserstoffs angehängt. Die **Radikale** erhalten die Endung **-enyl**.
Sind mehrere Doppelbindungen im Molekül enthalten, so gilt sinngemäß die Regel Nr. 6 (Kap. 2.6), d. h. ihre Anzahl wird mit dem Präfix di-, tri- usw., die Stellung wird durch Zahlen angegeben.

Beispiele:

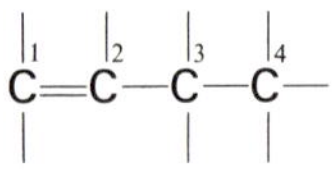
Buten-(1)

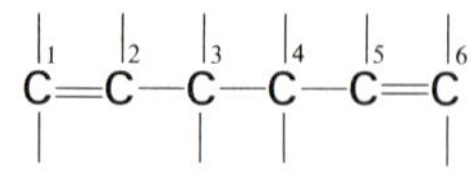
Hexadien-(1,5) (Formel 4.1)

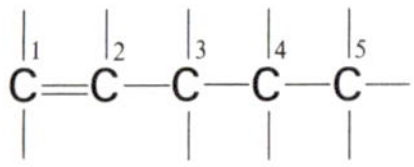
Penten-(1)

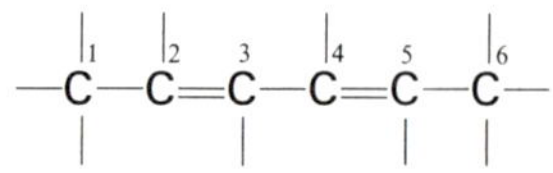
Hexadien-(2,4) (Formel 4.2)

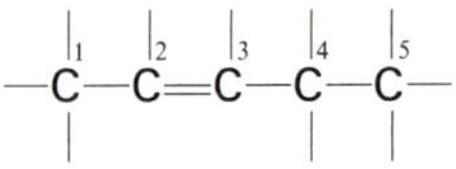
Penten-(2)

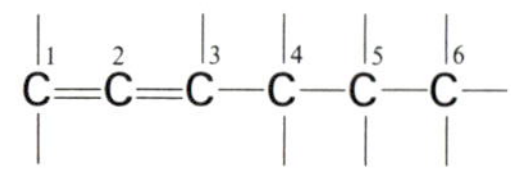
Hexadien-(1,2) (Formel 4.3)

Bezüglich der Stellung der C=C-Doppelbindung unterscheidet man zwischen *isolierten* (Formel 4.1), *konjugierten* (Formel 4.2) und *kumulierten* Doppelbindungen (Formel 4.3).

4.3.3 Isomerie

Neben der bereits erwähnten Strukturisomerie tritt bei den Alkenen eine weitere, räumliche Isomerie (Stereoisomerie) auf. Diese nennt man geometrische oder **cis-trans-Isomerie**; sie kommt dadurch zustande, daß die freie Drehbarkeit bei C=C-Doppelbindungen aufgehoben ist. Denkt man sich je ein H-Atom an den beiden C-Atomen des Ethenmoleküls z.B. durch Chlor ersetzt, so ergeben sich für das 1,2-Dichlor-Ethen *zwei* verschiedene *stereoisomere Formen*, die auch tatsächlich bekannt sind. Man spricht von der **cis-Form**, wenn die Substituentenpaare auf *einer Seite* liegen und von der **trans-Form**, wenn sie sich *schräg* gegenüberstehen:

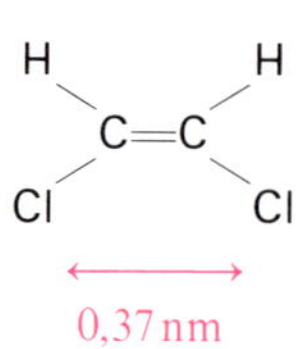

cis-1,2-Dichlorethen
Kp 60,3 °C; Dipol

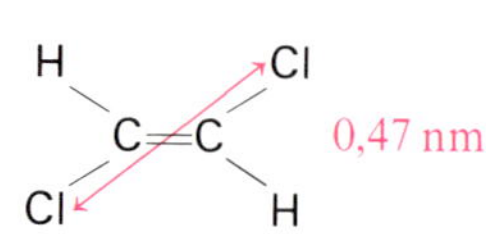

trans-1,2-Dichlorethen
Kp 47,7 °C; kein Dipol

4.3.4 Eigenschaften

In physikalischer Hinsicht sind die Alkene den Alkanen mit gleicher C-Atomzahl sehr ähnlich, z.B. in ihren Smp, Kp und Dichten. – In Wasser sind nur die *niederen* Glieder etwas löslich, aber alle in *Ethanol* und *Ether*; Alkene gehören zu den hydrophoben bzw. lipophilen Stoffen.

4.4 Allgemeine Darstellung und chemische Reaktionen der Alkene

4.4.1 Allgemeine Darstellung

Ähnlich der Darstellung von Ethen aus 1,2-Dibromethan und Zink reagieren auch andere *Dihalogenalkane* mit den Halogenatomen an benachbarten C-Atomen mit *Zink*. Unter Bildung von Zinkhalogenid entsteht das entsprechende Alken. Die Doppelbindung wird stets zwischen den beiden C-Atomen ausgebildet, die vorher mit den Halogenatomen verbunden waren.

Beispiel: 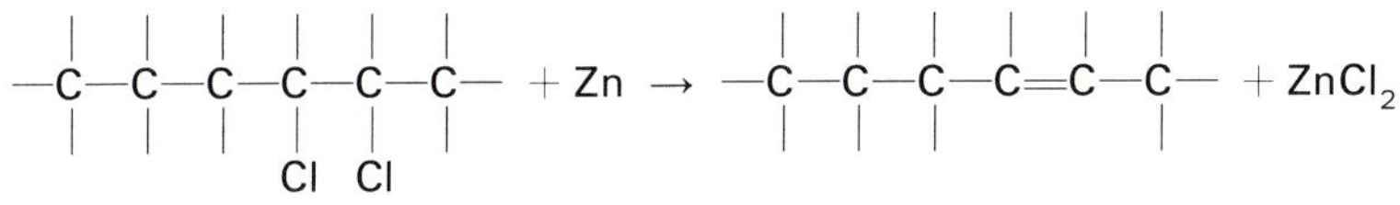

4.4.2 Addition von Brom an Ethen

Versetzt man bei RT Ethen oder Cyclohexen mit Brom oder Bromwasser, so tritt auch im *Dunkeln* eine *rasche Entfärbung* ein. Im Gegensatz zur Substitutionsreaktion entsteht hier **ein einziges** Reaktionsprodukt von süßlichem Geruch. Beide Bromatome des Br_2-Moleküls haben sich im gebildeten Reaktionsprodukt an die C-Atome der ursprünglichen C=C-Doppelbindung angelagert. Da kein Bromwasserstoff entstanden ist, hat eine **Additionsreaktion** stattgefunden:

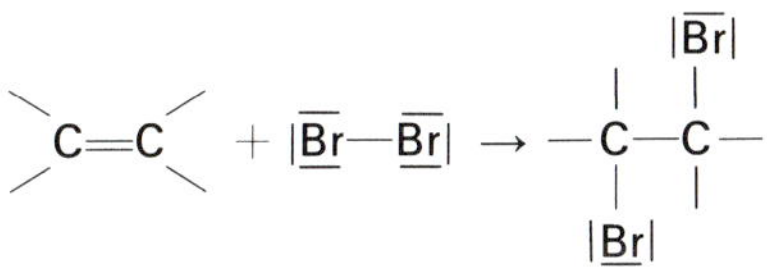 1,2-Dibromethan

Fast alle Umsetzungen der Alkene sind **Additionsreaktionen** an der Doppelbindung. Der alkanartige Teil der Alkenmoleküle ist dagegen so reaktionsträge, daß er i. allg. *nicht* ohne „Veränderung" der C=C-Doppelbindung angegriffen wird.

Additionsreaktionen sind charakteristisch für ungesättigte Verbindungen. Die >C=C<-Doppelbindungen in Alkenen lagern z. B. Halogene an, und es entstehen Dihalogenalkane; so ist die rasche Entfärbung von Bromwasser charakteristisch für >C=C<-Doppelbindungen.

Die nähere Untersuchung dieser Additionsreaktion ließ folgenden **Reaktionsmechanismus** erkennen: Nähert sich ein Brommolekül der Doppelbindung, die durch eine *hohe Elektronendichte* ausgezeichnet ist, so wird das Brommolekül polarisiert (Gl. 4.4). Der Einsatz stark polarer Lösungsmittel wie Wasser begünstigt die Polarisierung:

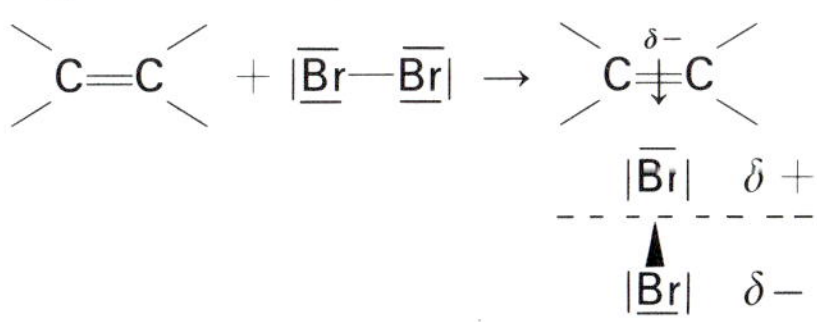 (Gl. 4.4)

Es kommt zu einer lockeren Wechselwirkung zwischen dem positiv polarisierten Brom-Atom und den π-Elektronen (π-Komplex).

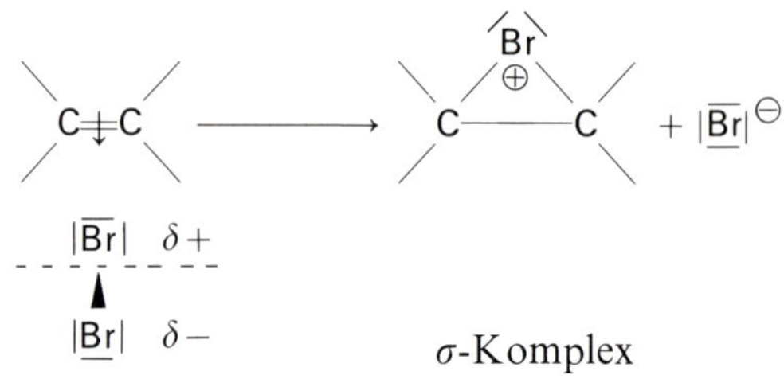

(Gl. 4.5)

π-Komplex

σ-Komplex (Bromonium-Ion)

Dieser π-Komplex wandelt sich in das **Bromonium-Ion** (σ-Komplex, Gl. 4.5) um; das Brommolekül wird dabei heterolytisch gespalten.
An das positive Zentrum lagert sich rasch das Bromid-Ion „von der Rückseite" an (Gl. 4.6):

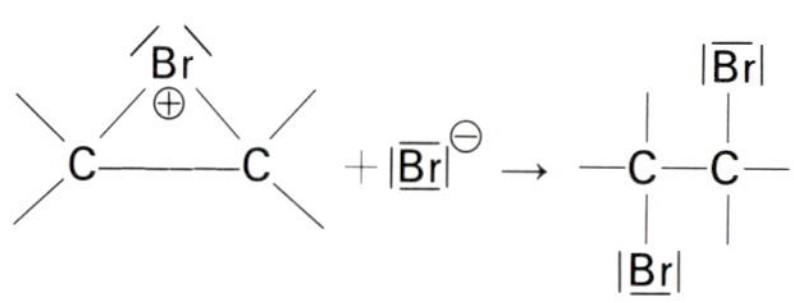

1,2-Dibromethan (Gl. 4.6)

Als Beweis, daß dieser Mechanismus in *mehreren* Schritten abläuft, kann die Addition *anderer* nucleophiler Teilchen (Gl. 4.6) angesehen werden. Setzt man nämlich in der Reaktion anstelle von Bromwasser Brom in konz. NaCl-Lösung bzw. konz. $NaNO_3$-Lösung ein, so können auch die in hoher Konzentration vorliegenden Anionen Cl^- bzw. NO_3^- anstelle von Br^- addiert werden. Dies beweisen „gemischte" Reaktionsprodukte, die neben 1,2-Dibromethan auftreten:

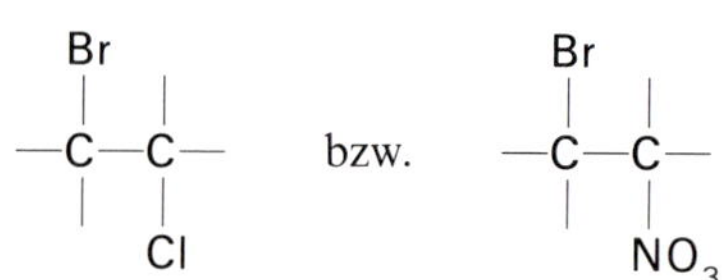

Man nennt ein Elektronen lieferndes Teilchen, das „einen Kern sucht", d.h. positive Ladungen aufsucht, **nucleophil** (in unserem Beispiel das Br^--Anion), ein Teilchen, das Elektronen von anderen Verbindungen aufnimmt, **elektrophil** (in unserem Beispiel das positiv polarisierte Bromatom).

Die Reaktion zwischen einem Alken und einem Halogen wird durch ein elektrophiles Teilchen, das positiv polarisierte Halogenatom, eingeleitet; danach kommt das nucleophile Halogenanion zur Reaktion. Man bezeichnet eine Reaktion des beschriebenen Typs nach der Art des Teilchens, das die Doppelbindung „angreift", als **elektrophile Addition, A_E**.

4.4.3 Weitere Reaktionen der Alkene

1. Anstelle von Halogenmolekülen können auch andere Moleküle wie z.B. Halogenwasserstoffmoleküle, Wasserstoffmoleküle, Wassermoleküle, Ammoniakmoleküle oder anorganische Säuren addiert werden.

Addiert man beispielsweise Fluor- oder Iodwasserstoff an ein *Alken*, z. B. Ethen, so bildet sich das entsprechende Fluor- bzw. Iodalkan, das durch Substitutionsreaktion (S_R, vgl. Kap. 2.7) nicht zugänglich ist:

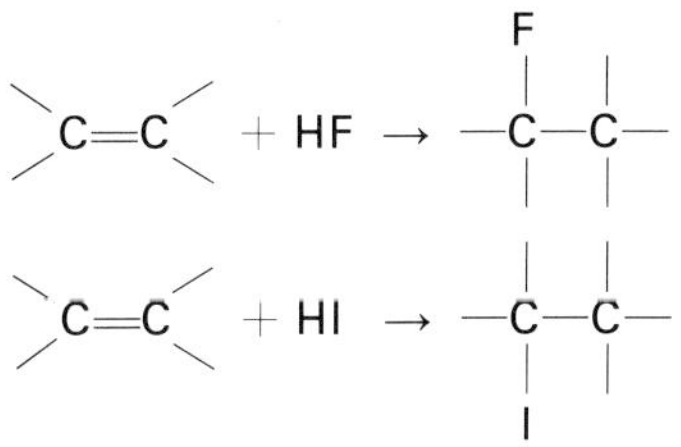

Monofluorethan

Monoiodethan

In diesen Fällen greift das positiv polarisierte Wasserstoffatom elektrophil an der C=C-Bindung an. Im Anschluß an den π-Komplex entsteht ein Carbenium-Ion als σ-Komplex, an den sich das Halogenid-Ion anlagert:

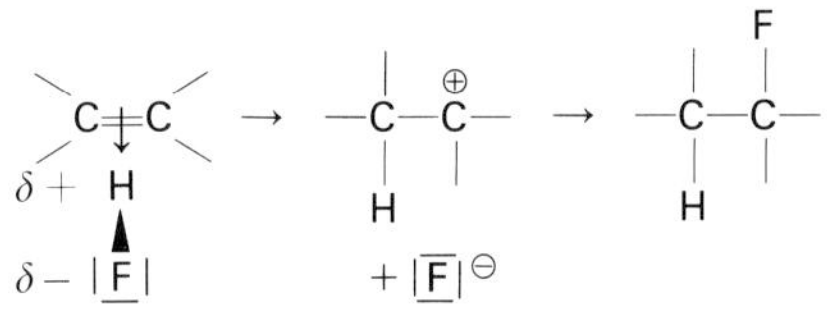

π-Komplex σ-Komplex (Carbenium-Ion)

2. Wasserstoff läßt sich nur mit Hilfe von Katalysatoren wie z. B. **Ni**, **Fe**, **Pt**, **Pd** an eine Doppelbindung anlagern. Diese **katalytische Hydrierung** ist von praktischer Bedeutung (vgl. Kap. 6.12):

$$H_2C{=}CH_2 + H_2 \rightarrow H_3C{-}CH_3$$

3. Die Tabelle 4.3 (Seite 48) gibt eine zusammenfassende Auswahl wichtiger Additionsreaktionen des Ethens wieder; diese lassen sich weitgehend auf andere Moleküle mit C=C-Doppelbindungen übertragen.

4.5 Darstellung und Eigenschaften von Ethin

4.5.1 Darstellung

1. Ein seit langem bekanntes (technisches) Verfahren, **Ethin**[1] zu gewinnen, ist die Umsetzung von **Calciumcarbid** mit **Wasser**:

$$CaC_2 + 2\,H_2O \rightarrow C_2H_2 + Ca(OH)_2 \;/\; \Delta H = -125{,}5\ \text{kJ/Formelumsatz}$$

1 Wir verwenden den Namen Ethin, wenn es sich um die chemischen und physikalischen Eigenschaften des Stoffes handelt; bei der technischen Verwendung dagegen spricht man von Acetylen.

Abb. 4.9 Darstellung von Calciumcarbid im elektrischen Ofen

Calciumcarbid gewinnt man durch Erhitzen eines Gemisches von gebranntem Kalk (aus Kalkstein) und Koks im elektrischen Ofen, in dem durch Lichtbogen eine Temperatur von etwa 2500 °C erzeugt wird (Abb. 4.9):

$$CaO + 3\,C \rightarrow CaC_2 + CO \;/\; \Delta H = +462{,}5\,\text{kJ/Formelumsatz}$$

Die Bildung des Calciumcarbids ist stark *endotherm.*

Billigere petrochemische Verfahren haben dieses technische Verfahren stark verdrängt.

4.5.2 Eigenschaften

1. Ethin ist ein farbloses Gas, das in reinem Zustand schwach süßlich riecht. Seinen typischen „Carbidgeruch" erhält das technische, aus Calciumcarbid gewonnene (unreine) Ethin durch *Beimengungen* wie z.B. Phosphorwasserstoff (Phosphin). Das Ethin besteht nur aus Kohlenstoff und Wasserstoff; seine Dichte beträgt 1,16 g/dm^3, und seine molare Masse ergibt den Wert 26 g/mol. Demnach muß seine Summelformel C_2H_2 lauten. Diese Zusammensetzung des Ethins wird durch die Verbrennungsanalyse bestätigt. – Das Molekül des Ethins hat – verglichen mit dem Molekül des Ethans – *vier* H-Atome weniger; es ist ein Kohlenwasserstoff mit einer **C≡C-Dreifachbindung** (Abb. 4.10).

In Wasser ist Ethin etwas löslich; gut löst es sich dagegen in *Aceton.* Diese Eigenschaft erlaubt eine *praktische Anwendung.* Bei 15 °C und 1 bar Druck lösen sich in 1 VE Aceton 25 VE Ethin (bei 12 bar Druck sogar 300 VE!).

Das Ethin neigt – insbesondere bei höherer Temperatur und im flüssigen, komprimierten Zustand – zum Zerfall, der unter Umständen explosionsartig sein kann. Dieser Zerfall *unterbleibt* aber beim *Lösen in Aceton*. Deshalb kann man in (gelben) Stahlflaschen in Aceton gelöstes und komprimiertes Ethin (**Dissous-Gas**) gefahrlos benutzen. (Die Lösung ist in Kieselgur aufgesogen.) Äußerst *explosiv* sind *Gemische* von *Ethin* und *Luft* (Sauerstoff). Zwischen 3,5 Vol.-% und 70 Vol.-% Ethin in Luft genügen, um gefährliche, explosive Gasgemische zu erzeugen.

a) C_2H_2 b) $H:C:::C:H$ c) $H{-}C{\equiv}C{-}H$

d)

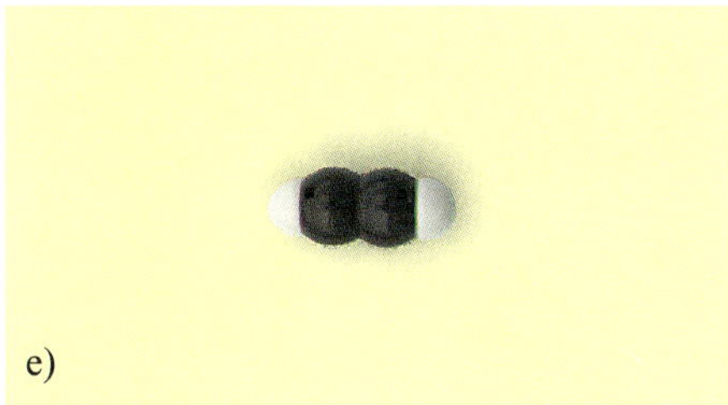
e)

Abb. 4.10 Formeln und Modelle des Ethins a) Summenformel b) Elektronenformel c) Strukturformel d) Kugel-Stab-Modell e) Molekül-Kalotten-Modell

Im Ethinmolekül sind die H-Atome durch Metallionen ersetzbar:

$$H{-}C{\equiv}C{-}H + 2\,Ag^+ \longrightarrow Ag^+[|C{\equiv}C|]^{2-}Ag^+ + 2\,H^+$$

Silberethinid
(Silberacetylid)

Das schwerlösliche, salzartige Silberethinid zerfällt im trocknen Zustand beim Schlag oder Erwärmen explosionsartig (Abb. 4.11):

$$Ag_2C_2 \longrightarrow 2\,Ag + 2\,C \quad / \Delta H < 0$$

Abb. 4.11 Explosionsartiger Zerfall von Silberethinid

4.6 Die C≡C-Dreifachbindung

Mit dem Tetraedermodell (vgl. Kap. 2.3 und 4.2) läßt sich die C≡C-Bindung befriedigend erklären (Abb. 4.12). Es bilden sich nun im Vergleich zum Ethen *weitere* „Bananenbindungen“ aus; infolge der Gleichartigkeit der Ladungen weichen sich die Elektronenwolken (Abb. 4.10d) gegenseitig aus.

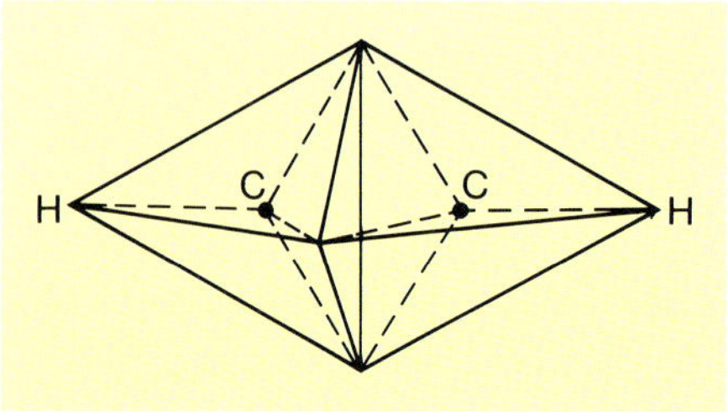

Abb. 4.12 Tetraedermodell des Ethenmoleküls

Dagegen gelingt es mit dem Tetraedermodell **nicht**, die Bildung der Salze des Ethins zu erklären; hierfür benötigt man das **Orbitalmodell**. Für die Bildung einer C≡C-Dreifachbindung nimmt man eine 2*sp*-Hybridisierung des angeregten Kohlenstoffatoms an; diese erfolgt zwischen dem einfach besetzten 2*s*-Orbital und nur einem der drei 2*p*-Orbitale. Es entstehen zwei 2*sp*-Hybridorbitale, die auf einer Geraden angeordnet sind (Abb. 4.13).

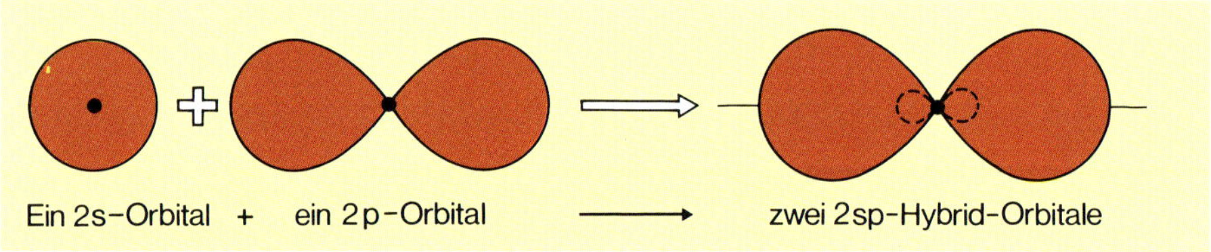

Abb. 4.13 Bildung der zwei 2*sp*-Hybrid-Orbitale

Die beiden anderen 2*p*-Orbitale des C-Atoms nehmen nicht an der Hybridisierung teil. Die Bindungen im H—C≡C—H-Molekül (Abb. 4.14) lassen sich durch die Orbitalvorstellung wie folgt erklären:

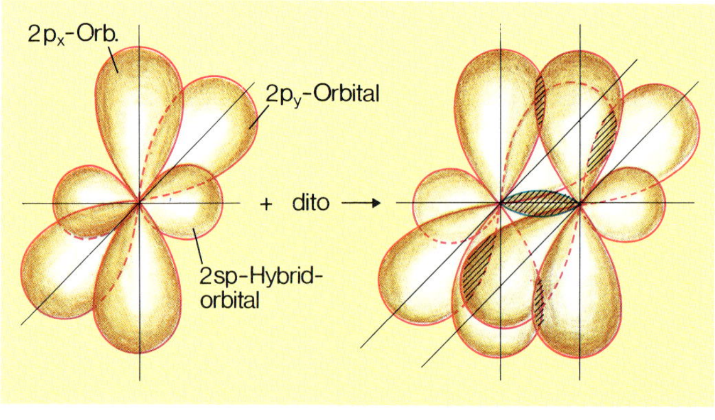

Abb. 4.14 Anordnung der Orbitale bei der Ausbildung einer C≡C-Dreifachbindung

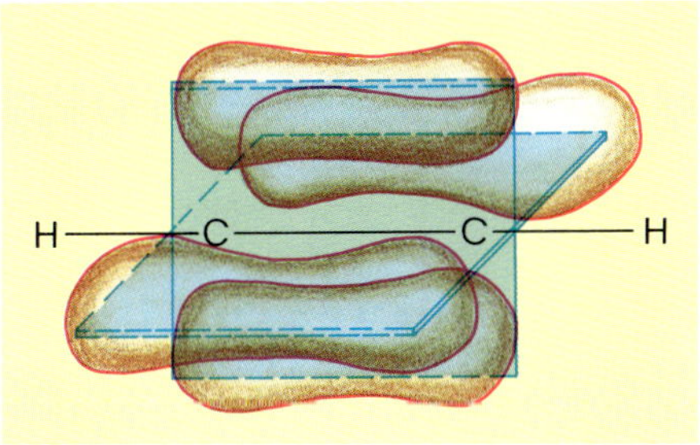

Abb. 4.15 Bindungsverhältnisse im Ethin-Molekül

Die C—C-σ-Bindung kommt durch Durchdringung von je *einem* *sp*-Hybrid-Orbital der beiden C-Atome zustande. Von jedem C-Atom bleibt somit je ein weiteres *sp*-Hybrid-Orbital übrig, das je ein 1*s*-Orbital eines H-Atoms durchdringt: C—H-σ-Bindung. Es bildet sich eine **lineare Anordnung** aus; alle vier Atome liegen auf *einer* Achse. Jedes der beiden C-Atome des Ethins verfügt aber noch über *zwei nicht hybridisierte* 2*p*-Orbitale; diese stehen senkrecht aufeinander und senkrecht auf der genannten Molekülachse. Zwischen beiden C-Atomen kommt es nun jeweils zur Durchdringung von zwei parallel zueinander stehenden 2*p*-Orbitalen. **Es durchdringen sich die *p*-Orbitale vor und hinter den C-Atomen ebenso wie die 2*p*-Orbitale oberhalb und unterhalb.** Es entstehen zwei π-Bindungen (Abb. 4.15).
Insgesamt ist die C≡C-Bindung aber schwächer als drei C—C-Bindungen (vgl. Tab. 4.1); dies muß nach der Modellvorstellung mit der geringeren Durchdringung der *p*-Orbitale erklärt werden.

4.7 Homologe Reihe der Alkine

Ähnlich wie vom Methan (Ethan) und Ethen läßt sich auch vom Ethin eine Reihe *homologer Kohlenwasserstoffe* ableiten mit jeweils einer C≡C-Dreifachbindung. Die Kohlenwasserstoffe dieser Verbindungsklasse werden in ihrer Gesamtheit als **Alkine** bezeichnet.

Es gelten die in Kap. 2.6 aufgestellten Nomenklaturregeln; die Namen der Alkine enden auf **-in**, d. h. der systematischen Bezeichnung hängt man die Nachsilbe -in an.

Alkine sind Kohlenwasserstoffe mit einer C≡C-Dreifachbindung im Molekül; ihre allgemeine Summenformel ist C_nH_{2n-2}.

Tabelle 4.3 Von Ethen ausgehende Synthesen für technisch hergestellte Produkte (vereinfacht)

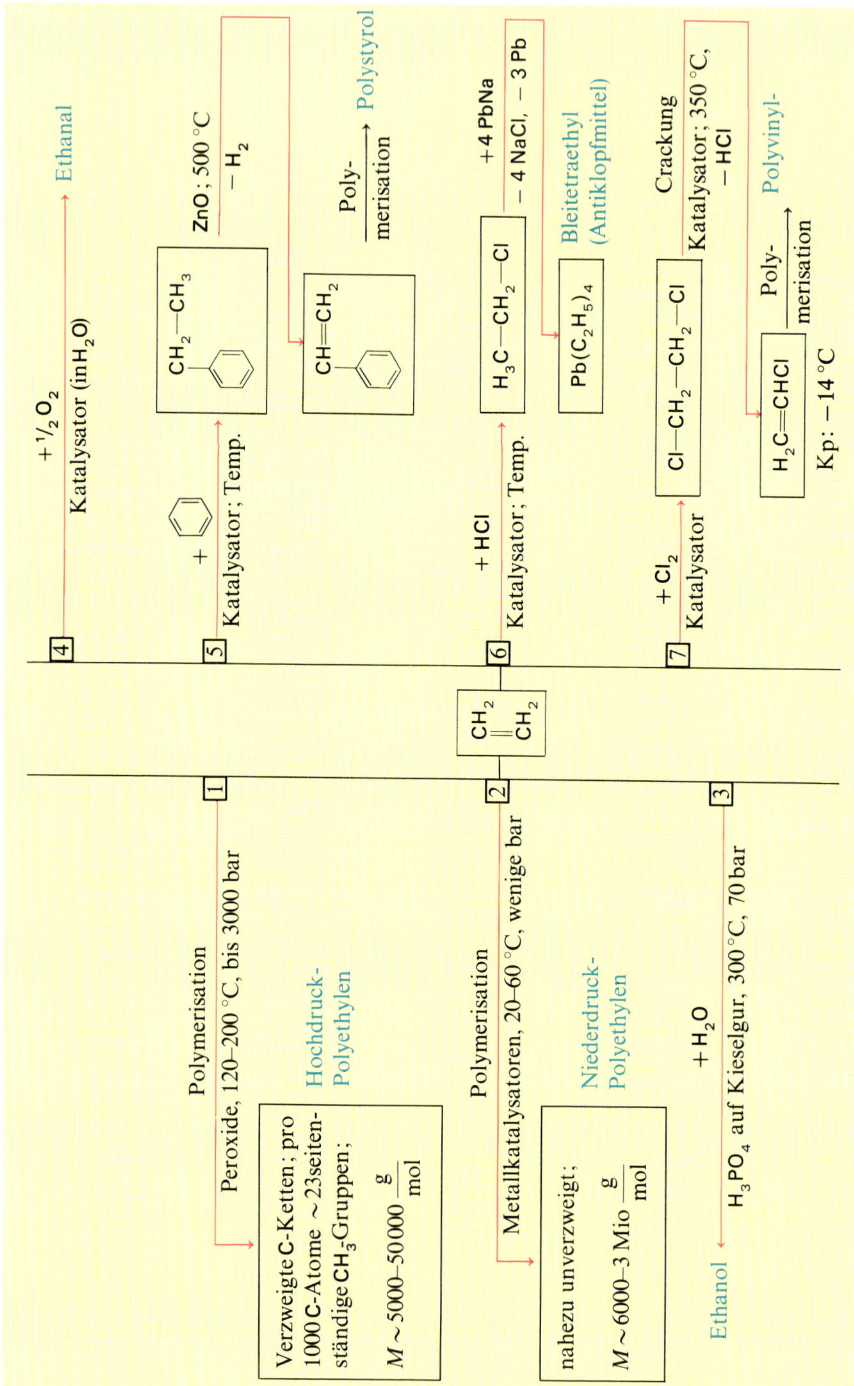

4.8 Technische Bedeutung von ungesättigten Kohlenwasserstoffen

Technisch erhält man besonders die niederen Alkene durch **Crackprozesse** (engl.: to crack = zerschlagen, vgl. Kap. 6.2.6). Vor allem das **Ethen** ist heute einer der *wichtigsten* Rohstoffe der organisch-chemischen Großindustrie und dient als *Ausgangsmaterial* für viele technische Synthesen (Tab. 4.3). Auch das **Propen** besitzt ähnliche Bedeutung. Die Reaktionen des Ethens (1981 ca. 2,9 Mio t in der Bundesrepublik Deutschland) liefern Produkte, die in unserer modernen Welt nicht mehr fortzudenken sind.

4.8.1 Bedeutung des Ethens

Das nebenstehende, vereinfachte Schema (Tab. 4.3) gibt einige vom Ethen ausgehende Synthesen wieder.

4.8.2 Polymerisationsreaktionen

Manche Alkene vermögen sich „mit Molekülen *gleicher* Art“ zu höhermolekularen Stoffen gleicher Zusammensetzung zu verbinden, wobei die C=C-Doppelbindungen sich in einfache Bindungen umwandeln. Diese Reaktion ist, weltweit gesehen, die wirtschaftlich wichtigste Reaktion der Alkene. Die entstehenden Teilchen sind zur *weiteren Addition* ungesättigter Moleküle befähigt; durch das Fortschreiten der Reaktion bilden sich *kettenförmige* **Makromoleküle**[1]:

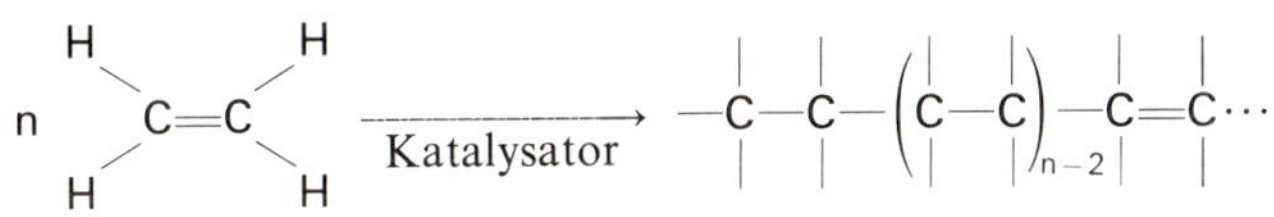

Ethen Monomeres — Polyethen (Polyethylen) Polymeres

Als Polymerisation bezeichnet man den Zusammenschluß von mehreren oder vielen Monomeren zu Makromolekülen, wobei die in den Monomeren vorhandenen C=C-Doppelbindungen *aufgespalten* werden. Die Reaktionen verlaufen **ohne** Abspaltung eines niedermolekularen Reaktionspartners.

Das gebildete *Polymerisat* hat die *gleiche* prozentuale Zusammensetzung wie das Monomer, aber ein *Vielfaches* der Molekülmasse. Es ist eine aus C—C-Einfachbindungen bestehende Verbindung. Die Molekülketten sind *nicht* alle von gleicher Länge.

Um Ethen zur Polymerisation zu veranlassen, muß zunächst die C=C-Doppelbindung *getrennt* werden. Geeignete Substanzen (Startersubstanzen) dafür sind

---

1 makros (griech.) = groß.

organische **Peroxide**, d. h. Substanzen mit einer —O—O—*-Gruppierung*. Diese zerfallen leicht unter Bildung von **Radikalen** (Gl. 4.7). Die Addition eines Radikals an eine Doppelbindung führt zu deren Aufspaltung unter Bildung eines weiteren organischen Radikals (Gl. 4.8), das die „Wachstumsreaktion" bewirkt. Durch Zusammenstoß mit einem zweiten Monomer wiederholt sich dieser Vorgang und die Polymerisation läuft *kettenartig* weiter. Die nachstehenden Gl. geben den *Mechanismus* der **radikalischen Polymerisation** wieder:

Radikalbildung: $R—\overline{\underline{O}}—\overline{\underline{O}}—R \xrightarrow{\text{Erwärmen}} R—\overline{\underline{O}}\cdot + \cdot\overline{\underline{O}}—R$ (Gl. 4.7)

Polymerisation:

a) **Kettenstart:** (Gl. 4.8)

b) **Kettenwachstum:** usw.

Kettenabbruch:

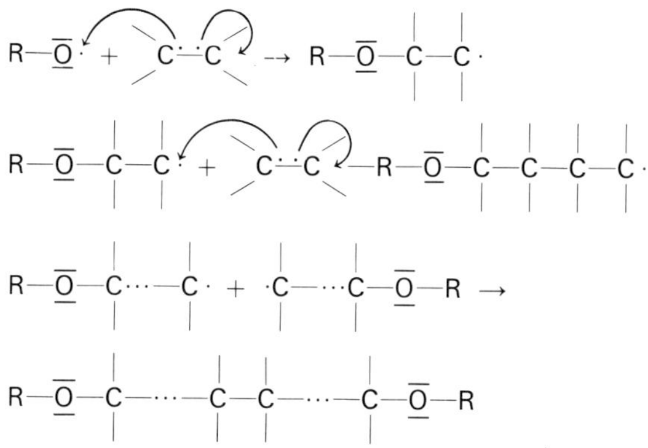

Die Kettenlänge des Polymerisats hängt von der Konzentration der Startersubstanz ab. Ist sie hoch, so werden die einzelnen Ketten kürzer, weil viele Ketten gleichzeitig wachsen. Die Wahl der Konzentration an Startersubstanz erlaubt demnach eine Variation der Eigenschaften der Produkte; überhaupt lassen sich durch die äußeren Reaktionsbedingungen Polymerisationen stark beeinflussen. Die Tabelle 4.4 gibt eine Zusammenstellung wichtiger Polymerisate wieder.

4.9 Funktionelle Gruppen

Ebenso wie aus den reaktionsträgen Alkanen durch Substitutionsreaktion mit Halogenen die reaktionsfreudigen Halogenalkane hervorgehen, können auch durch Eintritt von anderen Atomen oder Atomgruppen in das Kohlenwasserstoffmolekül reaktionsfähigere Moleküle entstehen. Diese Atome oder Atomgruppen, die organischen Verbindungen einen bestimmten Charakter geben und ihr chemisches Verhalten bestimmen, werden **funktionelle Gruppen** genannt. Reaktionen von organischen Molekülen treten hauptsächlich zwischen deren funktionellen Gruppen ein. Die Ursache liegt in ihrem *polaren Charakter* begründet. Der Kohlenwasserstoff-Teil des Moleküls wird meistens nicht angegriffen. Da die C=C-Doppelbindung und die C≡C-Dreifachbindung den chemischen Charakter der Alkene und Alkine bedingen, können beide als funktionelle Teile der Moleküle dieser Verbindungsklassen angesehen werden.

Tabelle 4.4 Beispiele wichtiger Polymerisate

Name	Formel des Monomers	Ausschnitt aus dem Polymer	Eigenschaften und Verwendung
Polyethylen	$H_2C{=}CH_2$	$\cdots[-CH_2-CH_2-CH_2-CH_2-]_n\cdots$	durchscheinend bis undurchsichtige Massen, wachsartiger Griff, Erweichungstemperatur wenig über 100 °C; unzerbrechliche Gefäße, Flaschen, Behälter, Isolier- und Verpackungsmaterial
Polybutadien	$H_2C{=}CH-CH{=}CH_2$	$\cdots[-CH_2-CH{=}CH-CH_2-]_n\cdots$	gummielastisch, vulkanisierbar, synthetischer Kautschuk
Polyvinylchlorid	$H_2C{=}CHCl$	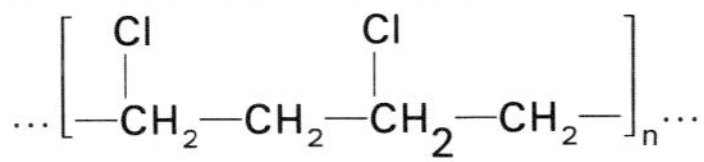	weißes Pulver, nicht brennbar, gepreßt von größerer Härte: Preßartikel, Dichtungen, Isolierungen, Rohre; mit Weichmacher auch Überzüge für Papier und Gewebe; Kunstleder
Polystyrol	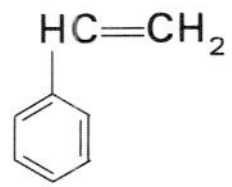	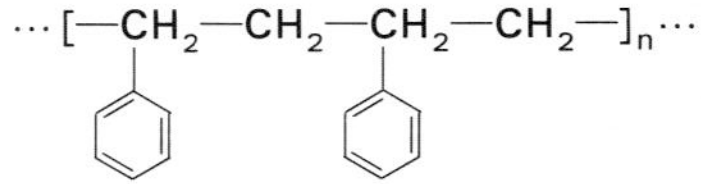	feste, klare Massen; zur Herstellung vieler Gebrauchsgegenstände und Kleinteile: Haushaltsartikel, Behälter, Elektroteile; zur Gewinnung von Styropor (Isolierung, Verpackung)
Polyacrylnitril	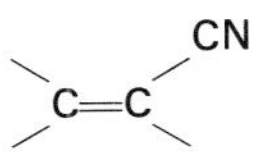	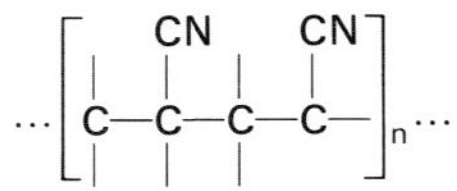	große Festigkeit, Hitze-, Licht- und Chemikalienbeständigkeit; Textilfasern (Dralon, Orlon), Taue
Polyfluorethylen	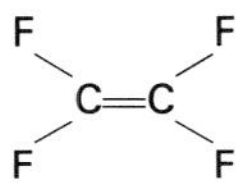	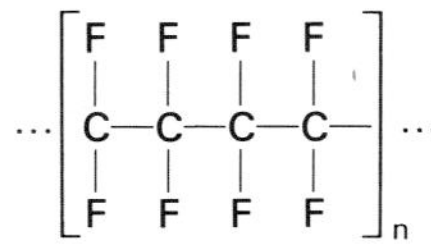	hohe thermische und chemische Widerstandsfähigkeit, schwer entflammbar, Lichtbeständigkeit; chem. Apparate, Elektrotechnik, Elektronik, Maschinenbau, Dichtungen, Isolationen, Bratpfannenbeschichtungen

Aufgaben

1. Geben Sie für nachstehende Verbindungen die (Halb-)Strukturformeln an:

a) 2-Methylbuten-(2)

b) 1-Chlorpenten-(2)

c) 2,6-Dimethyloctadien-(1,7)

d) cis-Buten-(2).

2. a) Erklären Sie die Umsetzung von Cyclohexen mit Bromwasser durch Gl.

b) Warum verläuft diese Umsetzung auch im Dunkeln?

c) Erläutern Sie, ob sich auch Cyclohexan mit dieser Lösung umsetzt.

3. Formulieren Sie die Gl. für nachstehende Reaktionssysteme:

a) Ethen + Wasserstoffmoleküle (Katalysator)

b) Propen + Wasser (Katalysator)

4. a) Geben Sie zwei Möglichkeiten an zur Herstellung von Monobrompropan (Gl.).

b) Erklären Sie den Reaktionstyp.

c) Formulieren Sie auch die jeweiligen Reaktionsmechanismen.

5. Alkane lassen sich nicht in direkter Substitutionsreaktion iodieren. Auf welchem Weg kann man die Verbindung 2-Iodbutan herstellen (Gl.)?

6. Wie heißt der nachstehende Kohlenwasserstoff (Genfer Name)?

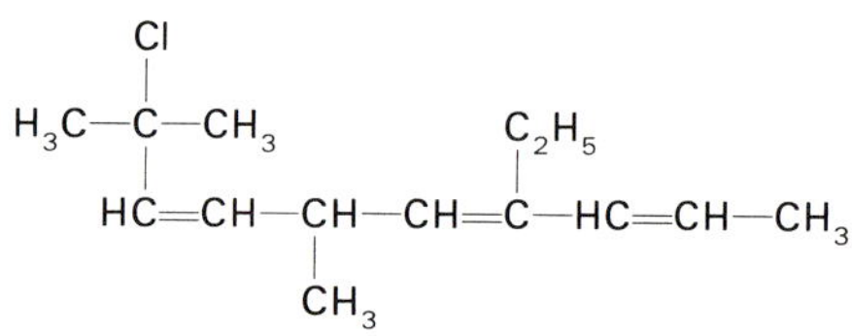

7. Formulieren Sie eine Gl., die zur Darstellung von 3,4-Dimethylhexen-(3) führt, wenn man vom n-Butan ausgeht (4 Reaktionsschritte).

8. a) Begründen Sie, welche Beobachtungen sich machen lassen, wenn man je 50 cm^3 folgender Stoffe im Kolbenprober zur Reaktion bringt:

$$H_3C{-}CH{=}CH{-}CH_3 \quad \text{mit} \quad Cl_2$$

b) Formulieren Sie die Gl.

c) Begründen Sie, wie sich die Reaktionsgeschwindigkeit ändert, wenn man anstelle von Chlor Chlorwasser verwendet.

9. Geben Sie durch entsprechende Gl. an, wie man unterscheiden kann, ob es sich bei einem Kohlenwasserstoff der Formel C_5H_{10} um ein Alken oder ein Cycloalkan handelt.

10. Ausgangsstoff für die PVC-Herstellung ist Vinylchlorid $H_2C{=}CHCl$

a) Formulieren Sie die Gl. und den Mechanismus für diese radikalische Polymerisation.

b) Weshalb braucht man nur geringe Mengen Startersubstanz?

11. Aus einer Verbrennungsanalyse und einer Bestimmung der molaren Masse *M* wurden nachstehende Zahlenwerte erhalten:

$$88{,}89\,\%\,C, \quad 11{,}11\,\%\,H \quad \text{und} \quad M = 54\,\frac{g}{mol}$$

Berechnen Sie

a) die Verhältnisformel

b) die Summenformel des Kohlenwasserstoffs

c) Schreiben Sie alle möglichen Strukturen auf.

12. Formulieren Sie die Gl. der Bildung von Kupferethinid.

13. Formulieren Sie alle isomeren Pentine und benennen Sie diese.

14. a) Stellen Sie die energetischen Verhältnisse der *sp*-Hybridisierung des angeregten C-Atoms in der sog. Kästchenschreibweise dar.

b) Vergleichen Sie mit dem sp^3- bzw. sp^2-hybridisierten C-Atom.

15. An den nachstehenden, ungesättigten Kohlenwasserstoff soll Brom maximal addiert werden:

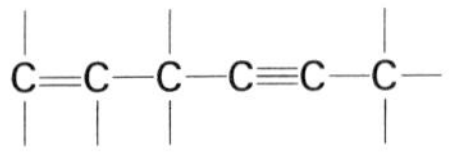

Formulieren Sie die Reaktion in Schritten.

5 Aromatische Kohlenwasserstoffe: Benzol und seine Homologe

Versuche

Vorsicht! – Benzol und Benzoldämpfe sind starke Atem-, Haut- und Blut**gifte**! Es ist **leicht entzündlich!** – Auch Benzolhomologe sowie Nitrobenzol zeigen starke Gifteinwirkungen. – **Abzug** benutzen!

1. L. Ein wenig **Benzol** wird im Rg mit **Wasser** bzw. **Benzin** gemischt und geschüttelt.

2. L. Zu je 1 cm^3 **Benzol** fügt man im Rg a) einen Tropfen **Öl**, b) einen kleinen Klumpen **Harz** und schüttelt.

3. L. Man entzündet ein wenig **Benzol** in einer Porzellanschale mit einem brennenden Holzspan.

4. L. Man versetzt in je einem Rg 1 cm^3 **Bromwasser** mit a) 1 cm^3 **Benzol**, b) 1 cm^3 **Cyclohexen** und schüttelt. – Färbung der Phasen?

5. L. 2 cm^3 **Benzol** werden im Rg mit 0,5 cm^3 **Brom** (Vorsicht! Stark ätzend!) und einer Spatelspitze grober **Eisenfeilspäne** (oder Stahlwolle) versetzt und leicht geschüttelt. Setzt nicht sofort eine Reaktion ein, so muß vorsichtig erwärmt werden. Man haucht gegen die Rg-Mündung und hält ein feuchtes **pH-Papier** darüber. – Man gießt das Reaktionsgemisch in ein Rg mit **verd. Natronlauge**, prüft den Geruch der Unterphase und führt die **Beilsteinprobe** durch (Versuch 4, Kap. 3).

6. L. 5 cm^3 **Benzol** werden mit wenig **Brom** versetzt (Vorsicht!), so daß eine schwach gelbe Lösung entsteht. Diese bestrahlt man mit UV-Licht und setzt nach Entfärbung jeweils weiteres Brom hinzu. Das farblose Gemisch läßt man über Nacht im Abzug verdunsten. – Rückstand? – Geruch?

7. L. a) Man gibt im Rg vorsichtig unter Kühlung zu 2 cm^3 **konz. Schwefelsäure** langsam 2 cm^3 **konz. Salpetersäure** (Vorsicht! Schutzbrille!). In die abgekühlte Mischung läßt man tropfenweise 1 cm^3 **Benzol** fließen und schüttelt einige Minuten (evtl. kühlen). Anschließend gibt man das Reaktionsgemisch in ein Becherglas mit 100 cm^3 **Wasser**. – Geruch? – Phasenbildung?

b) Man wiederholt den Versuch mit **Superbenzin** anstelle von Benzol.

5.1 Der Steinkohlenteer

Der bei der trocknen Destillation von Steinkohle gewonnene Teer (vgl. Kap. 6.1.2) stellt ein kompliziert zusammengesetztes Gemisch zahlreicher flüssiger und fester Stoffe dar. Durch Destillations- und Reinigungsverfahren wird eine große Anzahl technisch sehr wichtiger Stoffe gewonnen, die für die Farbstoff-, die Explosivstoff- und Arzneimittel-Industrie große Bedeutung haben.

Die aus Rohteer gewonnenen Stoffe wie **Benzol, Toluol, Xylol, Naphthalin, Anthracen** sind chemisch untereinander eng verwandt, weisen aber gegenüber aliphatischen Verbindungen eine Reihe von Besonderheiten in ihren Reaktionen auf, so daß man sie diesen als **aromatische Verbindungen**[1] gegenüberstellt.

5.2 Benzol

5.2.1 Eigenschaften und Gewinnung

1. Das Benzol[2] (Dichte 0,879 g/cm^3; Smp 5,5 °C; Kp 80,1 °C) ist eine farblose, stark lichtbrechende, leicht bewegliche Flüssigkeit von eigenartigem Geruch. Benzol ist flüchtig, entzündet sich leicht und brennt mit leuchtender, stark rußender Flamme. Benzol und Benzoldampf sind stark giftig. – Im Wasser ist Benzol unlöslich, dagegen leicht löslich in Benzin, Ethanol, Ether und anderen organischen Lösungsmitteln. – Umgekehrt ist Benzol ein gutes Lösungsmittel für Fette, Harze, Wachse und Kautschuk.
Benzol ist Bestandteil von Kraftstoffgemischen für Otto-Motoren sowie Ausgangsstoff für die Herstellung von Farbstoffen, Kunststoffen, Pharmazeutika, Insektiziden usw.

2. Gewinnung. a) Neben der Gewinnung aus Steinkohle wird Benzol in steigendem Maße auf Erdölbasis aus Leichtbenzinen gewonnen. Hierzu dehydriert man Kohlenwasserstoffe, insbesondere Cyclohexan, unter Verwendung von Katalysatoren. b) Eine beträchtliche Menge wird in den Kokereien aus dem Rohgas erhalten. c) Benzol wird in kleineren Mengen aus dem Steinkohlenteer hergestellt.

5.2.2 Konstitution des Benzolmoleküls

1. Verbrennungsanalyse und Molekülmassenbestimmung ergaben für Benzol die **Summenformel C_6H_6**. Für die Summenformel C_6H_6 sind zahlreiche Strukturen mit Mehrfachbindungen denkbar, kettenförmige und ringförmige. Insgesamt sind 217 Strukturen theoretisch möglich (Abb. 5.1).

Da die katalytische Dehydrierung von Cyclohexan Benzol liefert und umgekehrt Benzol durch Hydrierung in Cyclohexan umgewandelt werden kann, wird die

1 Der Name ist historisch bedingt. Er rührt daher, daß man die zuerst bekanntgewordenen Stoffe dieser Klasse aus aromatisch riechenden Naturharzen oder Ölen gewonnen hat. Der Name wurde für das Benzol und strukturell verwandte Verbindungen beibehalten.
2 Das Benzol wurde 1825 von FARADAY im Leuchtgas entdeckt und 1845 von A. W. HOFFMANN aus dem Steinkohlenteer gewonnen.

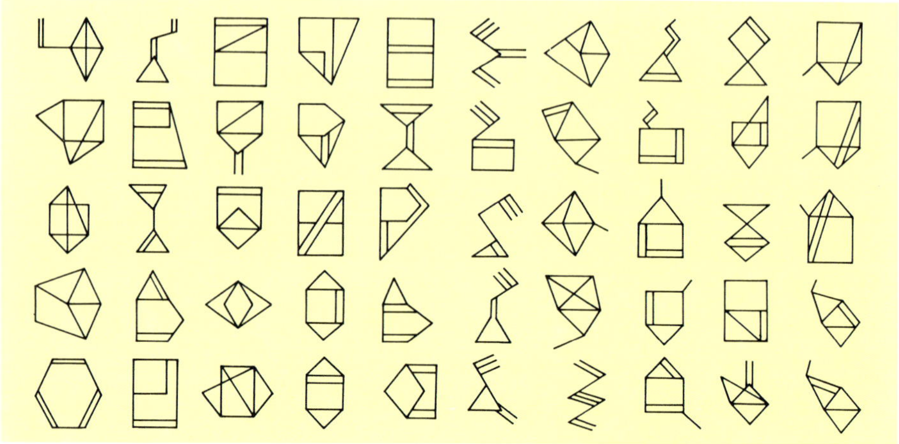

Abb. 5.1 Einige mögliche Strukturen für Stoffe mit der Summenformel C_6H_6

Annahme wahrscheinlich, daß Benzol ein **cyclischer Kohlenwasserstoff** mit drei Doppelbindungen im Molekül ist:

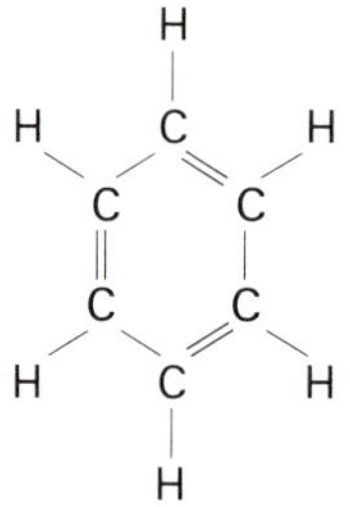

Strukturformel für Benzol nach Kekulé

In genialer Weise schlug **Kekulé**[1] bereits 1865 diese Formel für die Struktur des Benzols vor. Nach seiner Vorstellung bilden die sechs C-Atome die Ecken eines regelmäßigen Sechsecks, einen Ring, und sind abwechselnd doppelt und einfach gebunden (konjugierte Doppelbindungen). Jedes C-Atom ist mit einem H-Atom verbunden. Röntgenstrukturanalysen haben die vermutete regelmäßige Struktur tatsächlich bestätigt.

2. Die vorgeschlagene Strukturformel steht jedoch im **Widerspruch** zu einer Reihe von Untersuchungen und Beobachtungen.

a) Nach der Kekulé-Formel sollte man erwarten, daß es zwei isomere Disubstitutionsprodukte an benachbarten C-Atomen gibt: solche, bei denen die substituierten C-Atome durch eine Doppelbindung, und solche, wo sie durch eine Einfachbindung verbunden sind:

---

1 Friedrich August Kekulé v. Stradonitz (1829–1896), Prof. f. Chemie in Heidelberg, Gent und Bonn. – Seine Strukturformel des Benzols soll ihm im Traum erschienen sein.

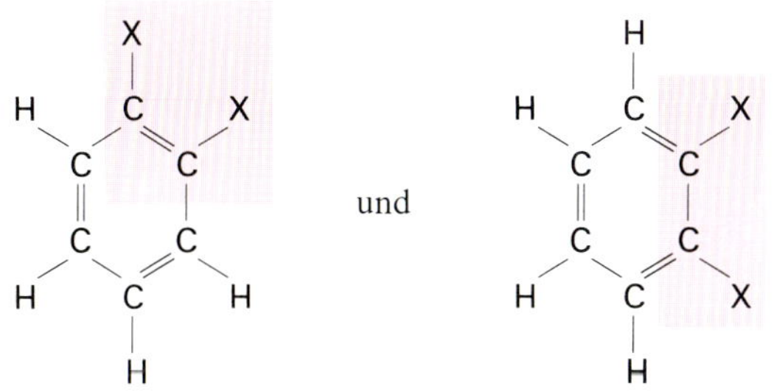

Tatsächlich findet man jedoch nur eine Art des disubstituierten Produktes an benachbarten C-Atomen. Deshalb ergänzte KEKULÉ seine Strukturvorstellung durch die Annahme, daß die je drei Einfach- und Doppelbindungen des Ringes nicht festliegen sondern oszillieren:

Struktur 1 ist gleichberechtigt mit Struktur 2

b) Messungen der **Abstände** von C-Atomen ergeben folgende Werte:

C—C-Einfachbindungen: 0,154 nm
C═C-Doppelbindungen: 0,134 nm
C⋯C-Bindungen im Benzol (alle): 0,139 nm.

Nach der KEKULÉ-Formel sollte es im Benzolmolekül eigentlich unterschiedliche Bindungsabstände zwischen den C-Atomen geben. Die tatsächlichen Bindungslängen sind jedoch **alle gleich** und liegen zwischen denen von Einfach- und Doppelbindungen.

c) Benzol läßt sich ebenso wie ungesättigte Kohlenwasserstoffe (wenn auch schwerer) katalytisch hydrieren. Die Messungen der **Hydrierungsenthalpien** (Hydrierwärmen) ergeben folgende Werte:

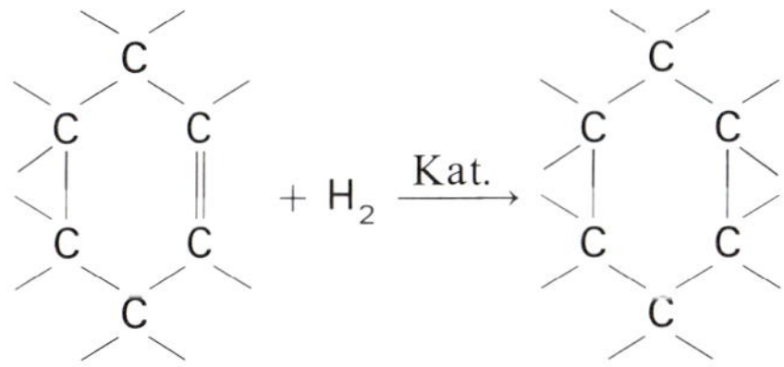

Cyclohexen + H_2 $\xrightarrow{\text{Kat.}}$ Cyclohexan $\Delta H_1 = -120$ kJ/mol

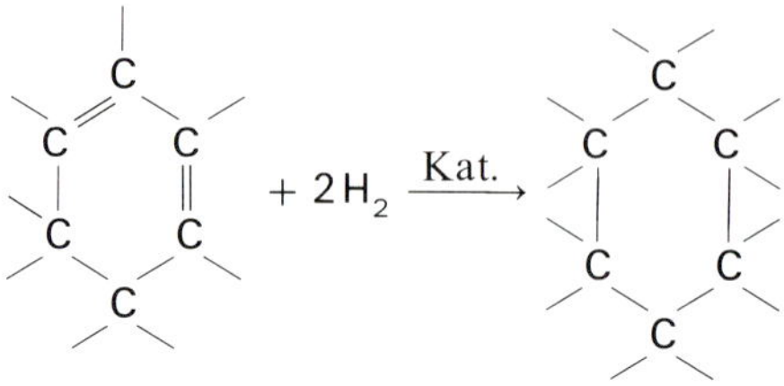

Cyclohexadien-(1,3) Cyclohexan $\Delta H_2 = -232$ kJ/mol

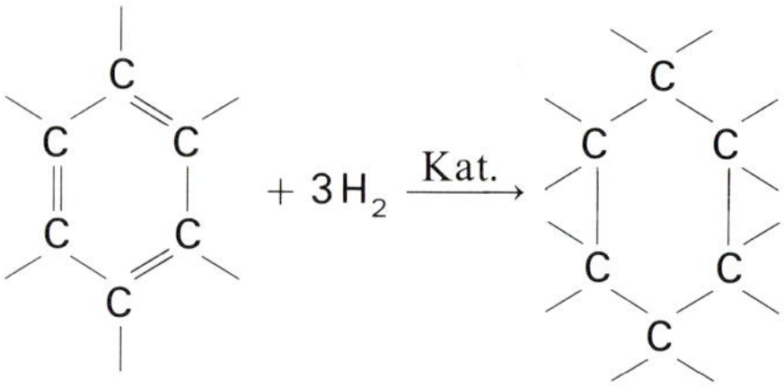

Benzol als „Cyclohexatrien-(1,3,5)“ Cyclohexan $\Delta H_3 = -209$ kJ/mol

Die Hydrierwärme von Cyclohexadien ist etwa **doppelt** so groß wie die von Cyclohexen. Da die Hydrierungsenthalphie für eine Doppelbindung ca. 120 kJ/mol beträgt, sollten bei der Hydrierung eines „Cyclohexatriens“ (= KEKULÉ-Formel des Benzols) ca. 3 × 120 kJ/mol = 360 kJ/mol frei werden (vgl. Abb. 5.2). Tatsächlich wird jedoch mit 209 kJ/mol wesentlich weniger Energie frei, d. h. Benzol ist viel **energieärmer**, als es aufgrund der drei Doppelbindungen in der hypothetischen Formel als Cyclohexatrien sein sollte (Abb. 5.2).

d) Während Cyclohexen Brom addiert, reagiert Benzol nicht direkt mit Brom oder einer wäßrigen Bromlösung. Erst in Gegenwart eines Katalysators kommt es

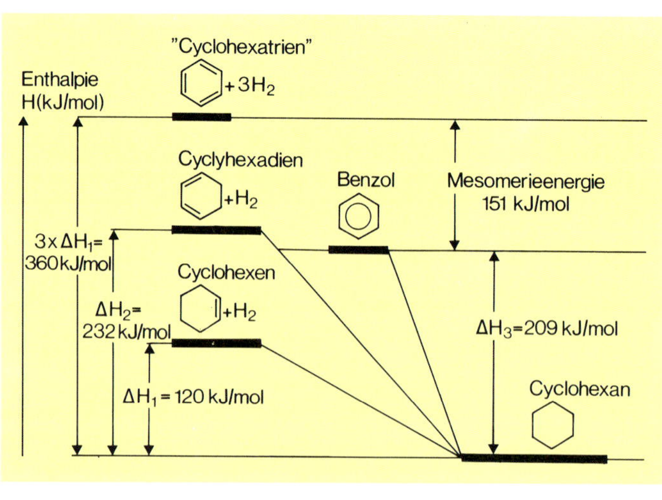

Abb. 5.2 Hydrierungs-enthalpien von Cyclohexenen und Benzol

zwischen Benzol und reinem Brom zu einer Reaktion, bei der jedoch Bromwasserstoff freigesetzt wird, so daß auch hier nicht Brom addiert, sondern lediglich ein H-Atom **substituiert** wird:

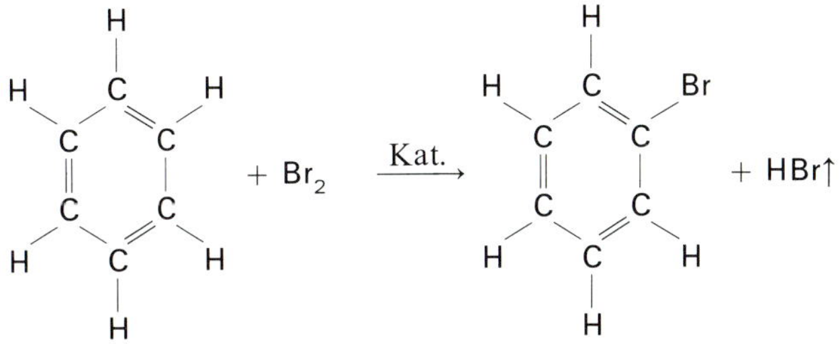

3. Eine Erklärung dieser Befunde wird durch die **Mesomerie** des Benzols gegeben. Zu der KEKULÉ-Formel gibt es eine mesomere **Grenzstruktur**, was besagt, daß die Elektronen der „Doppelbindungen" **delokalisiert** sind:

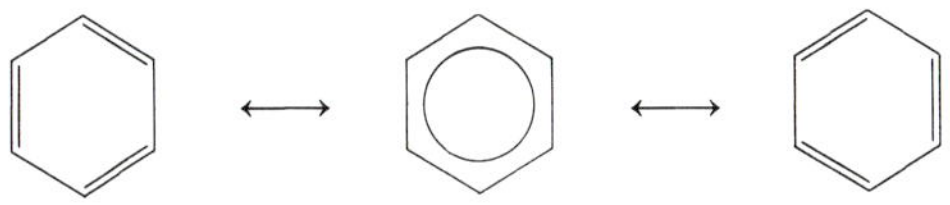

Grenzstruktur 1 Struktur 3 Grenzstruktur 2

(vereinfachte Formel von Benzol[1])

Zwischen den beiden Grenzstrukturen (KEKULÉ-Formel) gibt die angegebene Struktur 3 die Delokalisierung der π-Elektronen und damit die tatsächliche Elektronenverteilung am besten wieder[2]. Der Ring stellt die drei Elektronenpaare, d. h. das delokalisierte Elektronensextett dar.

Durch die Mesomerie des Benzols, d. h. durch die Delokalisierung der π-Elektronen, kommt es zu einer **Stabilisierung** des Moleküls: Benzol besitzt einen um ca. 150 kJ/mol niedrigeren Energieinhalt als das hypothetische „Cyclohexatrien".

Das Benzol ist um diesen Differenzbetrag, die **Mesomerieenergie**, mesomeriestabilisiert (Abb. 5.2).

Im Benzol sind alle C⋯C-Bindungen gleichwertig, ihre Länge liegt zwischen denen von Einfach- und Doppelbindungen.

Benzol ist mesomeriestabilisiert, d. h. die π-Elektronen sind als **Elektronensextett** über den gesamten Ring **delokalisiert** und verleihen dem Molekül eine besondere Stabilität: Ein „Cyclohexatrien" gemäß der KEKULÉ-Formel ist nicht existent. Das Benzolmolekül ist **planar** gebaut (Abb. 5.3).

4. Die besondere Struktur bzw. die außergewöhnlichen Eigenschaften des Benzols lassen sich durch das **Orbitalmodell** erklären.

---

1 Benzol wird in der Praxis durch eine vereinfachte Formel dargestellt, in der die Ecken des Sechsecks durch C-Atome gebildet werden. Die gebundenen H-Atome werden in dieser Darstellung vernachlässigt.

2 Häufig verwendet man auch eine der beiden KEKULÉ-Formeln als Symbol für den Benzolring, z. B. wenn Reaktionsgleichungen formuliert werden.

C_6H_6

a)

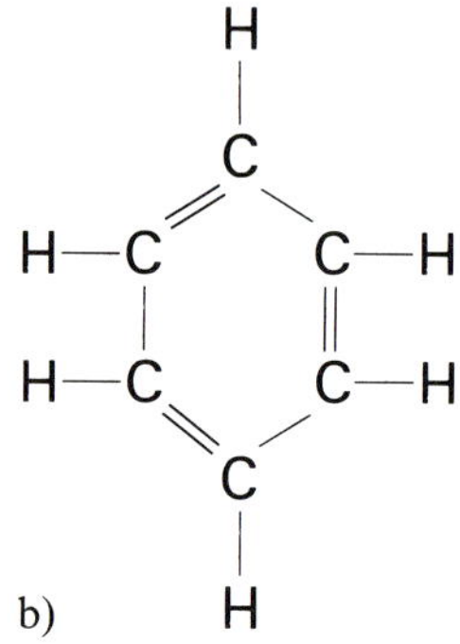

b)

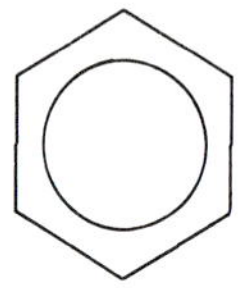

c)

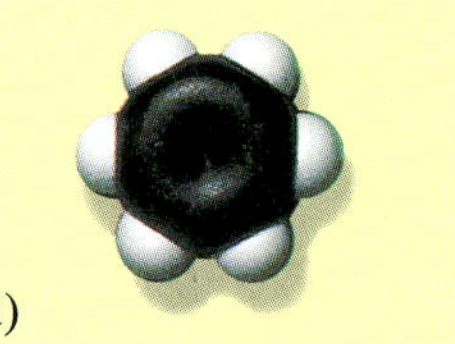

d)

Abb. 5.3 Formeln und Modelle des Benzols a) Summenformel b) KEKULÉ-Formel c) moderne Strukturformel d) Kalottenmodell

Jedes C-Atom besitzt im Benzol drei Bindungspartner und es kann daher als sp^2-hybridisiert[1] betrachtet werden. Die sp^2-Hybridorbitale liegen in einer Ebene, auf der senkrecht das frei gebliebene p_z-Orbital mit einem Elektron steht. Die sp^2-Hybridorbitale bilden **σ-Bindungen** untereinander und zu den 1s-Orbitalen der Wasserstoffatome aus (Abb. 5.4). Zu der von den C- und H-Atomen gebildeten **Ebene** stehen die einfach besetzten p_z-Orbitale senkrecht, untereinander parallel (Abb. 5.4b). Die p_z-Orbitale durchdringen sich nicht nur paarweise und erbringen daher keine isolierten π-Bindungen. Sie bilden mit ihren oberen und unteren Hälften ein **gemeinsames** großes **Molekülorbital**, das aus einer ringförmigen Hälfte oberhalb und einer ringförmigen Hälfte unterhalb der von den Atomen gebildeten Ebene besteht. Die sechs π-Elektronen, das **Elektronensextett**, sind in dieser π-Elektronenwolke über das ganze Molekül delokalisiert (Abb. 5.4c).
Mit dem Namen **„aromatische Verbindungen“**, der ursprünglich auf dem charakteristischen aromatischen Geruch basierte, wird nun diese strukturelle Besonderheit bezeichnet und werden daher die so gebauten Verbindungen benannt.

Abb. 5.4 Orbitalmodell des Benzolmoleküls a) σ-Bindungen b) die sechs einfach besetzten p_z-Orbitale c) delokalisiertes π-Elektronensystem

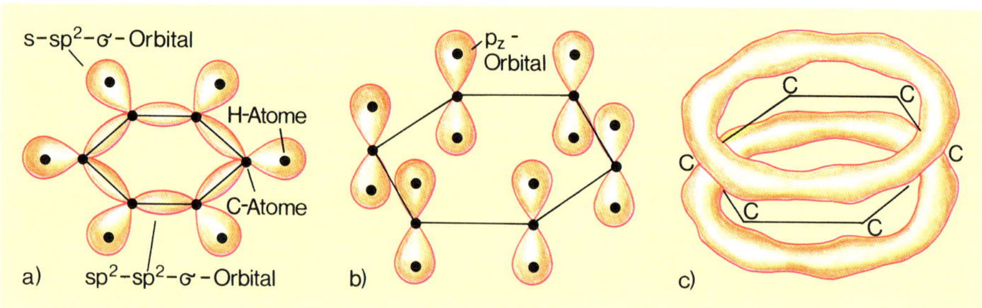

1 Bezogen auf n = 2; zur Vereinfachung wird hier jeweils die Hauptquantenzahl weggelassen.

5.2.3 Reaktionen des Benzols

Aufgrund der **hohen Elektronendichte** im Benzolkern (Ring der C-Atome) und der Mesomeriestabilisierung reagiert Benzol in erster Linie nur mit starken **Elektrophilen**. Da bei einer Addition das Elektronensextett zerstört würde und die Mesomerieenergie verloren ginge, erfolgt am Benzol in der Regel eine **elektrophile Substitution**.

1. Halogenierung. Benzol reagiert mit Chlor und Brom nur in Gegenwart von Katalysatoren, die eine heterolytische Spaltung der Halogenmoleküle begünstigen. Ein solcher Katalysator kann $AlCl_3$ oder das aus Eisen und Brom gebildete $FeBr_3$ sein. Der **Mechanismus** der elektrophilen Substitution (S_E) soll am Beispiel der Bromierung von Benzol mit Eisen als „Katalysator“[1] gezeigt werden.

Katalysatorbildung:

$$2\,Fe + 3\,Br_2 \longrightarrow 2\,FeBr_3$$

heterolytische Spaltung des Brommoleküls:

$$FeBr_3 + |\overline{\underline{Br}}-\overline{\underline{Br}}| \longrightarrow |\overset{\delta+}{\overline{\underline{Br}}}-\overset{\delta-}{\overline{\underline{Br}}}|\cdots FeBr_3 \longrightarrow |\overline{\underline{Br}}^{\oplus} + [FeBr_4]^{\ominus}$$

Das positive Bromkation (= Elektrophil) lagert sich an das π-Elektronensystem des Benzols an: **π-Komplex**. Anschließend wird durch ein Elektronenpaar des Elektronensextetts eine σ-Bindung zum Bromatom ausgebildet **(σ-Komplex)**. Der positive σ-Komplex **stabilisiert** sich durch Abspaltung eines H^+-Ions und bildet das stabile delokalisierte π-Elektronensystem zurück (Abb. 5.5). Aus dem H^+-Ion und dem im $FeBr_3$ komplex gebundenen Br^--Ion entsteht HBr, das entweicht.

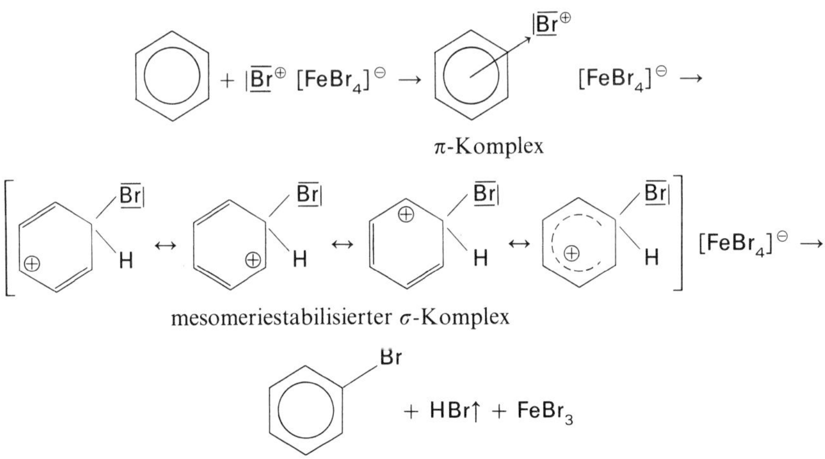

Aus dem σ-Komplex entsteht in diesem Falle nicht – wie bei der elektrophilen Addition an die Doppelbindung – durch Anlagerung eines Anions ein disubsti-

---

1 Eisen ist hier nicht der Katalysator. Der eigentliche Katalysator ist das aus Eisen und Brom gebildete $FeBr_3$.

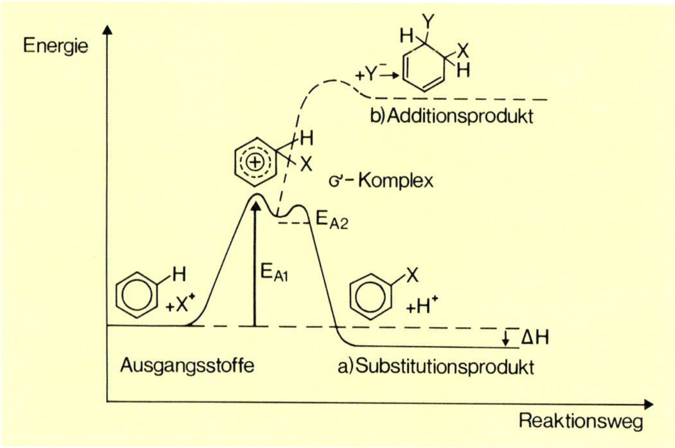

Abb. 5.5

tuiertes Produkt, da dieses wesentlich energiereicher ist, als wenn sich das Elektronensextett zurückbildet (Abb. 5.5).

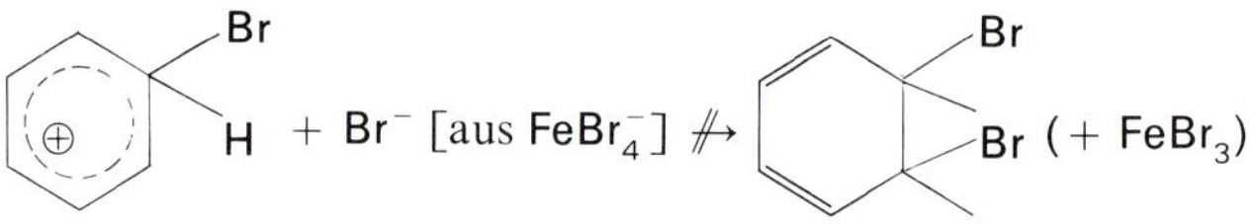

2. Nitrierung. Benzol läßt sich auch auf entsprechendem Wege elektrophil nitrieren, d.h. die Gruppe —NO_2, die Nitrogruppe, wird eingeführt. Man verwendet dazu die sog. **Nitriersäure**, ein Gemisch aus konz. Salpeter- und konz. Schwefelsäure, in dem **NO_2^+-Ionen** (Nitronium- oder Nitrylionen) die eigentlichen Elektrophile sind und zur Bildung von Nitrobenzol führen:

$$HNO_3 + H_2SO_4 \rightleftharpoons [H_2NO_3]^+ + HSO_4^- \rightleftharpoons \underset{\text{Nitroniumion}}{NO_2^+} + HSO_4^- + H_2O$$

Mechanismus der Nitrierung von Benzol:

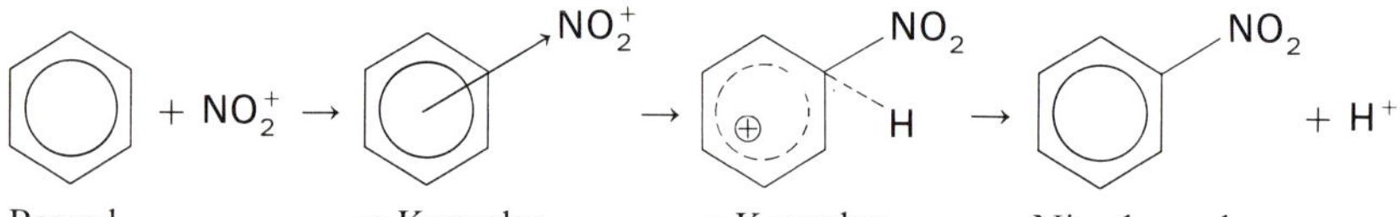

Das **Nitrobenzol** ist ein blaßgelbes, giftiges Öl, das nach bitteren Mandeln riecht.

3. Alkylierung. Die Einführung von Alkylgruppen am Benzol gelingt ebenfalls als elektrophile Substitution (Friedel-Crafts-Alkylierung). Als Elektrophile werden Halogenalkane verwendet, die unter dem Einfluß von $AlCl_3$ heterolytisch gespalten werden und **Carbokationen** bilden.

Beispiel: Aus Benzol und Trichlormethan läßt sich auf diesem Wege (je nach umgesetzter Benzolmenge) Dichlorphenylmethan[1], Chlordiphenylmethan und **Triphenylmethan** herstellen:

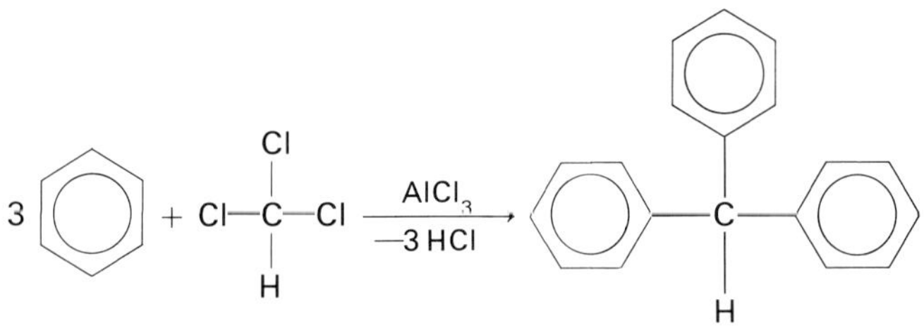

Triphenylmethan

4. Additionen. Unter bestimmten Bedingungen kann Benzol auch Stoffe addieren. Die in Kapitel 5.2.2 angesprochene Hydrierung stellt z. B. eine solche Addition dar. Bei starker **UV-Bestrahlung** und höheren Temperaturen werden Halogene radikalisch addiert; z. B. reagiert Benzol mit Brom unter diesen Bedingungen zu festem Hexabromcyclohexan. Aus Benzol und Chlor entsteht bei UV-Bestrahlung nach einem Radikalkettenmechanismus (vgl. Kap. 4.8.2) als Endprodukt **1,2,3,4,5,6-Hexachlorcyclohexan** $C_6H_6Cl_6$(HCH). Je nach der räumlichen Anordnung der Cl-Atome lassen sich 8 isomere Formen unterscheiden, von denen das γ-Isomere wegen seiner starken Giftwirkung als Insektizid verwendet wird (Gammexan, Lindan, Nexit u. a. Handelsnamen).

5.3 Benzolderivate

5.3.1 Weitere aromatische Kohlenwasserstoffe

Die Wasserstoffatome des Benzols sind nicht nur durch einzelne Atome, z. B. Halogene ersetzbar, sondern auch durch Atomgruppen, z. B. durch Alkylreste wie $—CH_3$ oder $—C_2H_5$. Auf diese Weise entstehen Abkömmlinge des Benzols, die homologe Reihen bilden, die **Homologe des Benzols** (Alkylbenzole).

Es ist üblich, den Benzolring als **„Kern"**, die substituierten Alkylgruppen als Seitenketten zu bezeichnen. Bei zwei oder mehr Substituenten wird die Stellung dieser zueinander angegeben. Bei der **1,2-Stellung** liegen die Substituenten unmittelbar nebeneinander; bei der **1,3-Stellung** sind sie durch ein C-Atom voneinander getrennt; und bei der **1,4-Stellung** stehen sie einander gegenüber. Wenn nur zwei Substituenten vorliegen, so kann ihre Position durch die Vorsilben **Ortho-, Meta-** bzw. **Para-** bezeichnet werden; diese drei Stellungen kennzeichnet man durch ein vorangestelltes o-, m- oder p-.

---

1 Das durch Abspaltung eines H-Atoms aus dem Benzol entstehende Radikal wird als Phenyl-Radikal, die entsprechende Gruppe als Phenyl-Rest bezeichnet.

Beispiele:

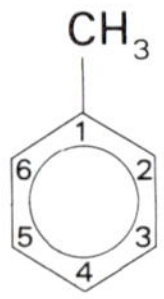

Methylbenzol (Toluol)

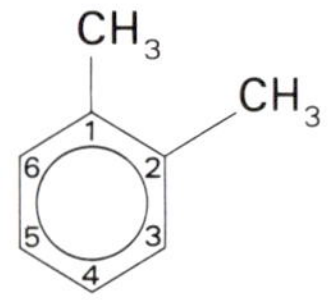

1,2-Dimethylbenzol (o-Xylol)

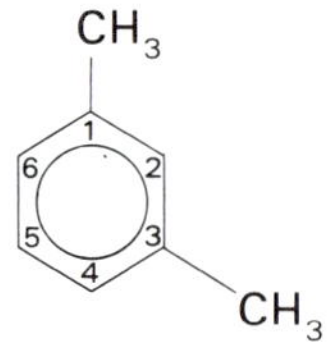

1,3-Dimethylbenzol (m-Xylol)

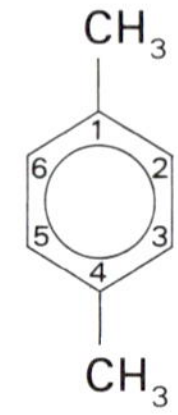

1,4-Dimethylbenzol (p-Xylol)

Methylbenzol, Toluol, $C_6H_5{-}CH_3$, ähnelt in seinen Eigenschaften dem Benzol und dient zur Herstellung von Farb- und Sprengstoffen und des Saccharins.
Dimethylbenzol, Xylol, $C_6H_4(CH_3)_2$, kommt in drei isomeren Formen vor. Sie sind ausgezeichnete Lösungsmittel.
Die Eigentümlichkeit der Kohlenstoffatome, sich untereinander zu langen Ketten zusammenschließen, bleibt auch im Benzolring erhalten. Beim Zusammenschluß mehrer Benzolringe entstehen **kondensierte Ringsysteme**, bei denen die π-Elektronen ebenfalls über das gesamte Ringsystem delokalisiert sind.

Beispiele:

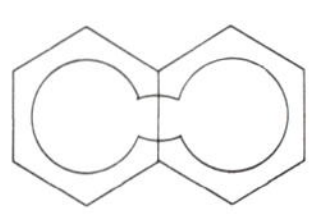

Naphthalin, $C_{10}H_8$

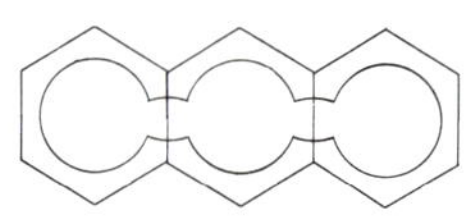

Anthracen, $C_{14}H_{10}$

Naphthalin, $C_{10}H_8$, bildet glänzendweiße, wasserunlösliche Blättchen von kennzeichnendem Geruch (Smp. 80,4 °C; Kp: 218 °C). – Es wird zur Synthese von Farbstoffen und Heilmitteln verwendet.
Anthracen, $C_{14}H_{10}$, bildet ein System aus drei Benzolringen. Es ist ebenfalls der Ausgangsstoff für viele wichtige Farb- und Arzneistoffe (Smp: 216 °C).

Aufgaben

1. Erklären Sie, warum Butadien-(1,3) stabiler ist als Pentadien-(1,4).
2. Geben Sie die Gl an für die Darstellung von Benzol aus Cyclohexan.
3. Warum laufen am Benzol bevorzugt Substitutionen und keine Additionen ab?

6 Kohle – Erdöl – Erdgas

Versuche

1. L. In einem schwerschmelzbaren Rg der Apparatur (Abb. 6.1) erhitzt man bohnengroße Stücke von **Steinkohle** mit rauschender Flamme.
Die Vorlage kühlt man mit *Eiswasser*. Alle anfallenden Reaktionsprodukte werden weiter untersucht:

a) Man prüft den *Geruch* des entweichenden Gases.

b) Man prüft das entweichende Gas mit feuchtem **Bleiacetatpapier** und feuchtem **pH-Papier** bzw. **Lackmuspapier**.

c) Man *entzündet* das Gas, wenn die Knallgasprobe negativ ist, und hält an die entstehende Flamme eine kalte Porzellanschale. Flammenfarbe?

d) Man untersucht den *festen Rückstand* auf seine physikalischen Eigenschaften.

e) Man untersucht das *flüssige Reaktionsprodukt* (Geruch? Phasen?) ebenfalls mit feuchtem **Bleiacetat-** und **pH-Papier**.

2. L. Man stellt nachstehende Apparatur (Abb. 6.2) zusammen (Abzug!):
Man füllt das 20–25 cm lange Verbrennungsrohr (∅ 10–15 mm) aus schwerschmelzbarem Glas (oder Quarzglas) mit ausgeglühter **Aktivkohle** und **Glaswolle** und bohrt mit einem Draht durch die Füllung einen *Luftkanal*. Danach wird die **Aktivkohle** mit einem Brenner (Gebläse) zu heller *Rotglut* erhitzt; durch vorsichtiges Erhitzen des Wassers wird **wenig** *Wasserdampf* erzeugt. Mit dem entstehenden Gas werden – nach Verdrängung der Luft (Knallgasprobe) – nachstehende Untersuchungen durchgeführt:

a) *Entzündung* an der Spitze des Glasrohres (Farbe der Flamme?).

b) Füllen des Kolbenprobers ($100\,cm^3$).

Abb. 6.1 Verkokung von Steinkohle

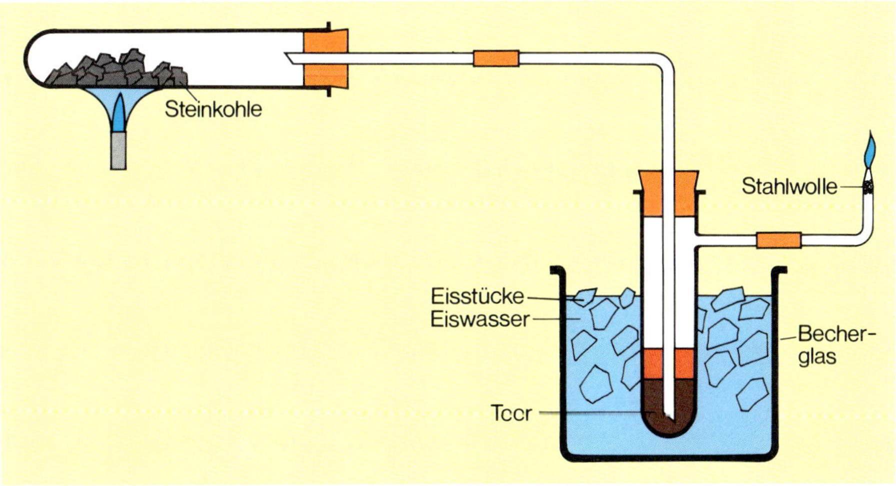

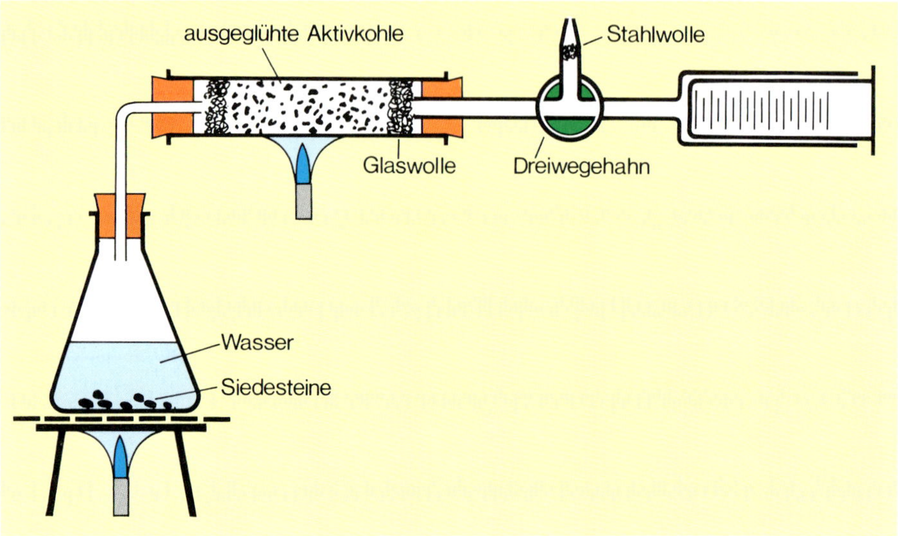

Abb. 6.2 Erzeugung von Wassergas

Abb. 6.3 Fraktionierte Destillation von Erdöl

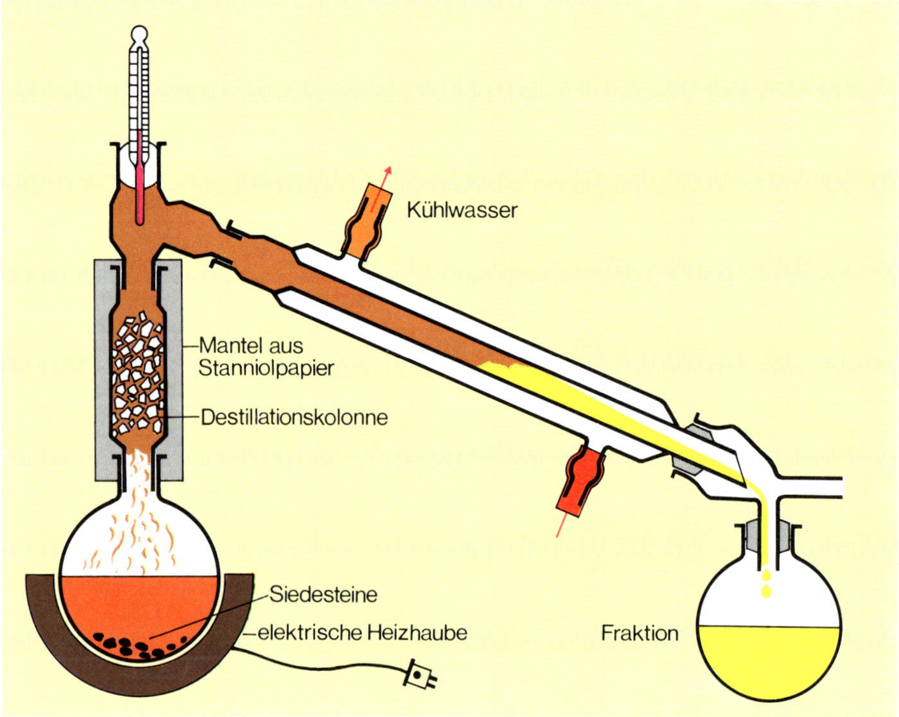

c) Man bläst einen Teil des Gases aus dem Kolbenprober in die entleuchtete Bunsenbrennerflamme (Farbe der Flamme?).

d) Den Gasrest aus dem Kolbenprober leitet man in vorgelegtes **Barytwasser** (Vorsicht, Schutzbrille!).

3. Man untersucht **Erdöl** (Rohöl) auf seine Brennbarkeit (Versuch 2, Kap. 2) und Löslichkeit in verschiedenen Lösungsmitteln (Versuch 5, Kap. 2).

4. Man versetzt 100 cm^3 **Wasser** mit etwas Spülmittel (z. B. Pril) und gibt 1 Tropfen (0,05 cm^3) **Erdöl** dazu. Geruchsprobe. Danach werden 20 cm^3 dieser Mischung in einem Becherglas mit Wasser auf 200 cm^3 aufgefüllt und gut umgerührt. Geruchsprobe. Man führt wie angegeben noch zwei weitere Verdünnungen durch. Erdölgeruch? Berechnen Sie hierfür das Verdünnungsverhältnis.

5. Man stellt gemäß Abb. 6.3 eine Destillationsapparatur (versehen mit einem 360 °C-Thermometer) zusammen. Man füllt den 250 cm^3 fassenden Destillationskolben mit etwa 100 cm^3 **Rohöl**, gibt einige Siedesteine hinzu und erhitzt im Sandbad oder mit einem Heizpilz (Vorsicht!). Bei etwa 130 °C wird das Kühlwasser abgestellt und aus dem Liebigkühler ausgelassen. Die *Vorlagen* sollen bei 70 °C, 100 °C, 180 °C, 270 °C und 350 °C *gewechselt* werden. Die aufgefangenen Fraktionen werden ebenso wie der abgekühlte Rückstand auf Geruch, Brennbarkeit und Viskosität (vgl. Versuch 6, Kap. 2) untersucht.

6. Man stellt nachstehende Anordnung (Abb. 6.4) zusammen:
Man beschickt ein schwerschmelzbares Rg zu $^1/_3$ mit **Paraffinöl** und zu $^2/_3$ mit **Perlkatalysator** (z. B. Fa. PHYWE). Der mittlere Teil des Rg wird nun kräftig erhitzt. Die zunächst entweichende Luft läßt man über den Dreiwegehahn austreten (Knallgasprobe!). Mit den gasförmigen bzw. flüssigen Reaktionsprodukten (Kolbenprober, Vorlage) führt man nachstehende Untersuchungen durch und vergleicht stets mit dem eingesetzten Paraffinöl.

a) Man prüft den *Geruch*.

b) Man prüft Gas (aus dem Kolbenprober) und flüssiges Produkt mit **Bromwasser** (Versuch 4, Kap. 4).

Abb. 6.4 Cracken von Paraffinöl

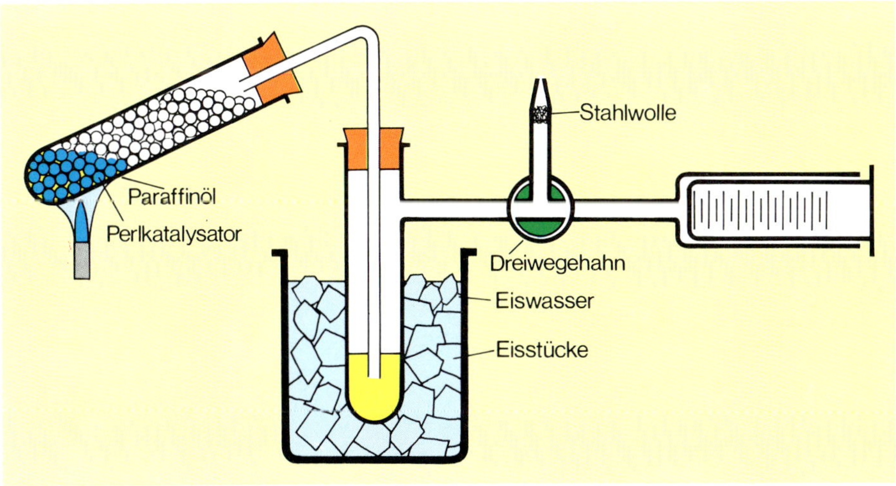

c) Nach Füllung des Kolbenprobers läßt man das Gas durch den Dreiwegehahn entweichen und *entzündet* es. Flammenfarbe?

d) Man untersucht das flüssige Produkt auf Entflammbarkeit bzw. Viskosität (Versuch 6, Kap. 2).

Der *Perlkatalysator* läßt sich nach Versuchsende durch Glühen in einer Porzellanschale *regenerieren*.

7. L. Man versetzt im Rg etwa 0,1 g **Kaliumchlorat** mit 5 cm^3 **Super-** oder **Normalbenzin** (Vergaserkraftstoff). Danach gibt man ohne zu schütteln 5 Tropfen konz. **Salzsäure** hinzu. Trübung?

6.1 Kohle

6.1.1 Entstehung und Verwendung natürlicher Kohlen

Natürliche Kohle entstand durch *Zersetzung pflanzlicher Stoffe* früherer Erdzeitalter unter **Luftabschluß**. Erdkrustenbewegungen brachten Wälder (tropische/subtropische Waldmoorvegetation) zum Versinken; das Meer oder riesige Binnenseen lagerten darüber unterschiedlich dicke *Sedimentschichten* ab und schufen den Luftabschluß.
Mit der einsetzenden *Vertorfung* begann ein komplizierter Umwandlungsprozeß von chemisch-biologischer Art: die hochmolekularen Verbindungen des Pflanzenkörpers wurden unter Verlust von CO_2 und H_2O in einfachere umgewandelt. Bei gleichzeitiger Einwirkung von Druck und Wärme erfolgte diese Umwandlung in sehr langen geologischen Zeiträumen. Die pflanzlichen Stoffe wurden so verhältnismäßig reicher an Kohlenstoff und ärmer an Sauerstoff (vgl. Kap. 6.1.2). Dieser **„Inkohlungsvorgang"** trat in allen Zeiträumen der Erdgeschichte auf, wenn üppiger Pflanzenwuchs vorhanden war. Während **Torf** noch deutlich die Pflanzenstruktur erkennen läßt, ist das bei den Folgeprodukten **Braunkohle** und **Steinkohle** nicht mehr der Fall. Beim **Anthracit** ist der Inkohlungsvorgang schon so weit fortgeschritten, daß sich die Pflanzen nicht mehr ermitteln lassen, aus denen er

Tabelle 6.1 Kohlenstoffgehalt verschiedener fester Brennmaterialien

Name des festen Brennmaterials	Erdzeitalter	C-Gehalt (Massen-%)	Heizwert (gerundet) (MJ/kg)
Holz	Jetztzeit	50	14
Torf	Jetztzeit und Quartär (1 Mio Jahre)	55–60	16–20
Braunkohle	Tertiär (20 Mio Jahre)	60–70	20–25
Steinkohle	Karbon (250 Mio Jahre)	80–90	25–29
Anthracit	Karbon (>250 Mio Jahre)	>90	29–32

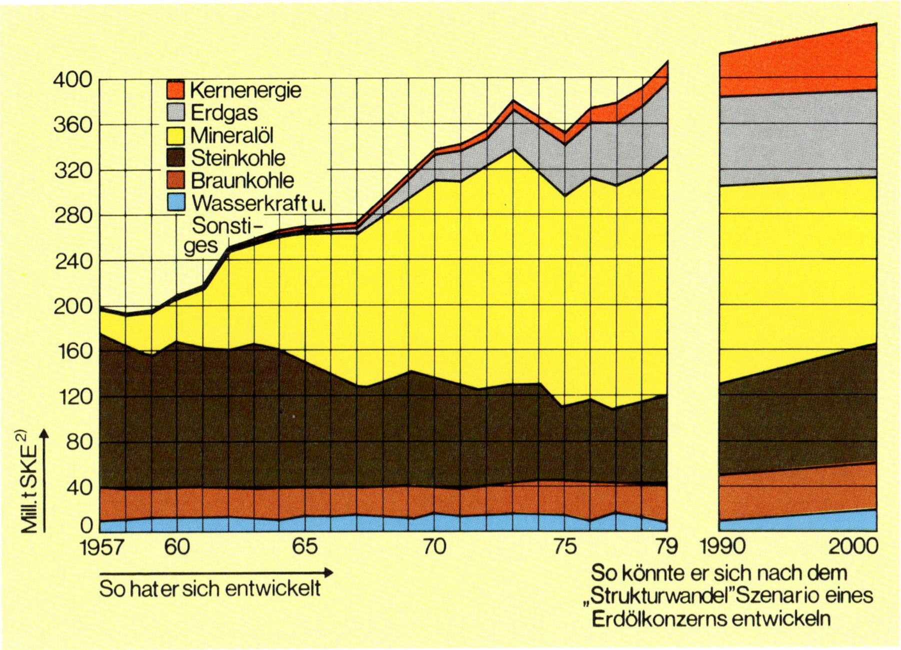

Abb. 6.5 Primärenergieverbrauch in der Bundesrepublik Deutschland[1]

entstanden ist. Je nach dem Verfestigungsgrad ergeben sich die verschiedenen *Inkohlungsstadien*: Torf – Braunkohle – Steinkohle – Anthracit (Tab. 6.1).

Gewaltige Anreicherungen pflanzlicher Substanz und ihre Zersetzung unter Luftabschluß führten in geologischen Zeiten zur Bildung von Kohlelagerstätten.

Der Großteil der Kohlenarten findet nach der Aufbereitung Verwendung als Energieträger in Kraftwerken, in der Wärmewirtschaft und in der eisenschaffenden Industrie (vgl. Kap. 6.1.2).

Verbunden mit dem starken Anstieg von Erdöl und Erdgas als Energieträger erfolgte in den letzten beiden Jahrzehnten gleichzeitig eine Abnahme der festen Brennstoffe wie Stein- und Braunkohle in der Bundesrepublik Deutschland (Abb. 6.5). Derzeit nimmt infolge der rapiden Preisanstiege dieser Energieträger und ihrer Verknappung die Bedeutung der natürlichen Kohlen in Deutschland sowie in allen Industriestaaten wieder stärker zu. Das wichtigste Ziel der deutschen Energiepolitik heißt heute: Weg vom Öl! (Abb. 6.6).

---

1 Die in natürlichen Energieträgern vorhandene Energie wird Primärenergie genannt (z. B. Steinkohle), daraus entstehen durch Umwandlung Sekundärenergieträger (z. B. Koks, Gas, Elektrizität).

2 1 kg Steinkohle ≙ 1,00 Steinkohleneinheiten (SKE) ≙ 29,3 MJ; 1 kg Erdöl ≙ 1,45 SKE; 1 m^3 Erdgas ≙ 1,09 SKE.

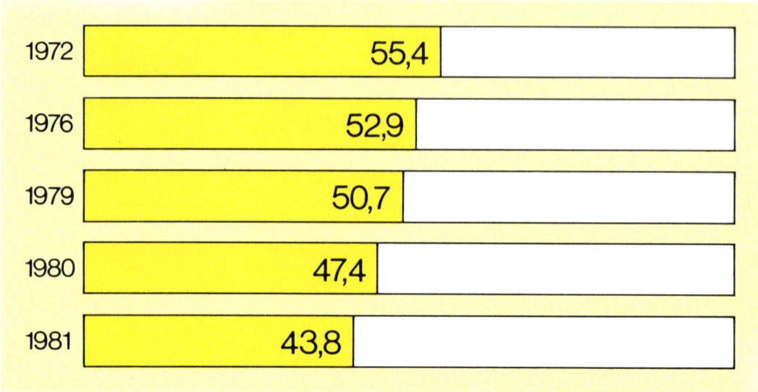

Abb. 6.6 Ölanteil (in %) am Energieverbrauch in der Bundesrepublik Deutschland

6.1.2 Chemische Kohlenveredelung

Für die chemische Kohlenveredelung kommen in der Hauptsache folgende Verfahren in Betracht: 1. *Verkokung*, 2. *Vergasung*, 3. *Hydrierung* (synthetische Benzine).

1. Verkokung der Kohle

Kohle besteht hauptsächlich aus Verbindungen folgender Elemente: *Kohlenstoff* (als Hauptbestandteil), *Sauerstoff*, *Wasserstoff*, *Stickstoff* und *Schwefel*. Über die Verbindungen, welche die Kohle zusammensetzen, ist wenig bekannt; elementarer Kohlenstoff ist nur in geringen Mengen vorhanden.

Bei der trocknen Destillation der Kohle unter Luftabschluß (bes. Steinkohle) bei 1000–1200 °C, der **Hochtemperaturverkokung**, werden diese Verbindungen zerstört und die einzelnen Elemente gehen neue, meistens einfachere, Verbindungen ein. Es entsteht ein Gemisch von *Gasen* und *Dämpfen*, die entweichen; *Koks* bleibt zurück. Diese trockne Destillation der Kohle wird in Kokereien (bzw. Gaswerken, vgl. Abb. 6.7) durchgeführt, wobei als *Haupterzeugnisse wasserstoffreiches* **Kohlengas**[1] (Heizwert etwa 21000 kJ/m^3) und hochwertiger, *stückfester* **Koks** gewonnen werden.

Als *Nebenprodukte* fallen **Teer, Ammoniak, Benzol** und **Schwefelverbindungen (H_2S)** an, die in besonderen Apparaturen aufgefangen werden.

Aus dem **Teer** wird u. a. durch fraktionierte Destillation und Extraktion eine große Anzahl technisch wichtiger Stoffe gewonnen, die als Rohstoffe große wirtschaftliche Bedeutung besitzen, z. B. Naphthalin, Teeröle, Anthracen u. a., Ausgangsstoffe für fast alle organischen Farbstoffe, viele Medikamente, für Riechstoffe u. a.

---

1 Das Kohlengas wurde früher, gemischt mit Generator- oder Wassergas (s. 2), als **Stadtgas** (Heizwert etwa 17600 kJ/m^3) abgegeben. Heute besteht das Stadtgas meistens aus Erdgas (oder aus Mischungen mit Erdgas).

2. Vergasung der Kohle

Generatorgas wird aus *Koks* (Magerkohle, Braunkohle) erzeugt. Durch Teilverbrennung entsteht ein Gasgemisch, das durchschnittlich 25% **Kohlenmonoxid**, 4% CO_2 und 70% N_2 sowie H_2, CH_4 und O_2 enthält und einen Heizwert von etwa 4200 kJ/m³ (i. N.) besitzt. Im Großen vollzieht sich der Vorgang in Schachtöfen, den *Generatoren*, in denen die Luft durch eine hohe Schicht des glühenden Brennstoffs von unten nach oben hindurchgedrückt wird. Das unten zunächst entstehende Kohlendioxid wird in den oberen Schichten zu Kohlenmonoxid reduziert:

$$C + O_2 \rightarrow CO_2 \;/\; \Delta H = -395{,}6\ \text{kJ/mol}$$

$$CO_2 + C \rightarrow 2\,CO \;/\; \Delta H = +173\ \text{kJ/mol}$$

Wassergas. Leitet man *Wasserdampf* (*ohne* Luft) über glühenden *Koks* (> 1000 °C), so entsteht ein Gasgemisch, das je nach den Bedingungen 48–60% **Wasserstoff**, 3–50% **Kohlenmonoxid**, 0,5–6% **Methan**, 5–30% CO_2 und 3–8% N_2 enthält. Sein Heizwert beträgt etwa 10900 kJ/m³ (i. N.).

$$C + H_2O_{(g)} \rightarrow H_2 + CO \;/\; \Delta H = +131{,}3\ \text{kJ/mol}$$

Abb. 6.7 Vereinfachtes Fließschema der Kokerei Kattwyk (Hamburg)

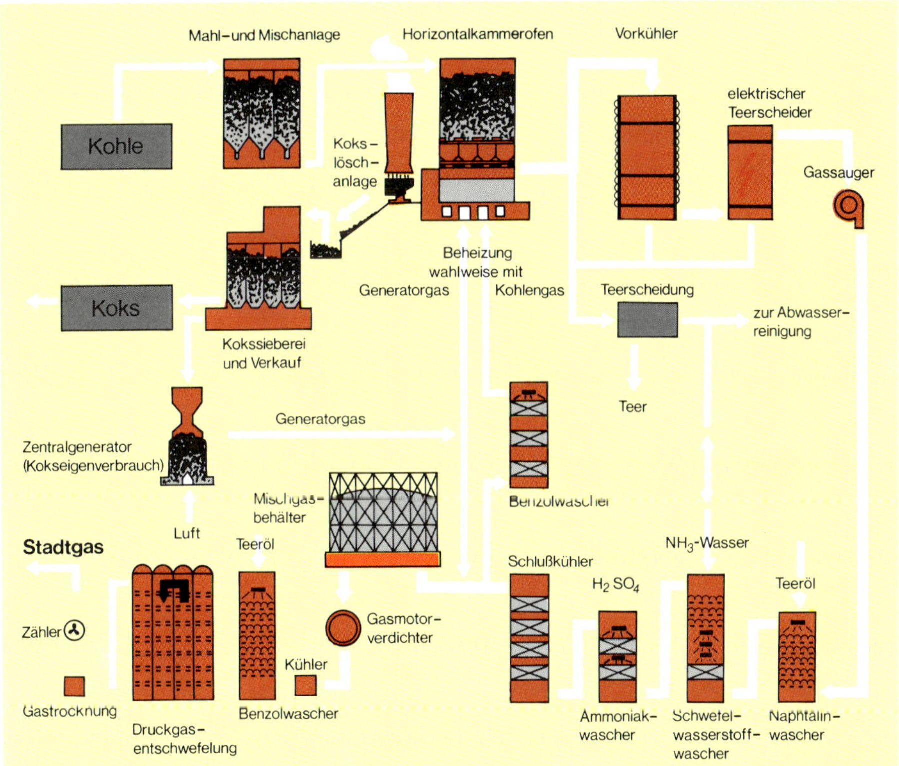

Die Erzeugung von *Generatorgas* verläuft *exotherm*, die Bildung von *Wassergas endotherm*. Läßt man abwechselnd Luft und Wasserdampf durch Koks strömen, so kommt die bei dem ersten Vorgang freiwerdende Wärme dem zweiten zugute. Man erhält Generator- und Wassergas, die man getrennt auffangen, aber auch miteinander mischen kann.

3. Hydrierung der Kohle

Zur Gewinnung von *Kraftstoffen* aus Stein- oder Braunkohle gibt es verschiedene Verfahren. Sie sind bei den hohen Erdölpreisen und der zu erwartenden Erdölverknappung wieder aktuell.

Fischer-Tropsch[1]-Verfahren. Bei diesem Verfahren wird Kohle (in Form von Koks) zunächst partiell verbrannt zu *Kohlenmonoxid* und erst dieses Oxid der katalytischen *Hydrierung* unterworfen, d. h.: Die Kraftstoffmolekülbildung erfolgt durch Aufbau von C—C-Einfachbindungen, deshalb wird das Verfahren auch Benzin-(Kraftstoff-)synthese genannt. Bei dieser katalytischen Umsetzung des $(CO + H_2)$-Gemisches entstehen überwiegend n-Alkane geringer Klopffestigkeit (vgl. Kap. 6.2.6):

$$n\,CO + 2n\,H_2 \xrightarrow[-\,nH_2O]{} (CH_2)_n \xrightarrow{+\,nH_2} H{-}(CH_2)_n{-}H$$

Nebenreaktionen liefern nichtstörende isomere Kohlenwasserstoffe und Alkene. Als Ausgangsstoff verwendet man **Synthesegas**, Wassergas in verschiedenen Mischungsverhältnissen. Je nach dem *Mischungsverhältnis*, dem *Katalysator*, der *Temperatur* und dem normalen oder nur wenig erhöhten *Druck* erhält man die verschiedensten Syntheseprodukte.

Beispiele (Gl. 6.1 u. 6.2):

$$CO + 3\,H_2 \xrightarrow[\text{Katalysator}]{\text{Nickel-}} \underset{\text{Methan}}{CH_4} + H_2O \;/\; \Delta H < 0 \qquad \text{(Gl. 6.1)}$$

$$6\,CO + 13\,H_2 \xrightarrow[\text{Katalysator}]{\text{Kobalt-}} \underset{\text{Hexan}}{C_6H_{14}} + 6\,H_2O \;/\; \Delta H < 0 \qquad \text{(Gl. 6.2)}$$

$$CO + 2\,H_2 \xrightarrow[\text{Katalysator}]{\text{ZnO-}} \underset{\text{Methanol}}{H_3COH} \;/\; \Delta H < 0 \qquad \text{(Gl. 6.3)}$$

Bei denselben Ausgangsstoffen kann somit durch Verwendung verschiedener Katalysatoren nicht nur die Reaktionsgeschwindigkeit, sondern auch die Reaktionsrichtung gesteuert werden.

---

1 Franz Fischer (1877–1947) wurde 1911 Prof. für Elektrochemie a. d. TH Charlottenburg. 1913–1943 Direktor des Kaiser-Wilhelm-Instituts für Kohleforschung in Mühlheim (Ruhr).
Hans Tropsch (1889–1935) war von 1920–1928 Abteilungsleiter des Mühlheimer Kohleforschungsinstituts, dann in Prag und ab 1931 in Chicago.

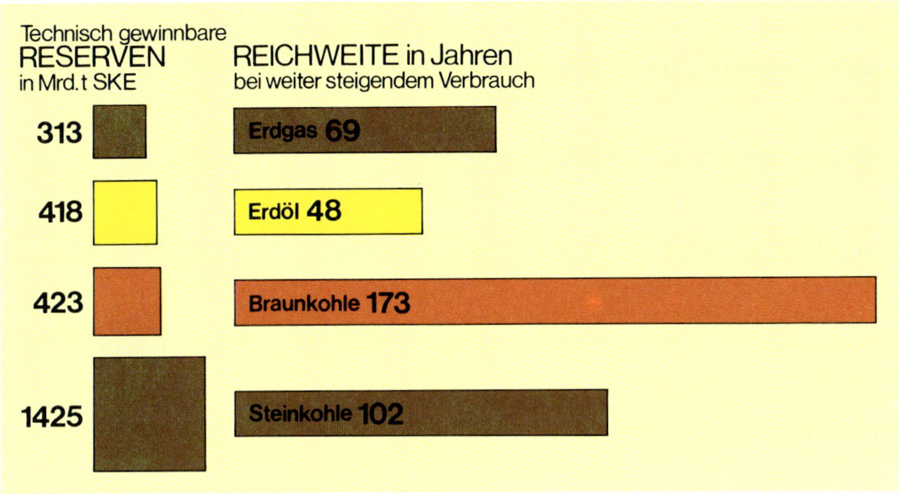

Abb. 6.8 Reserven fossiler Energieträger und ihre Reichweite in Jahren

Infolge der raschen Entwicklung der Erdölproduktion bzw. der Petrochemie waren die Verfahren der Umwandlung von Kohle in synthetisches Öl in den letzten 20 Jahren wirtschaftlich fast bedeutungslos. Betrachtet man allerdings die „*Reichweite*" fossiler Energieträger in Jahren (Abb. 6.8), so rücken diese Verfahren wieder in den Blickpunkt: Erdöl und Erdgas werden vermutlich rascher *erschöpft* sein als die Kohlen. Kohle gewinnt in den Bereichen, in denen sie Öl und Gas ersetzen kann, wieder zunehmend Bedeutung. Die seit langem bekannten „*Veredelungstechniken*" werden im Prinzip in wirtschaftlich effektiverer Form erneut aufgegriffen. Es laufen derzeit Versuche, die *Vergasung* von *Kohle* mit der Abwärme von Hochtemperatur-Kernreaktoren durchzuführen. Die Reaktionsprodukte lassen sich gemäß dem Schema (Gl. 6.1–6.3) weiter verarbeiten. Daneben soll auch die Kohle *direkt* – ohne Vergasung – zu Öl/Benzin verarbeitet werden (Kohlehydrierung).

6.2 Erdöl und Erdgas

6.2.1 Entstehung und Zusammensetzung von Erdöl und Erdgas

Fast alle Tatsachen sprechen für eine *organische Entstehung* von Erdöl und Erdgas aus Zersetzungsprodukten pflanzlicher und tierischer Organismen. Als Ausgangssubstanz gilt pflanzliches und tierisches *Plankton*, das sich – abgestorben – in großen Meerestiefen in sauerstoffarmem Wasser ablagerte. Neue Ablagerungen von tonigem und kalkigem Material schlossen diese geleeartige Masse aus organischer Materie (Kohlenhydrate, Eiweiß- und Fettstoffe) vom Sauerstoff ab; vor *sofortiger Verwesung* bewahrt bildeten sich dann **Faulschlämme**. Durch anaerobe Bakterien wurde der Faulschlamm in biologischer Reduktion langsam abgebaut. Aus den dabei entstandenen Zwischenprodukten bildeten sich unter dem Einfluß von Druck, vergleichsweise niedrigen Temperaturen und Tonen als Katalysatoren in geologischen Zeiten **Erdöl** und **Erdgas**. Bis zum „Fertigwerden" von Erdöl und Erdgas ist jedoch *nicht* immer eine lange Zeit erforderlich; C-14-Untersuchungen ergaben, daß manche Öle nicht älter als 10000 Jahre sind.

Gegen eine anorganische Entstehung von Erdöl spricht der Gehalt an Porphyrinen (= Bausteine des Blattgrüns und des Blutfarbstoffs) und weiteren empfindlichen Stoffen. Das Öl müßte ferner bei anorganischer Entstehung in kristallinen und vulkanischen Gebieten besonders reichlich sein; dafür gibt es bisher *keine* Beweise.
Auch Kohle kommt als Ursache für die *Erdgasentstehung* (hauptsächlich Methan) in Betracht. Für diese Annahme spricht, daß das Erdgas *nicht* mit einem Erdölvorkommen verbunden sein muß. Vermutlich sind aus dem Pflanzenmaterial der Kohlenbildung durch *Umbildungsprozesse* die großen Erdgaslager in Holland und in der Nordsee entstanden.

Erdöl ist hauptsächlich ein natürlich vorkommendes homogenes Gemisch von einigen hundert Kohlenwasserstoffen (n/i-Alkane, Cycloalkane und manchmal Aromaten), **das unter Lagerstättenbedingungen flüssig ist.**

Daneben enthalten die Öle *weitere* organische Verbindungen, zu denen *Ölsäuren*, *Harze*, *Asphaltene* und eine Reihe von S-, O- und N-*Verbindungen* gehören. Letztere sind in sehr geringen Mengen vorhanden; es sind Verbindungen, die in der lebenden Materie vorkommen. *Harze* und *Asphaltene* geben den *Ölen* die *dunkle Farbe*. Dazu tritt – gelöst oder frei – Erdgas. Das **Erdöl** besteht aus 82–87% *Kohlenstoff*, 10–14% *Wasserstoff*, 0–7% *Sauerstoff*, 0,01–2,2% *Stickstoff*, 0,01–7% *Schwefel*. Die **Zusammensetzung** der **Erdgase** ist sehr unterschiedlich (vgl. Tab. 2.1).

6.2.2 Vorkommen (Lagerstätten)

Das Erdöl ist an keine Formation gebunden. Es findet sich vom Kambrium bis zum Tertiär, aber immer nur in Sedimentgesteinen.
Die wichtigsten Funde stammen aus dem Tertiär, und zwar kommt das Erdöl am Rande der Faltengebirge vor, also in den Gegenden starker tektonischer Störungen.

Das gebildete Erdöl ist in den *Erdölmuttergesteinen* (z.B. Schiefer), – entstanden durch Verfestigung der Faulschlämme – nur in *feinster Verteilung* vorhanden. Der **gesamte** organische Gehalt solcher Ablagerungen ist mit **6–7**% nicht sehr hoch. Durch **Wanderung** *konzentrieren* sich diese kleinen Mengen und bilden **Lagerstätten**. Dazu wandern Erdöl und Erdgas durch Poren und Klüfte auf- und seitwärts in poröse, sandige Sedimente hinein, bis undurchlässige Schichten (Ton) ihr Vordringen hemmen und sich Öl und Gas in einer „**Falle**" (Erdölfangstrukturen) sammeln. Das Erdöl tränkt solche *Speichergesteine* wie einen Schwamm (Abb. 6.9). Erdölfallen finden sich in den erwähnten Speichergesteinen vor allem in Scheitelbereichen von *Antiklinalen* (rund 80% der bekannten Erdölreserven der Erde). Antiklinalen sind sattelähnliche Aufbiegungen im Gesteinsaufbau, unter denen sich Öl und Gas wie unter einer umgestülpten Schüssel sammeln (Abb. 6.10). Das *gleichzeitig* mit dem Öl wandernde Wasser sammelt sich infolge seiner größeren

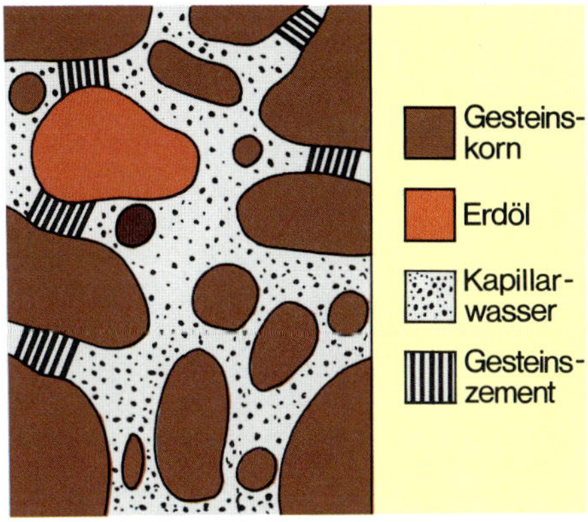

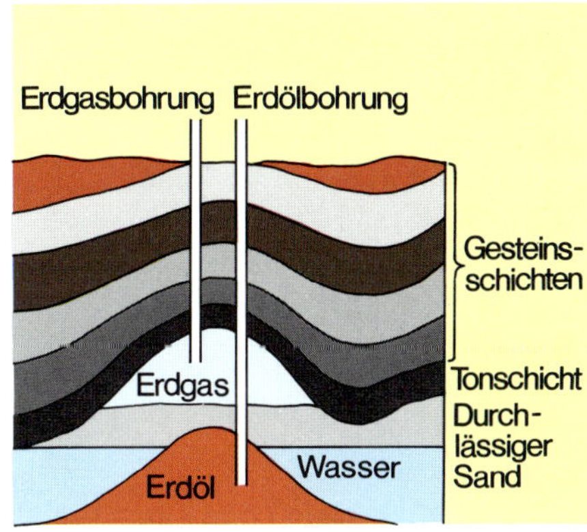

Abb. 6.9 Aufbau eines sandigen Speichergesteins

Abb. 6.10 Schematischer Aufbau von Erdöl- und Erdgaslagern unter einer gewölbten, undurchlässigen Schicht (Erdölsattel)

Dichte unterhalb des Erdöls und schließt die Lagerstätte als Randwasser nach unten hin ab. Über dem Erdöl befindet sich häufig noch die *Gaskappe*, in der Erdgas meist unter hohem Druck steht.

Erdöl kommt durchweg mit *Erdgas*, *Salzwasser* und *Schlamm* zusammen vor. Das **Erdgas** findet sich manchmal frei (Gaskuppen über dem Erdöl), meistens aber im Erdöl gelöst, *Erdölgas*.[1]

6.2.3 Auffinden, Förderung und Transport; Wirtschaftliches

Das Auffinden von Erdöl-/Erdgaslagerstätten (und auch Kohlenlagerstätten) geschieht vor allem durch **seismische Messungen**, bei denen *künstliche Erdbebenwellen* verfolgt werden. Aus den *Seismogrammen* lassen sich Rückschlüsse auf die Schichtenfolge und ihren Verlauf ziehen. Endgültige Gewißheit bringen **Probebohrungen**; sie liefern auch Kenntnisse über die Ausdehnung und Größe der Lagerstätten.

Die Erdöl-/Erdgasfördertechnik beruht auf **Bohrverfahren**. Beim Drehbohrverfahren arbeitet das Bohrgerät nach dem Prinzip einer Bohrmaschine; die verschiedenen *Meißel* sind der Härte des Gesteins angepaßt (Abb. 6.11). Die Bohrtiefen schwanken zwischen einigen Metern und 9165 m (tiefste fündige Bohrung; 1972 Oklahoma/USA). Bei hohem Erdgasdruck kann das Öl aus der Bohrlochmündung ausfließen oder als gewaltiger Springbrunnen zutage treten (eruptive Förderung). In der Regel muß das Rohöl aber durch Pumpen (Tiefpumpen) gefördert werden (*Primärförderung*). Der sog. *Entölungsgrad* (30–35 % des vorhandenen Öls) kann durch zusätzliche Techniken gesteigert werden. Bei der *Sekundärförderung* wird der Lagerstättendruck künstlich verstärkt durch Einpressen von Wasser bzw. Erdgas. Unter der *Tertiärförderung* versteht man die Verwendung von Hitze (Heißdampf) oder Chemikalien.

1 Unter Erdölgas versteht man das im Erdöl gelöst enthaltene Gas, das im Unterschied zum Erdgas größere Mengen dampfförmiger KW enthält.

Abb. 6.11 Bohrmeißel für verschiedenes Gestein

Das geförderte Rohöl durchläuft schon am Bohrloch eine sog. *Aufbereitungsanlage* (mechanische Abtrennung von Erdölgas, Schlamm, Wasser und Salz); erst danach ist es für den Transport geeignet. Er erfolgt über eine Kombination von Rohrfernleitungen – Pipelines – und Tanker (Abb. 6.12–6.14).

Abb. 6.12 Bohrturm und Bohrinsel

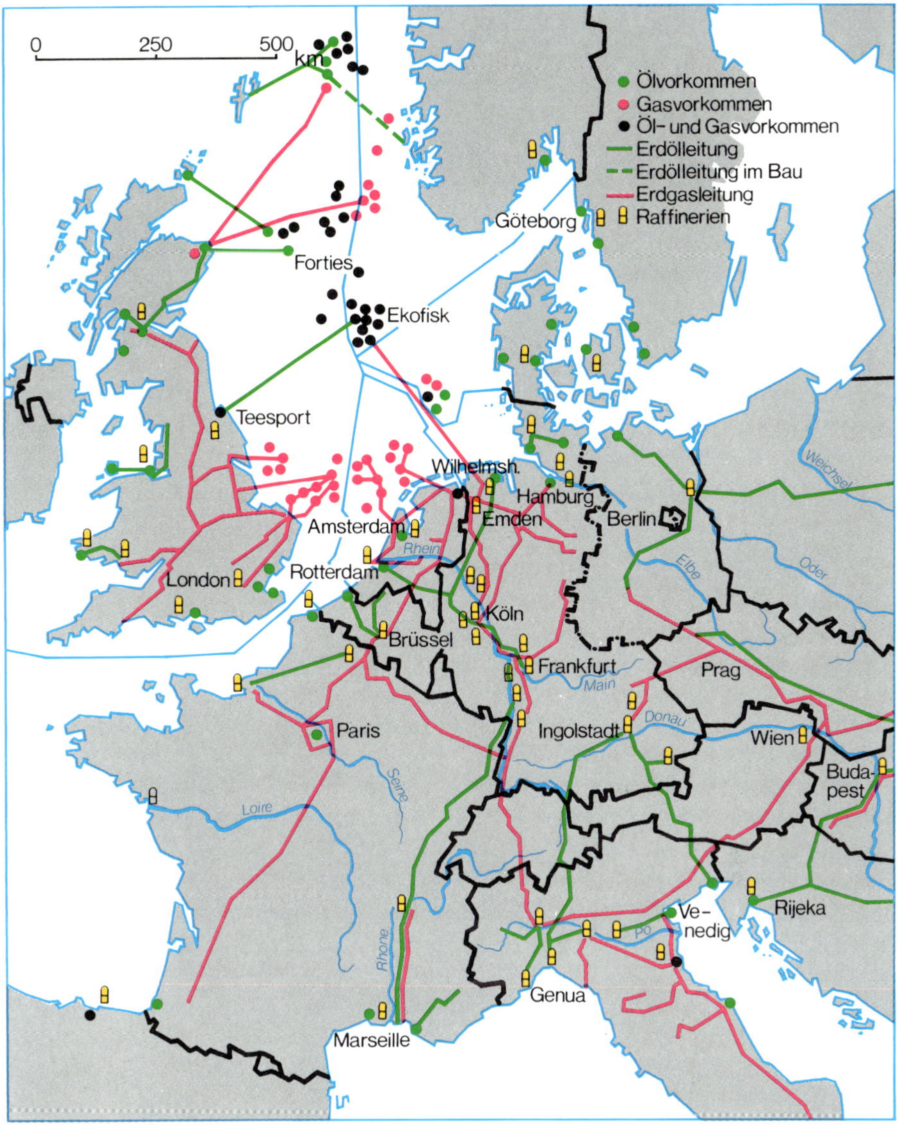

Abb. 6.13 Pipelines und Raffinerien in der Bundesrepublik Deutschland

Das Erdöl allein deckt heute ca. 45% des weltweiten Energieverbrauchs; entsprechend bedeutsam sind auch die geförderten Mengen (Tab. 6.2).

Aus Tabelle 6.2 erkennt man, daß Förderung und Verbrauch sich in der Regel *nicht* decken. Viele Industriestaaten sind überwiegend auf Einfuhren angewiesen; viele Erzeuger verfügen über wenig Industrie. Auf die *10 größten Verbraucher* (USA, UdSSR, Japan, Bundesrepublik Deutschland u.a.) entfielen 73% *des*

Tabelle 6.2 Weltrohölförderung und Weltrohölverbrauch 1970, 1973, 1976, 1979 (in Mio t)

	Förderung				Verbrauch			
	1970	1973	1976	1979	1970	1973	1976	1979
Nordamerika (USA und Kanada)	617	629	545	565	739	870	879	961
Lateinamerika (Venezuela, Mexiko, Argentinien, Ecuador, Trinidad u. a.)	278	277	237	277	140	169	179	214
Mittlerer Osten (Kuwait, Saudi-Arabien, Iran, Irak, Quatar u. a.)	709	1079	1082	1103	57	77	75	—
Ferner Osten (Indonesien, Brunei, Indien, Malaysia, Australien u. a.)	69	113	126	139	297	381	383	415
Afrika (Algerien, Libyen, Nigeria, Ägypten, Gabun u. a.)	297	294	285	316	39	48	57	59
Westeuropa (Bundesrepublik Deutschland, Norwegen, Großbritannien u. a.)	20	20	44	109	580	683	634	709
Ostblock (UdSSR, Rumänien, China u. a.)	397	507	641	715	326	431	552	657
Weltförderung	2387	2919	2960	3224				
Weltverbrauch					2178	2659	2759	3097

Abb. 6.14 Flüssiggastanker

Weltverbrauchs. Der Anteil des Erdgases an der Energieversorgung der Welt lag 1979 bei ca. 20% (Tab. 6.3).

Tabelle 6.3 Welterdgasförderung und -reserven (in Mrd m³)

	Förderung 1970	Förderung 1975	Förderung 1979	nachgewiesene Reserven (Anfang 1981)
Nordamerika	686	677	669	7880
Lateinamerika	41	50	75	4530
Mittlerer Osten	20	63	46	21310
Ferner Osten	13	18	52	3580
Afrika	3	13	29	5900
Westeuropa	76	171	192	4510
Ostblock	248	350	555	27010
Welt	1087	1267	1618	74720

Die *deutsche* Förderung von Erdöl und Erdgas ist im internationalen Vergleich *bescheiden.* Aus den heimischen Vorkommen stammen 4,5% des Erdöl- und >40% des Erdgasbedarfs. Ähnliches gilt auch für die gegenwärtig bekannten Reserven; eine weitere wesentliche Steigerung ist *nicht* zu erwarten.

Seit Beginn der Erdölförderung (1859) sind rund 146 Mrd t Öl entdeckt worden. Davon wurden bisher rund 58 Mrd t gefördert und verbraucht.

Bei den Erdölreserven unterscheidet man nach *möglichen, wahrscheinlichen* und *nachgewiesenen Reserven.* Die möglichen Reserven umfassen alles Öl, das auf der Erde vorhanden sein könnte (Schätzungen: 250–500 Mrd t). Bei den wahrscheinlichen Reserven handelt es sich um bereits festgestellte Lagerstätten, die man aufgrund technischer und wirtschaftlicher Gegebenheiten mindestens zur Hälfte ausbeuten will. Nachgewiesene Reserven sind solche, die mit der jeweils vorhandenen Technik mit an Sicherheit grenzender Wahrscheinlichkeit aus den Lagerstätten zu fördern sind; dies sind Anfang 1981 rund 88 Mrd t (Abb. 6.15).

Abb. 6.15 Nachgewiesene Welt-Erdöl-Reserven Anfang 1981 (in Mio. t)

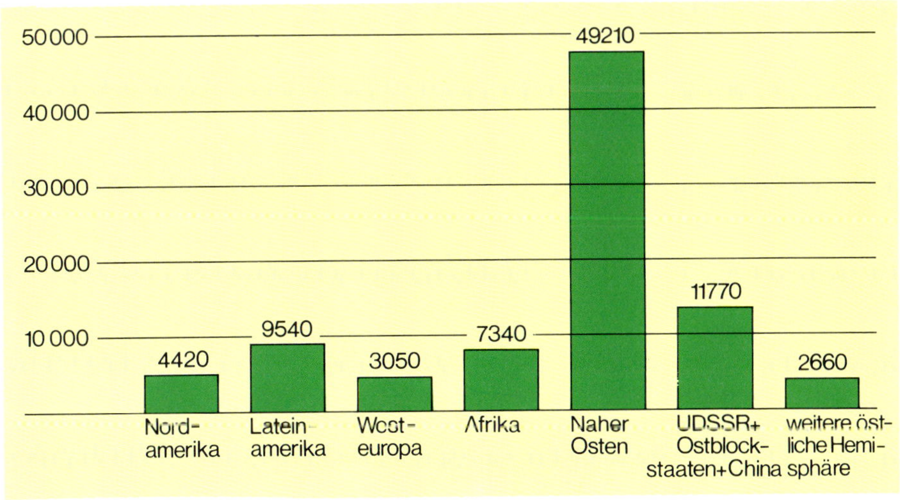

6.2.4 Verarbeitung und Verwendung von Erdöl und Erdgas

1. Das Erdöl (Rohöl) ist in dem Zustand, in dem es gefördert wird, im allgemeinen *nicht* verwendbar. Nach der Aufbereitung (vgl. Kap. 6.2.3) erfolgt dessen Verarbeitung in sog. **Raffinerien** (Abb. 6.16), wo marktgängige Mineralölprodukte hergestellt werden (Tab. 6.4).

a) **Destillation:** Das Ausgangsverfahren der Rohölverarbeitung.
Grundlage ist das unterschiedliche *Siedeverhalten* der einzelnen Kohlenwasserstoffverbindungen (der *Siedepunkt* ist wesentlich durch die *Molekülgröße* bedingt). Die Zerlegung von Rohöl (fraktionierte Destillation) in verschiedene Produkte erfolgt – nach Erhitzen in einem Röhrenofen – in *Turmdestillationsanlagen* (Abb. 6.17); hierbei werden *Gemische* von Kohlenwasserstoffen und *nicht* einzelne Kohlenwasserstoff-Individuen herausgeschnitten (d.h. man trennt in Anteile von ähnlichem Siedebereich). Man nennt diese Gemische **Destillationsfraktionen** (oder *Schnitte*); jede der abgetrennten Fraktionen enthält dann Kohlenwasserstoffe, die sich in bestimmten physikalischen Eigenschaften ähneln. Die in Tabelle 6.4 aufgeführten *Hauptfraktionen* werden – besonders das Rohbenzin – erneut destilliert und in weitere *Teilfraktionen* zerlegt.

Die Erdöle, nach der Förderung Rohöle genannt, bestehen fast ausschließlich aus Kohlenwasserstoffen verschiedener Siedelagen. Die bei der fraktionierten Destillation stetig ansteigenden Siedetemperaturen beweisen, daß es sich um Stoffgemische handelt.

Die Kolonnen-Destillation erfolgt bis etwa 350 °C bei normalem Druck (**atmosphärische Destillation**). Die höher siedenden, „schweren" Kohlenwasserstoffe kondensieren zuerst, die leichter flüchtigen steigen nach oben und werden über den „Topp" abgeleitet. Bei den in diesem Turm entstehenden Destillationsschnitten handelt es sich im wesentlichen um *Rohbenzin* (Siedegrenzen etwa 35–180 °C), *Leuchtöl* oder Mitteldestillat (etwa 180–250 °C) und *Gasöl* (etwa 250–350 °C).
Diese Destillate sammeln sich in tieferen Abschnitten und werden an entsprechenden Stellen seitwärts abgelassen.
Höhere Temperaturen als 350 °C können infolge der Wärmeempfindlichkeit der längerkettigen Kohlenwasserstoffe *nicht* eingestellt werden. Die unter diesen Bedingungen höher siedenden Anteile, der sog. *atmosphärische Rückstand* (Kp > 350 °C), werden entweder direkt als schweres Heizöl verkauft oder nach Erhitzen in einem Vakuumofen einer **Vakuumdestillation** unterworfen. Im Vakuum (10–70 mbar) werden die Kp um 100–150 °C gesenkt. Der Arbeitsgang ist der gleiche wie in der atmosphärischen Kolonne. Die aufsteigenden Dämpfe werden in verschiedenen Abschnitten abgefangen und abgelassen. Es sind dies die (schweren) *Gasöle* (Heizöle) und die *Schmierölfraktionen*. Der undestillierbare Rückstand im Vakuumturm ist das **Bitumen** (Abb. 6.17).
Die *Hauptfraktionen* (Gase 1 %, Benzine 18–20 %, Mitteldestillate 32–35 %, schweres Heizöl und Bitumen 40–50 %) entsprechen im allgemeinen noch *nicht* den *Qualitätsanforderungen* des Marktes, so daß die Destillationsprodukte weiter verarbeitet werden müssen.

Abb. 6.16 Erdölraffinerie

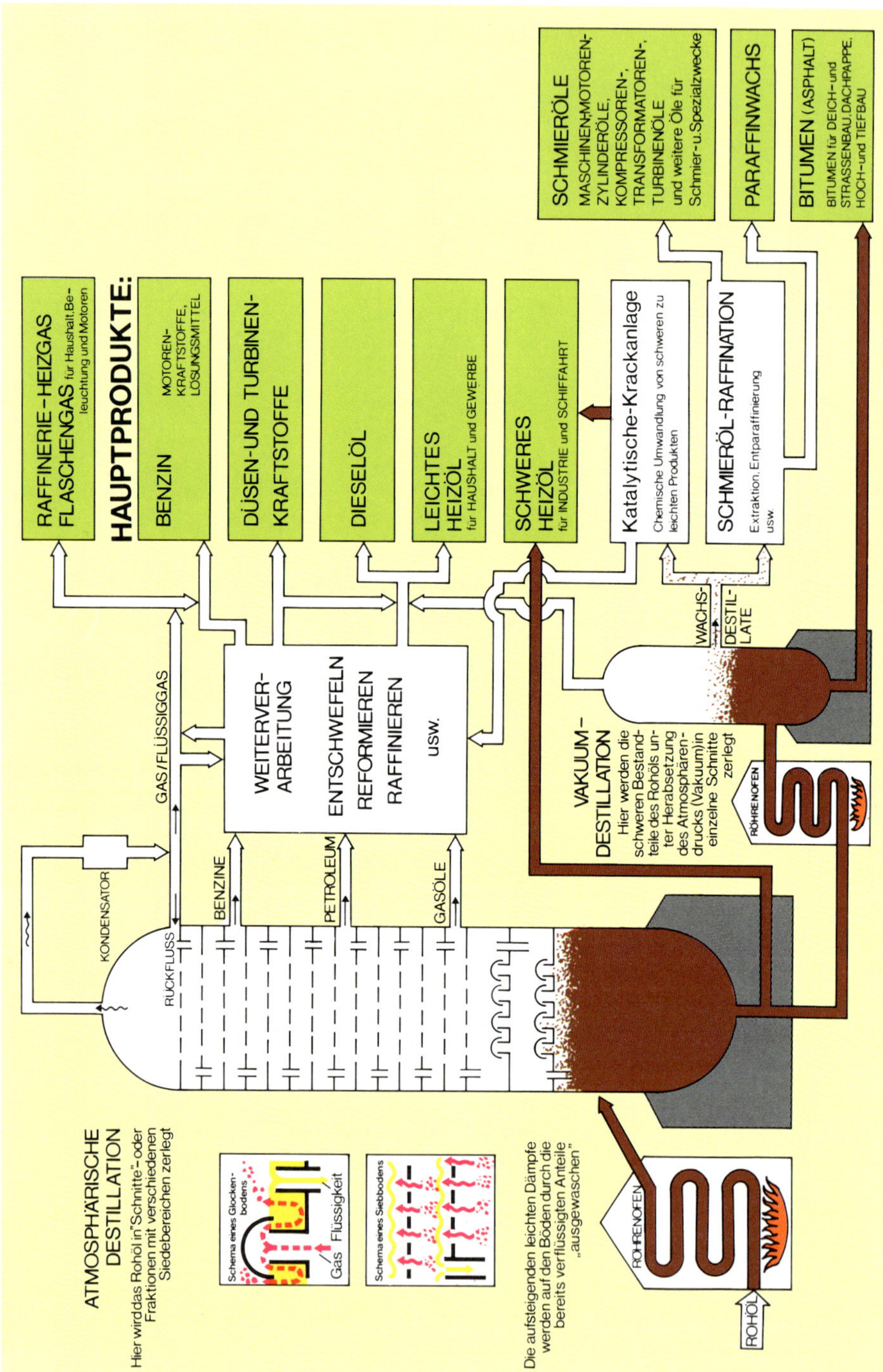

Abb. 6.17 Erdölverarbeitung

Tabelle 6.4 Fraktionen der Erdöldestillation[1]

Siedebereich (°C)	Hauptfraktion (Name)	Teilfraktion (Name)	Siedebereich (°C)	Mittlere Zusammensetzung	Verwendung
< 30	Gase und Flüssiggase (Erdgas, Erdölgas)			bis C_4	Heizgas und gasförmiger Treibstoff für Stadt und Industrie; Rohstoff für die Petrochemie
35–180	Rohbenzin (Leichtöl, Gasolin)			C_5–C_{12}	Rohstoff für die Petrochemie; Lösungsmittel
		Petrolether	35–70	C_5–C_6	Lösungs- und Reinigungsmittel
		Gasolin (Leichtbenzin)	70–90	C_6–C_7	Beleuchtung; Heizung; Petrochemie
		Motorenbenzin	90–150	C_6–C_{10}	Treibstoff; Lösungsmittel
		Schwerbenzin (Ligroin)	150–180	C_9–C_{12}	Lösungsmittel; Flugbenzine
180–250	Mitteldestillate (Leuchtöl)			C_{10}–C_{16}	
		Kerosin (Petroleum)			Heizung; Beleuchtung
		schweres Gasöl			(Flug) Turbinenkraftstoff
250–350	Gas- oder Dieselöl	Dieselöl, leichtes Heizöl		C_{12}–C_{18}	Dieseltreibstoff; Haus- und Industriebeheizung
> 350 (im Vakuum)	Schwer- oder Schmieröle	Vakuumgasöle		C_{15}–C_{52}	Schmiermittel für Maschinen und Motoren und daraus durch Extraktion Hartparaffin, Vaseline (Kerzen; Pflegemittel)
		schweres Heizöl			Energieversorgung
	hochviskoser Rückstand (Bitumen)				Straßenbau, Dachpappen, Isoliermaterial; Bodenbeschichtung

1 Die Einteilung der Siedebereiche ist in der Literatur uneinheitlich.

b) Bei den **Umwandlungsverfahren** handelt es sich um physikalische und chemische Veränderung der Destillationsprodukte, besonders von denen im Benzinbereich, z. B. Reformieren oder Isomerisieren (vgl. Kap. 6.2.5) zur Verbesserung der Qualität der Erzeugnisse.

c) **Raffinationsverfahren**. Sie entfernen durch physikalische oder chemische Verfahren unerwünschte Bestandteile aus den Destillationsprodukten wie z. B. Schwefel (im Mittel 1,8 %) oder ungesättigte Verbindungen.

2. Im Gegensatz zur aufwendigen Verarbeitung von Rohöl kann das **Erdgas** direkt nach der Förderung bzw. dem Transport *verwendet* werden. (Gegebenenfalls wird es entschwefelt.)

In großen Mengen wird das Erdgas zu Heizzwecken – unverändert oder gemischt mit Stadtgas – großen Industriezentren zugeleitet, zum anderen in Haushalten verwendet. Die einzelnen im Erdgas enthaltenen Kohlenwasserstoffe lassen sich unter Druck verflüssigen und durch Tieftemperatur-Destillation trennen. *Propan* und *Butan* kommen verflüssigt in den Handel (Flüssiggas) und werden als Heizgas gebraucht; die *Butane* stellen außerdem eine Rohstoffquelle für synthetischen Kautschuk dar. Aus *Methan* gewinnt man in der petrochemischen Industrie durch *partielle* Verbrennung

a) *Synthesegas*, ein Gemisch von *Kohlenmonoxid* und *Wasserstoff*, in wechselnder Zusammensetzung (vgl. Kap. 6.1.2)

b) *Ethen*, *Ethin* und *Ruß* (Kautschukindustrie).

6.2.5 Synthetische Kraftstoffe; Crackprozesse

1. Der Anteil an der begehrten *Benzinfraktion* ist im Rohöl nur relativ *gering*; die dagegen reichlich vorhandenen höhermolekularen Kohlenwasserstoffe sind – wie mehrfach erwähnt – thermolabil. Sie können durch *thermische* und *katalytische* Verfahren in niedermolekulare Benzin-Kohlenwasserstoffe gespalten werden. Solche **Crackvorgänge** bedeuten eine Spaltung von vor allem C—C- und C—H-Bindungen.
Es sind mehrere Crackverfahren bekannt, die allesamt *endotherme* Reaktionen darstellen:
– **Steam Cracken** bedeutet ein kurzzeitiges Erhitzen von Alkangemischen und Wasserdampf, wobei vorwiegend ungesättigte Kohlenwasserstoffe anfallen. Erhitzt man beispielsweise Rohbenzin aus der Erdöldestillation kurzzeitig (1 s) auf 700–800 °C bei Normdruck in Gegenwart von Wasserdampf, so bilden sich über den Zerfall in Radikale zahlreiche Produkte. Durch Variation der Edukte und der Reaktionsbedingungen kann ihre Mengenverteilung beeinflußt werden (Tab. 6.5). Das erhaltene Produktgemisch wird aufgrund der unterschiedlichen Siedepunkte destillativ getrennt. Die Hauptprodukte, Ethen und Propen, sind ebenso wie das Butadien von *großtechnischer* Bedeutung (vgl. Kap. 4.8).

Stoff	Massen-%
Wasserstoff	~ 1
Methan	10–15
Ethan	~ 5
Ethen	18–28
Propen	15–20
Butadien	3–6
Sonstige Produkte (Ruß, Höhere KW)	5–10

Tabelle 6.5 Produkte des Crackens von Benzin (Angaben in Massen-%; vereinfacht)

– **Katalytisches Cracken** (bes. bei Petroleumfraktionen) dient ähnlichem Zweck wie das thermische Cracken; der Spaltvorgang läuft mit **SiO_2/Al_2O_3-Katalysatoren** (Hydrosilikate) ab. Dadurch ist ein Arbeiten bei (beinahe) Normdruck und Temperaturen von 450–550 °C möglich (bes. zur Darstellung verzweigter Motorentreibstoffe und aromatischer Kohlenwasserstoffe).
Die Crackbenzine sind meistens „ungesättigt". Dieser Nachteil wird durch die *gleichzeitige Hydrierung* beseitigt, indem das katalytische Cracken in einer *Wasserstoffatmosphäre* vorgenommen wird **(Hydrocracken)**.

2. Platformbenzin. Die meisten Kohlenwasserstoffe der Rohbenzinfraktion haben geradkettige Moleküle mit relativ geringer Klopffestigkeit (vgl. folgenden Abschnitt). Sie sind deshalb als Vergaserkraftstoff wenig(er) geeignet. Dagegen haben Kohlenwasserstoffe mit ringförmigen, verzweigten und aromatischen Molekülen sehr gute Klopffestigkeit. Man kann diese Kohlenwasserstoffe auch synthetisch gewinnen. Die geradkettigen Kohlenwasserstoffe werden nach einer Vorraffination Benzinveredlungsanlagen, den Platformern, zugeführt. Am **Plat**inkontakt (Rheniumkontakt) werden sie – mit Wasserstoff vermischt – bei 500 °C und 80 bar „dehydriert, cyclisiert, gecrackt und hydriert" (Strukturveränderung). Bei diesem Re**form**-Prozeß entstehen die **Platform-Benzine**, hochwertige Vergaser-Autobenzine mit sehr hohen Oktanzahlen.

3. Klopffestigkeit der Kraftstoffe. Im *Vergaser* des Motors wird das *Kraftstoff-Luftgemisch* hergestellt mit einer ganz bestimmten Konzentration an Benzin. Dieses Gemisch wird nun im *Zylinder* stark *komprimiert*. Dabei darf trotz starker Erwärmung auf 300–450 °C und Druckanstiegen auf 15–20 bar **keine** spontane Verbrennung einsetzen. Diese erfolgt erst durch einen Zündfunken kurz *bevor* der Kolben im Zylinder den höchsten Stand erreicht hat. Tritt jedoch explosionsartige Selbstentzündung des Gasgemisches ein, bevor der Zündfunken ausgelöst wurde, so beginnt der Motor zu „klopfen". Dieses „Klopfen" ist schädlich für den Motor (erhöhter Verschleiß), führt zu einem erhöhten Benzinverbrauch und setzt seine Nutzleistung herab. *Klopffeste* Benzine sind reich an ringförmigen und verzweigten Kohlenwasserstoffen, die in der Hitze beständiger sind als Alkane mit unverzweigter Kette.

Die **Oktanzahl**, ein Maß für die Klopffestigkeit eines Kraftstoffes, wird durch Vergleichsmessungen mit dem *sehr klopffreudigen n-Heptan* **(Oktanzahl 0)** und dem *sehr klopffesten i-Oktan* (2,2,4-Trimethylpentan, **Oktanzahl 100**) gefunden. Beispielsweise hat ein Kraftstoff die Oktanzahl 70, wenn er ebenso klopffest ist wie ein Gemisch von 70 Volumteilen **2,4,4,-Trimethylpentan** und 30 Volumteilen **n-Heptan**. Auch durch Zusatz organischer Stoffe, wie z.B. Ethanol, Benzol u.a., sowie ganz geringer Mengen von metallorganischen Verbindungen wie z. B. **Bleitetraethyl**, $Pb(C_2H_5)_4$, kann die Klopffestigkeit stark erhöht werden (sog. **Antiklopfmittel**). Bleitetraethyl läßt sich in Vergaserkraftstoffen des Handels nachweisen. Chlor, das aus Kaliumchlorat und Salzsäure gewonnen wird, *reagiert* mit dem *Bleitetraethyl* unter Bildung von *Bleitetrachlorid*, erkennbar an einer milchigen Trübung im Benzin:

$$KClO_3 + 6\,HCl \longrightarrow 3\,Cl_2 + KCl + 3\,H_2O$$

$$Pb(C_2H_5)_4 + 4\,Cl_2 \longrightarrow PbCl_4 + 4\,C_2H_5Cl$$

Trotz der überragenden Bedeutung von Bleitetraethyl als Antiklopfmittel ist man heute wegen der Umweltbelastung auf der intensiven Suche nach bleifreien Antiklopfmitteln. Dem deutlich gestiegenen Umweltbewußtsein ist es zu verdanken, daß der maximale Bleigehalt der Otto-Kraftstoffe seit 1. 1. 1976 auf 0,15 g/dm^3 Treibstoff begrenzt ist. Die den Kraftstoffen zugegebene Menge ist zwar nur sehr klein, aber die Unmengen verbrauchten Kraftstoffes sorgen dafür, daß eine erhebliche **Verschmutzung der Atemluft** durch die mit den Abgasen in die Luft gelangenden Bleimengen eintritt. Bleiverbindungen sind äußerst *giftig*, da sie die Enzymaktivitäten beeinträchtigen; sie gelangen direkt oder indirekt durch die Atemluft oder die Ernährung in den Körper, werden aber nicht wieder ausgeschieden.

6.2.6 Erdöl- oder Petrochemie

Die Kohle bzw. der Steinkohlenteer – als klassische Rohstoffe für die Gewinnung chemischer Produkte – sind von Erdgas und Erdöl (in Form seiner leichtesten Fraktionen) verdrängt worden. Von den Raffinerien bestehen für Stoffe wie z.B. Ethen *Produktenleitungen* zu den petrochemischen Industrien.

Unter Erdöl- bzw. Petrochemie versteht man die industrielle Erzeugung chemischer Rohstoffe aus Erdöl/Erdgas.

Dabei werden nur 6% des geförderten Erdöls gegenwärtig für diese Industriezweige verwendet; 82% dienen der Gewinnung von *Kraft- und Brennstoffen*, 7% der Gewinnung von *Schmierölen* und 5% der von *Bitumen*.

6.2.7 Umweltprobleme durch Erdöl und Erdölprodukte

1. Beim **Transport** von Erdöl durch Pipelines oder Tankschiffe kann es durch Unfälle zu erheblichen *Boden-* und *Wasserverschmutzungen* kommen. Gefürchtet sind Tankerhavarien, bei denen durch auslaufendes Öl große Meeres-Oberflächen verseucht werden. **1 Liter Rohöl kann 5 Millionen Liter Wasser unbrauchbar machen**. Nicht nur, daß es zu Trinkwasser nicht aufbereitet werden kann, es bedroht auch im höchsten Maß das Leben in, an und auf dem Wasser (Sauerstoffmangel bei im Wasser lebenden Organismen; verklebtes Gefieder bei Wasservögeln; Verseuchung weiter Küstenstriche – Badestrände – durch angeschwemmtes Öl). Noch wesentlich schlimmer als die **Ölunfälle**, die nur etwa 10% der Meerwasserverschmutzung durch Rohöl ausmachen, sind die **ständigen kleinen Einleitungen** durch Ballastwasser, Maschinenöl oder aus der off-shore-Förderung[1]. Man schätzt diese Mengen auf etwa 5–10 Mio t/Jahr (1975). Dadurch *verstärken* sich die genannten Folgen um ein Vielfaches!

2. Raffinerien müssen Sorge für die *Reinerhaltung der Luft* tragen (schadlose Beseitigung von Abgasen etc. oder die Reinhaltung des Wassers durch 3stufige Abwasserreinigung etc.).

3. Von umweltverschmutzenden **Erdölprodukten** sei hier nur das *Heizöl* genannt. Für ausgelaufenes Heizöl gilt das oben Gesagte sinngemäß. Deshalb müssen Heizöltanks in Betonwannen liegen, in denen sich bei Defekten aus den Tanks austretendes Heizöl ansammeln kann. Dadurch wird das Grundwasser, wichtiges Trinkwasser-Reservoir, vor Verschmutzung geschützt.

Aufgaben

1. Begründen Sie wesentliche Überlegungen zur Wahl eines Raffineriestandortes.

2. Erläutern Sie die Abb. 6.5 (Primär-Energieverbrauch in der Bundesrepublik Deutschland).

3. Erklären Sie die Tatsache, daß in flüssigem Erdöl feste Kohlenwasserstoffe (>20 C-Atome) auftreten.

4. Begründen Sie, ob man in der Vulkaneifel erfolgreich auf Erdölsuche gehen kann.

5. Vervollständigen Sie nachstehende Gl.:

$$H_3C{-}CH_2{-}CH_2{-}CH_2{-}CH_2{-}CH_2{-}CH_2{-}CH_2{-}CH_3 \xrightarrow[\text{Cracken}]{\text{h.T.; Kat.}}$$

Diese Gl. soll so formuliert werden,

a) daß vorgelegtes Bromwasser entfärbt wird,

b) daß ein gasförmiges Element entsteht, das mit farbloser, sehr heißer Flamme verbrennt.

6. Begründen Sie die Möglichkeiten der Bildung fossiler Brennstoffe

a) bei Anwesenheit, b) bei Abwesenheit von Sauerstoff.

---

1 Förderung (von Erdöl) von einer Bohrinsel aus.

7 Alkanole; Phenole

Versuche

1. L. a) 5 cm³ **Monobromethan** (Monoiodethan) werden mit 50 cm³ 30%iger **Kalilauge** versetzt und etwa 30 min unter Rückfluß erhitzt. Nach dem Abkühlen dekantiert man die Lösung in einen zweiten Rundkolben und destilliert das Gemisch. Die ersten übergehenden Tropfen werden verworfen. Der Rückstand wird mit **Salpetersäure** angesäuert und mit **Silbernitratlösung** versetzt.
b) Man entzündet etwas **Destillat** aus a) (oder **Ethanol**) in einem Porzellantiegel und hält über die Flamme ein kaltes Becherglas bzw. ein mit **Barytwasser** ausgeschwenktes Becherglas (Schutzbrille).
c) Das Destillat wird entsprechend Versuch 13 **(Iodoformprobe)** untersucht.

2. Man stellt den Aufbau entsprechend Abb. 7.1 zusammen und erhitzt den mit dem **Destillat** aus Versuch 1a) (oder **Ethanol**) getränkten Sand ein wenig, so daß die Luft verdrängt wird. Dann erhitzt man das **Magnesiumpulver** stark. Wenn dieses aufglüht, kann an der Glasrohrspitze das entweichende Gas entzündet werden. Zwischendurch wird der Sand immer ein wenig erhitzt. – Veränderung des Magnesiumpulvers?

3. L. Man stellt die Apparatur entsprechend Abb. 7.2 zusammen. Man füllt die Blutzuckerpipette, die mit einem Stück Druckschlauch mit Glasstöpsel verschlossen ist, durch Aufdrehen des Quetschhahns mit **absolutem Ethanol** (ca. 0,1 cm³ genau abmessen), wischt außen mit Filterpapier ab und verschließt den Kolben (bei geöffnetem Hahn). Der Hahn im Stopfen wird nun verschlossen, die Nullstellung am Manometer markiert und der Kolben über den 3-Wege-Hahn mit dem Kolbenprober verbunden. Das Ethanol wird durch Zudrehen des Quetschhahns in den Kolben eingebracht und dieser einige Minuten geschüttelt (Handtuch benutzen). Nach *Verdunstung* des Ethanols wird das Manometer wieder auf Nullstellung gebracht und das *Volumen* am Kolbenprober abgelesen. Man berechnet aus dem Volumen (evtl. nach Reduktion auf den Normzustand, vgl. Bd. 1, Abb. 8.14) die molare Masse (Dichte von Ethanol: 0,79 g/cm³).

4. L. a) In ein Rg mit 10 cm³ **absolutem Ethanol** werden einige frisch geschnittene Stückchen **Natrium** gegeben. Das entweichende Gas wird pneumatisch aufgefangen und auf seine Brennbarkeit untersucht. Man dampft die Lösung auf dem Wasserbad ein, beschreibt den Rückstand und prüft seine Lösung in **Wasser** mit **Lackmus**.

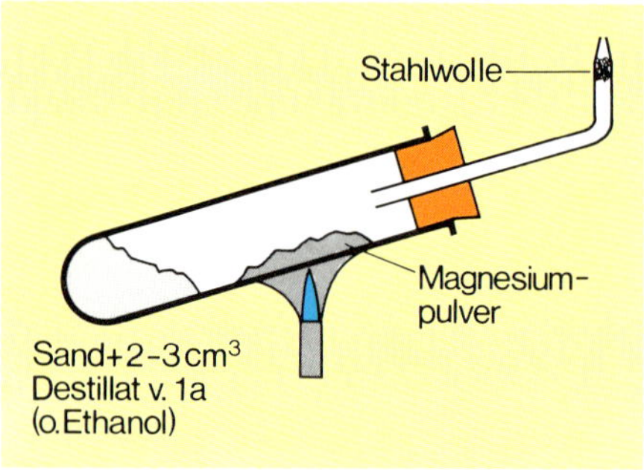

Abb. 7.1 Reaktion von Ethanol mit Magnesium

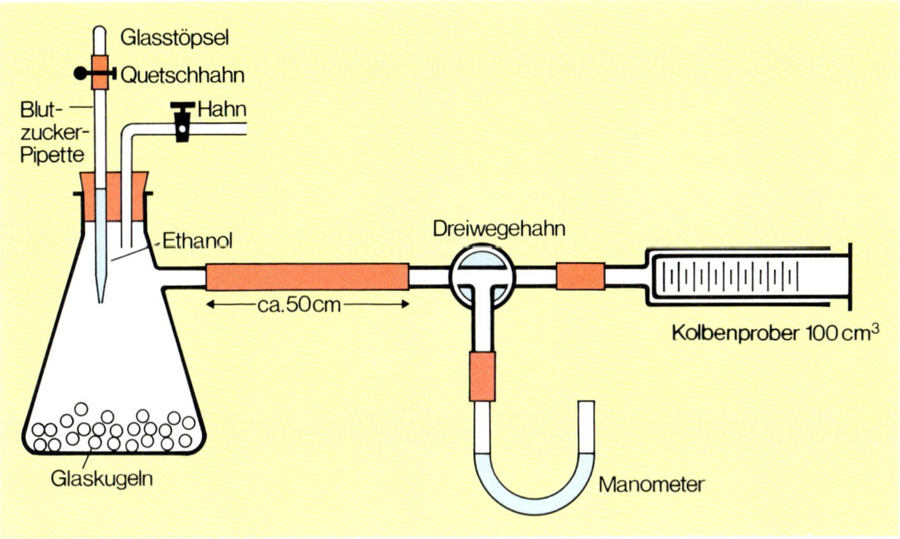

Abb. 7.2 Bestimmung der molaren Masse nach MALEWSKI

b) Man stellt eine Apparatur nach Abb. 7.3 zusammen. In den vorgelegten **Natriumgrieß**[1] gibt man mit der Blutzuckerpipette 0,1 cm^3 **absolutes Ethanol**; das entweichende Gas wird im Kolbenprober aufgefangen und sein Volumen auf den Normzustand umgerechnet

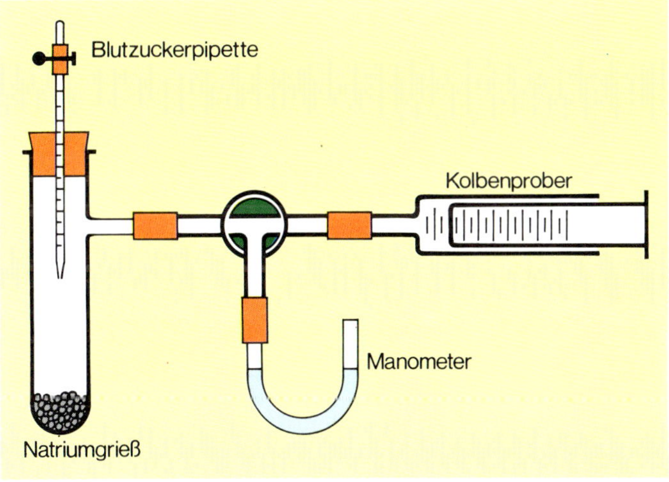

Abb. 7.3 Quantitative Umsetzung von Ethanol mit Natrium

1 Der Natriumgrieß wird vor Beginn des Versuches in dem Rg mit seitlichem Ansatz hergestellt: Ein erbsengroßes, entrindetes Stück Natrium wird mit 3–4 cm^3 Toluol versetzt und zum Schmelzen erhitzt. Die Öffnungen des Rg werden verschlossen und das Rg so lange geschüttelt, bis das Natrium in kleinen Kügelchen erstarrt. Das Toluol wird abgegossen, das Natrium zweimal mit Benzin gewaschen und der Benzinrest durch Eintauchen des Rg in heißes Wasser entfernt.

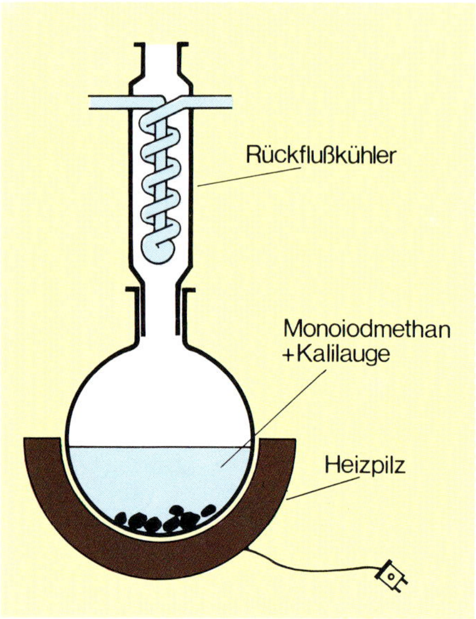

Abb. 7.4 Reaktion von Monoiodmethan mit Kalilauge

(Nomogramm Bd. 1, Abb. 8.14). Aus der umgesetzten Menge Ethanol (Dichte 0,79 g/cm^3) errechnet man die Anzahl der eingesetzten Mole Ethanol; aus dem entstehenden Gasvolumen ist die Anzahl der gebildeten Mole Wasserstoffmoleküle zu errechnen.

5. L. Man wiederholt Versuch 4a) mit

a) **Hexan** + **Natrium**

b) **Diethylether** + **Natrium**

6. L. In einem 250 cm^3 Rundkolben werden 10 cm^3 **Monoiodmethan** (Methyliodid) und 150 cm^3 10%ige **Kalilauge** mit einigen Siedesteinen ca. 20 min unter Rückflußkühlung *erhitzt* (Abb. 7.4). Das Reaktionsgemisch wird vom dichteren nicht umgesetzten Monoiodmethan abgegossen und *destilliert*. Die ersten Tropfen des Destillats bringt man in ein Rg mit **Wasser**. Von den nächsten Tropfen gibt man einige ebenfalls in **Wasser**, andere bringt man in eine kleine Abdampfschale und prüft sie auf *Brennbarkeit*. Den Rückstand säuert man mit **Salpetersäure** an (Vorsicht!) und versetzt die Lösung mit **Silbernitratlösung**.

7. Man stellt die Eigenschaften von **Methanol**, **Ethanol**, **Propanol-(1)**, **Butanol-(1)**, **Hexanol-(1)**, **Decanol-(1)** fest: Geruch, Beweglichkeit bzw. Aggregatzustand, Brennbarkeit (in einer Porzellanschale), Verhalten gegen **Lackmus**, Löslichkeit in **Wasser** und in **Benzin**.

8. In je eine Porzellanschale mit a) 3 cm^3 **Methanol**, b) 3 cm^3 **Ethanol** gibt man jeweils eine Spatelspitze **Borsäure** (oder Borax). Nun erhitzt man und entzündet die auftretenden Dämpfe. c) Versuch b) wird unter Zusatz von 1 cm^3 **konz. Schwefelsäure** wiederholt (Schutzbrille!).

9. L. Man stellt die Apparatur nach Abb. 7.5 zusammen. In den Rundkolben füllt man 30 cm^3 **Ethanol** (96%ig) und 20 cm^3 **konz. Schwefelsäure** und erhitzt mit Hilfe eines Heizpilzes auf ca. 140 °C (Siedesteine). Aus dem Tropftrichter läßt man soviel **Ethanol** nachtropfen wie Flüssigkeit abdestilliert. Das Destillat wird auf Geruch und Löslichkeit in **Wasser** und **Benzin** geprüft.

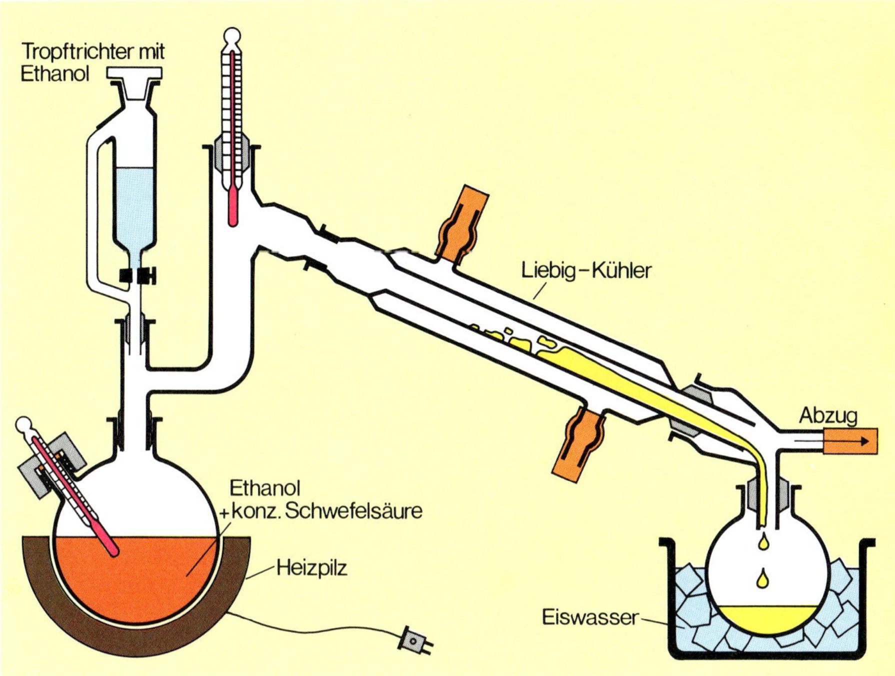

Abb. 7.5 Darstellung von Diethylether

Vorsicht, keine offenen Flammen verwenden. – Die Öffnung der Destillationsvorlage unbedingt mit einem Schlauch in den Abzug leiten!!!

10. Eine Rolle aus **Kupferdrahtnetz** wird in der Bunsenbrennerflamme zum Glühen erhitzt und schnell in einen Weithalserlenmeyerkolben gehalten, der wenige cm^3 erwärmtes **Methanol** (Ethanol) enthält. Durch mehrmaliges Eintauchen und Herausziehen kann das Drahtnetz am Glühen gehalten werden (gelingt dies nicht, so muß es zwischendurch nochmals erhitzt werden). Nach einiger Zeit prüft man den *Geruch*.

11. L. Man baut die Apparatur nach Abb. 7.6 zusammen. Der Versuch wird mit folgenden Stoffen durchgeführt:
I) **Ethanol**, II) **Propanol-(1)**, III) **Propanol-(2)**.
50 cm^3 des Alkanols werden unter Zusatz einiger Siedesteine im Rundkolben zum Sieden erhitzt (Heizpilz). Das **Kupferoxid** (Drahtform) im Verbrennungsrohr wird erwärmt. Durch die Apparatur wird ein *schwacher* „Luftstrom" gesaugt. Das aufgefangene Kondensat wird folgendermaßen untersucht:

a) **Geruchsprobe** (vgl. mit eingesetzten Alkanolen), b) Prüfung mit **fuchsinschwefliger Säure**, c) **Fehling-Probe** (vgl. Kap. 8, Versuch 8), d) **Silberspiegel** (vgl. Kap. 8, Versuch 9).

12. Man gibt in 3 Rg jeweils 5 cm^3 10%ige **Kaliumdichromat-Lösung**, 0,5 cm^3 **konz. Schwefelsäure** (Schutzbrille) und fügt je 2 cm^3 a) **Butanol-(1)**, b) **Butanol-(2)**, c) **tert. Butanol** hinzu und erwärmt leicht.
– Farbänderung? – Geruch (im Vergleich mit den Edukten)?

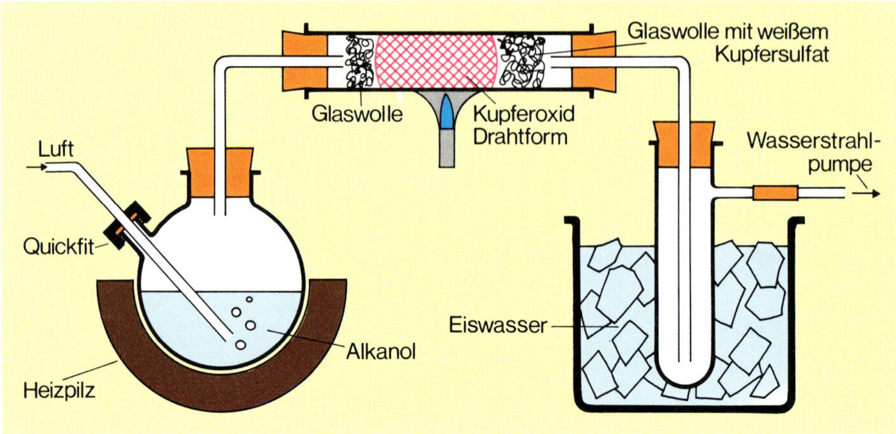

Abb. 7.6 Reaktion von Alkanolen mit Kupferoxid

13. In je ein Rg legt man a) 1 cm³ **Methanol**, b) 1 cm³ **Ethanol** vor und fügt dann jeweils 2 cm³ 5 %ige **Natronlauge** hinzu. Anschließend gibt man zu beiden Rg **konz. Iod-Kaliumiodidlösung** (20 g KI, 10 g I_2, 80 cm³ Wasser) solange hinzu, bis gerade eine leichte Iodfärbung erhalten bleibt. Danach wird leicht erwärmt ohne zu kochen (Vorsicht, Schutzbrille). Man beobachtet gegen einen schwarzen Hintergrund und stellt den Geruch fest.

14. Eine Apparatur entsprechend Abb. 7.7 wird zusammengestellt. Das Glasrohr wird mit Glaswolle (besser Silicagel) gefüllt, die mit einer **schwefelsauren Kaliumdichromatlösung**[1] getränkt ist. Man saugt mit Hilfe einer Wasserstrahlpumpe einen „Luftstrom" durch die Apparatur.

15. In einen großen Rundkolben gibt man eine ca. 10 %ige **Zuckerlösung** (*Glucose* oder *Saccharose*) oder frisch ausgepreßten **Fruchtsaft** und fügt etwas **Hefe** hinzu. Der Kolben

---

1 Dazu versetzt man 10 cm³ konz. Schwefelsäure (Vorsicht! – Schutzbrille) mit 1 cm³ gesättigter Kaliumdichromatlösung und rührt 2–3 Löffel Silicagel hinein. Die überschüssige Flüssigkeit wird abgegossen.

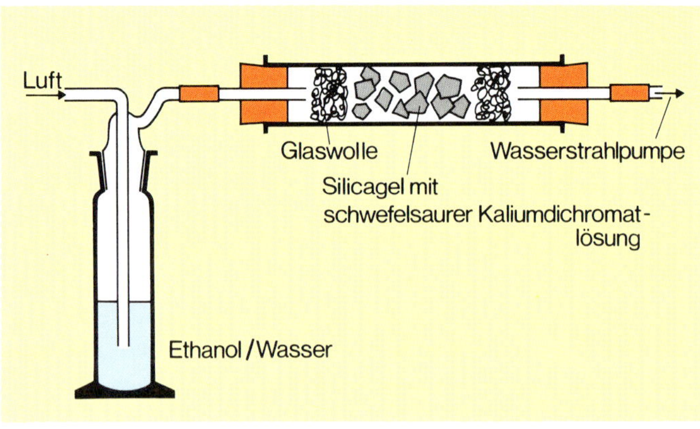

Abb. 7.7 Modellversuch zur Alcotest-Reaktion

wird mit Stopfen und einem Gärröhrchen mit **Barytwasser** verschlossen. Er wird einige Tage bei 20–30 °C aufbewahrt.
– Veränderungen des Barytwassers? – Geruch, Geschmack?

a) Der Kolbeninhalt wird über eine Kolonne destilliert und das Destillat auf Geruch und nach Versuch 13 (Iodoformprobe) untersucht.

b) Das Destillat wird in einem Rundkolben mit langem Steigrohr zum leichten Sieden erhitzt. Der Alkoholdampf läßt sich an der Mündung des Steigrohres entzünden.

16. Zu 96 %igem **Ethanol** wird wasserfreies (weißes) **Kupfersulfat** gegeben.
– Welche Reaktion tritt ein? – Man wiederholt den Versuch mit **absolutem Ethanol**.

17. Man untersucht die *Löslichkeit* folgender Stoffe in **Wasser** sowie **Benzin**: a) **Ethandiol** (Glykol), b) **Propantriol** (Glycerol), c) **Hexanhexaol** (z. B. Sorbit oder Mannit).

18. Die Kp. von **Ethanol** und **Ethandiol** werden experimentell bestimmt (Rg mit 3 cm^3 Alkanol, Siedestein und Thermometer) und verglichen.

19. Man füllt in ein Becherglas ein Gemisch (1 : 1) aus zerkleinertem **Eis** und **Kochsalz** (oder Streusalz) und stellt in diese Kältemischung a) ein Rg mit **Wasser**, b) ein Rg mit einer Mischung aus **Ethandiol** (Glykol) und **Wasser** (1 : 1).

20. Man füllt jeweils eine Bürette mit 20 cm^3 a) **Propanol**, b) **Ethandiol**, c) **Propantriol** und bestimmt die jeweilige Dauer des Auslaufens mit der Stoppuhr.

21. L. Man prüft im Rg eine wäßrige **Phenollösung** mit **pH-Papier** oder einigen Tropfen **Bromthymolblau**-Lösung und vergleicht mit neutralem Wasser.

22. L. 3 cm^3 **wäßrige Phenollösung** werden mit wenigen Tropfen **verd. Eisen(III)-chloridlösung** versetzt.

23. L. Zu einer Lösung aus jeweils 2 cm^3 **Fehling(I)-** und **Fehling(II)**-Lösung gibt man eine kleine Spatelspitze **Hydrochinon (1,4-Dihydroxybenzol)**. Die Lösung wird mit einem Siedestein versehen und zum Sieden erhitzt (Vorsicht! – Siedeverzug!).

7.1 Ethanol

Setzt man *Monobromethan* mit einer *Kaliumhydroxidlösung* um, so erhält man im Destillat des Reaktionsgemisches einen Stoff, der sich bei genauerer Untersuchung als farblose, brennbare Flüssigkeit erweist. Bei der *Verbrennung* entstehen *Kohlendioxid* und *Wasser*. Daneben läßt sich zeigen, daß er *sauerstoffhaltig* ist, da er bei der Umsetzung mit Magnesium Magnesiumoxid bildet.
Die **qualitative Analyse** ergibt außer den Elementen **Kohlenstoff**, **Wasserstoff** und **Sauerstoff** keine weiteren Elemente.
Aus der **quantitativen Analyse** erhält man die **Verhältnisformel** $(C_2H_6O)_n$.
Die **Summenformel** der Substanz läßt sich erst nach der Bestimmung der **molaren Masse** ermitteln. Diese kann man für leicht verdunstende Flüssigkeiten nach dem Verfahren von Malewski bestimmen. Dabei wird das von einer genau abgemessenen Substanzmenge beim Verdunsten *verdrängte Volumen* ermittelt und über das *molare Volumen* von Gasen (22,4 dm^3/mol) die molare Masse errechnet.

Beispiel:

0,12 cm³ der Substanz (Ethanol) verdrängen beim Verdunsten das Volumen von 46 cm³ (i. N.).
0,12 cm³ Substanz (Ethanol) ≙ 0,0946 g Substanz (Ethanol) [Dichte der Substanz (Ethanol) = 0,79 g/cm³]
22,4 dm³ ≙ 1 mol

$$46\,\text{cm}^3 \mathrel{\hat{=}} \frac{0{,}046}{22{,}4}\,\text{mol} = 0{,}002\,\text{mol}$$

d. h.: 0,0946 g der Substanz (Ethanol) ≙ 0,002 mol der Substanz (Ethanol)

$$1\,\text{mol der Substanz (Ethanol)} \mathrel{\hat{=}} \frac{0{,}0946\,\text{g}}{0{,}002\,\text{mol}} = 47{,}3\,\text{g/mol}$$

Danach lautet die **Summenformel** der untersuchten Flüssigkeit (Ethanol) C_2H_6O (genaue molare Masse 46 g/mol).
Unter Berücksichtigung der *Bindigkeit*[1] von C, H und O sind für die obige Summenformel zwei **Strukturformeln** denkbar:

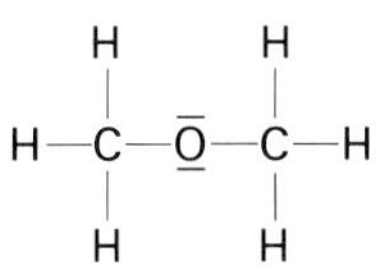

(1)

oder

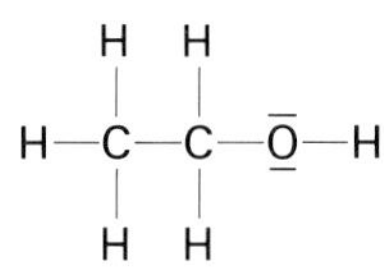

(2)

Die Darstellung der Substanz (Ethanol) aus Monobromethan und Kaliumhydroxid legt die Folgerung nahe, daß im Monobromethan das Bromatom durch eine **OH-Gruppe** ersetzt wird (bzw. ein Br^--Ion tritt aus, ein OH^--Ion tritt in das Molekül ein).
Im Reaktionsgemisch lassen sich (auch tatsächlich) durch Zusatz von Silbernitratlösung *Bromidionen* nachweisen, die aus dem Monobromethan stammen müssen.
Nach diesen Überlegungen müßte die Strukturformel (2) zutreffen. Als Bestätigung kann die *Umsetzung mit Natrium* dienen (vgl. Kap. 7.2.4). Die Substanz (Ethanol) reagiert ebenso wie *Wasser* (allerdings weniger heftig) unter *Wasserstoffentwicklung* mit Natrium. Aus 1 mol der Substanz (Ethanol) wird durch Natrium nur ½ mol H_2-Moleküle freigesetzt.
Der Wasserstoff muß aus einer OH-Gruppe stammen. Wasserstoffatome, die direkt an C-Atome gebunden sind, lassen sich mit Natrium *nicht* abspalten. So reagieren weder *Hexan* noch *Diethylether* mit Natrium [Diethylether, besitzt eine ähnliche Gruppierung wie sie Strukturformel (1) angibt]:

---

1 Bindigkeit: Anzahl der Atombindungen, die von einem Atom ausgehen.

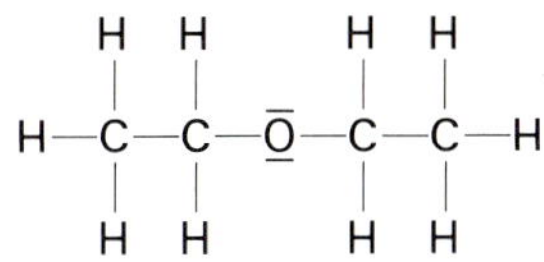

Mit Hilfe der Iodoformprobe läßt sich die Substanz als **Ethanol** identifizieren. Auch weitere Untersuchungen bestätigen die Richtigkeit der **Formel (2)** für **Ethanol** [bei Formel (1) handelt es sich um Dimethylether]. Für die Darstellung von Ethanol aus Monobromethan gilt also folgende Gl.:

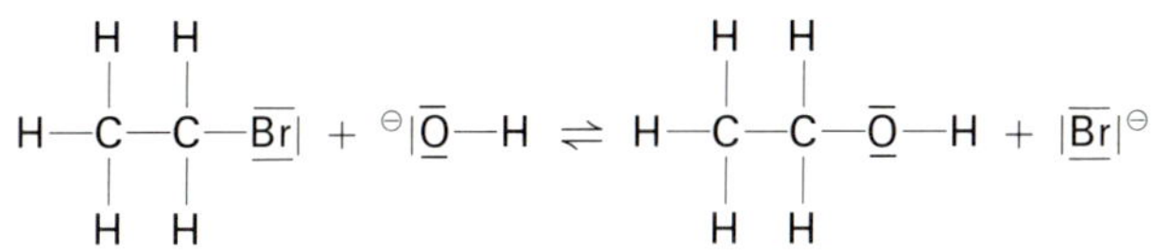

Ethanol ist eine sauerstoffhaltige organische Verbindung mit der **Strukturformel**

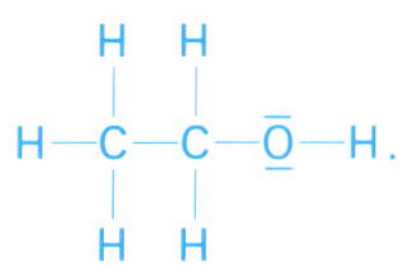

Die **funktionelle Gruppe**, die für die typischen Eigenschaften des Ethanols verantwortlich ist, ist die **Hydroxylgruppe (OH-Gruppe)**.

7.2 Homologe Reihe der Alkanole

7.2.1 Darstellung und Aufbau

1. Ganz ähnlich, wie sich das Ethanol aus Monobromethan darstellen läßt, kann man aus Monoiodmethan ein Derivat (Abkömmling) des Methans gewinnen, das eine OH-Gruppe enthält, das **Methanol**:

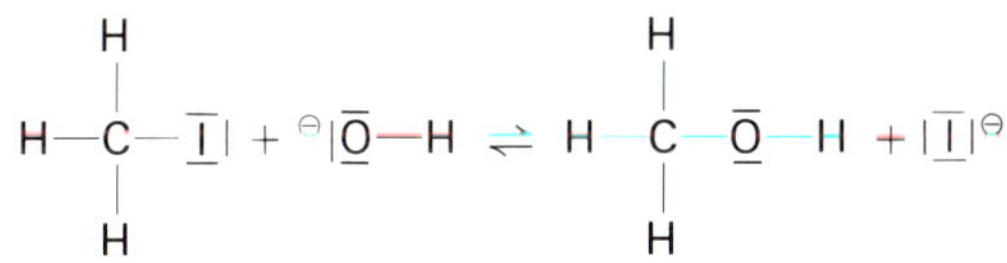

Monoiodmethan Methanol

Von den **Monohalogenalkanen** kann eine Reihe von Verbindungen abgeleitet werden, in denen das *Halogenatom* jeweils durch eine **OH-Gruppe** *substituiert ist*. Man bezeichnet diese Verbindungen als **Alkanole** oder **Alkohole**. Formal gelangt man auch zu Alkanolen, wenn man sich ein H-Atom eines Alkans durch eine OH-Gruppe ersetzt denkt.

a) C_2H_5OH b) $H_3C—CH_2—OH$ c) 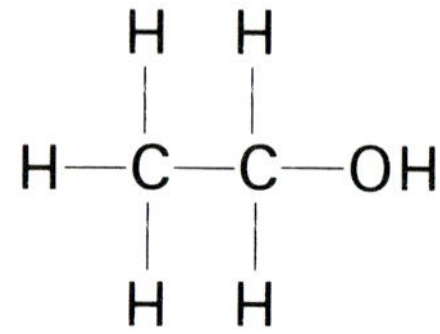

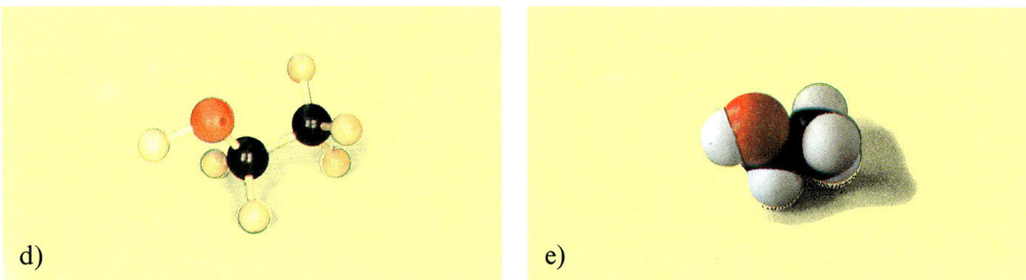

Abb. 7.8 Formeln und Modelle des Ethanols a) Summenformel b)Halbstrukturformel c) Strukturformel d) Kugel-Stab-Modell e) Kalotten-Modell

Das einfachste Alkanol ist das **Methanol** (alte bzw. technische Bezeichnung **Methylalkohol**). Vom *Ethan* leitet sich das **Ethanol** (Abb. 7.8) ab (alte und technische Bezeichnung **Äthylalkohol**).
Wird in den Molekülen der Kohlenwasserstoffe ein H-Atom durch eine OH-Gruppe ersetzt, so entstehen – formal – die Gruppen der **Alkohole**. Die Alkohole der Alkane heißen **Alkanole**[1], und zwar **einwertige** (einfache) Alkanole, wenn nur eine OH-Gruppe substituiert ist.
Die Moleküle der einwertigen Alkanole bestehen somit aus einem Kohlenwasserstoff-Rest, dem **Alkylrest** und der **funktionellen Gruppe —OH**.

2. Technisch wichtige Verfahren zur Darstellung von Alkanolen sind:
– die **Addition** von **Wasser** an **Alkene**, wobei konz. Schwefelsäure als Katalysator dient (vgl. Kap. 4.4)

z. B. 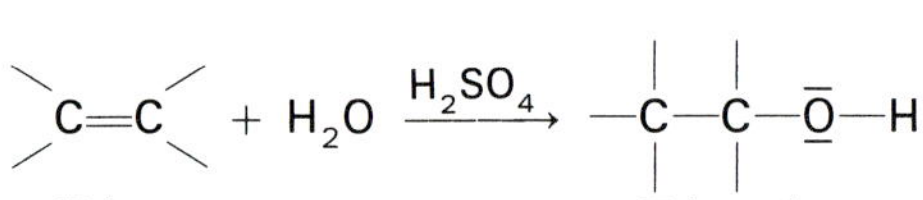

Ethen Ethanol

– die **Hydrierung** (Reduktion) von **Alkanalen** (vgl. Kap. 8),
– daneben lassen sich bestimmte Alkanole nach *speziellen Verfahren* darstellen (vgl. Kap. 6.1.2 u. 7.2.5).

---

1 Andere Alkohole sind die Alkenole, die Alkinole, die sich von den ungesättigten Kohlenwasserstoffen ableiten und auf die in diesem Buch nicht eingegangen werden kann, und die aromatischen Alkohole.

7.2.2 Nomenklatur und Isomerie der Alkanole

Die **Benennung** der Alkanole erfolgt nach dem **Stammkohlenwasserstoff**; die Namen der entsprechenden Kohlenwasserstoffe erhalten die Endung **-ol**. Vielfach sind noch die älteren Namen in Gebrauch, die aus dem Namen des Alkyls und der Endung -alkohol zusammengesetzt sind:

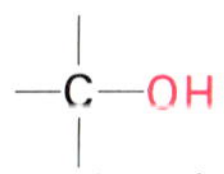

Methanol
Methylalkohol

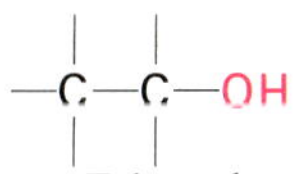

Ethanol
Äthylalkohol

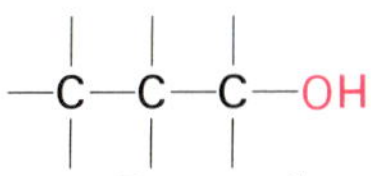

Propanol
Propylalkohol

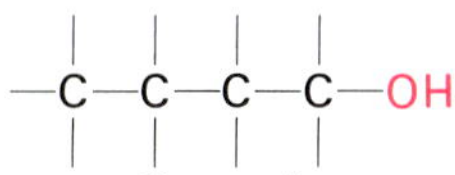

Butanol
Butylalkohol

Die Substitution eines H-Atoms durch eine OH-Gruppe kann an *jedem* C-Atom eines Alkanmoleküls erfolgen.

Folglich wird unterschieden zwischen Substitutionen an einer CH_3-, CH_2- oder CH-Gruppe. Bei den CH_3-Gruppen des Ethans, Propans, n-Butans u. a. ist es einerlei, welche der beiden **endständigen** CH_3-Gruppen oxidiert wird, stets entsteht aus der Methylgruppe die kennzeichnende endständige Gruppe **—CH_2OH** der **primären Alkanole**:

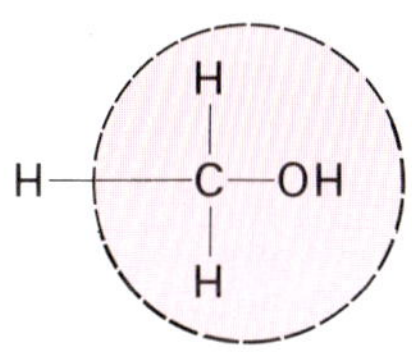

Methanol

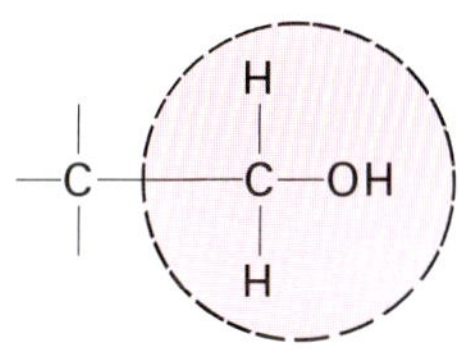

Ethanol

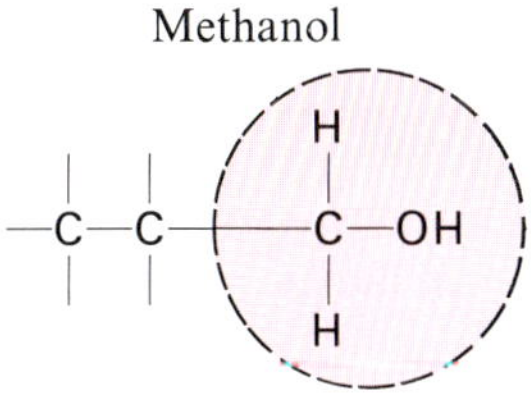

Propanol-(1)

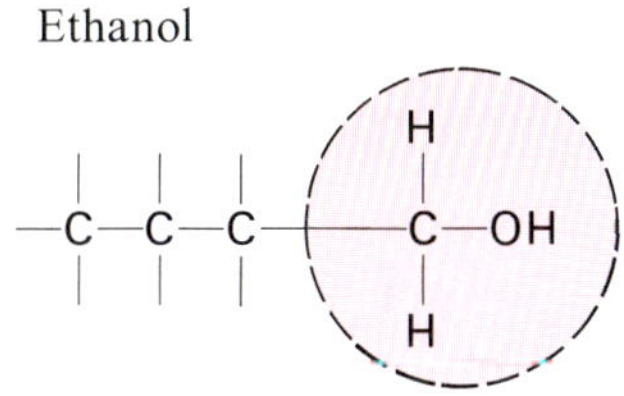

Butanol-(1)

Wird aber beim *Propan* ein H-Atom am **mittleren** C-Atom substituiert, dann entsteht der einfachste Vertreter eines **sekundären Alkanols** mit der diese Stoffklasse kennzeichnenden >CHOH-Gruppe. Vom Propan leitet sich demnach ab:

Das **Propanol-(1)** (der primäre oder normale Propylalkohol),
das **Propanol-(2)** (der sekundäre oder iso-Propylalkohol) (siehe Tab. 7.2).
Die Stellung der OH-Gruppe wird durch nachgestellte, in Klammern gesetzte arabische Ziffern angegeben. *Beide* Propanole haben die *gleiche* quantitative

Zusammensetzung, außerdem die *gleiche* Molekülmasse, also auch die *gleiche* Molekülformel: C_3H_8O. Sie haben aber *verschiedene* physikalische und chemische Eigenschaften und müssen daher auch *verschiedene* Strukturformeln haben; sie sind *isomer*.
Im Vergleich zu den Alkanen nimmt die Anzahl der Isomeren mit Einführung der OH-Gruppe im Molekül zu (Tab. 7.1).

Tabelle 7.1 Anzahl der Isomeren bei Alkanen und Alkanolen

Anzahl der C-Atome	Anzahl der isomeren Alkane	Anzahl der isomeren Alkanole
2	1	1
3	1	2
4	2	4
5	3	8
6	5	17
7	9	39
10	75	507
20	366319	5622109

Vom *Butan* haben wir bereits zwei Isomere kennengelernt, das n-Butan und das 2-Methylpropan (iso-Butan). Von diesen leiten sich vier isomere Butanole ab:

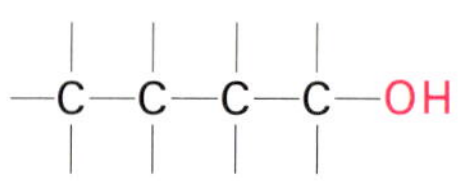

Butanol-(1)
(n-Butanol)

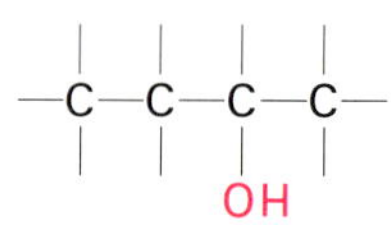

Butanol-(2)
(sek. Butanol)

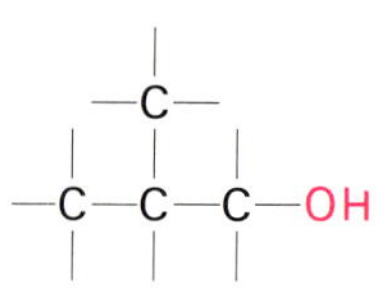

2-Methylpropanol-(1)
(iso-Butanol)

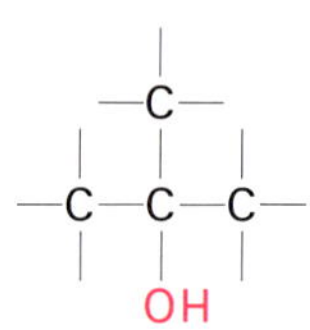

2-Methylpropanol-(2)
(tert. Butanol)

Die einwertigen Alkanole bilden eine **homologe Reihe**, Summenformel C_nH_{2n+1}—OH
Bei diesen unterscheidet man:
primäre Alkanole, sie tragen die OH-Gruppe an einem C-Atom, das mit einem Kohlenwasserstoffrest (—R) verbunden ist[1],
sekundäre Alkanole, sie tragen die OH-Gruppe an einem C-Atom, das mit zwei Resten (—R) verbunden ist,

---

1 Im Falle des Methanols ist —R nur ein Wasserstoffatom.

tertiäre Alkanole, sie tragen die OH-Gruppe an einem C-Atom, das mit drei Resten (—R) verbunden ist:

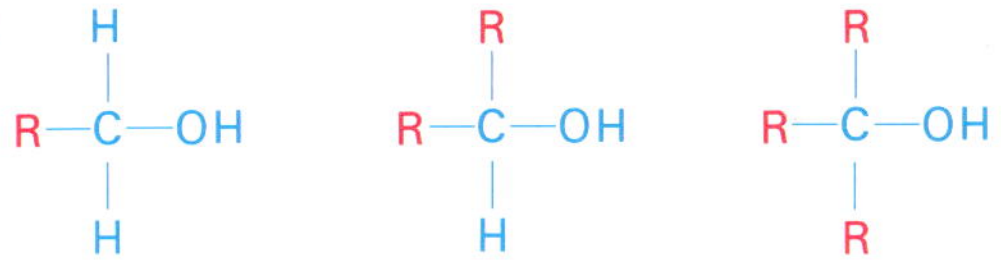

prim. Alkanol R = Alkylrest | sek. Alkanol | tert. Alkanol

7.2.3 Eigenschaften

Alkanolmoleküle bestehen aus zwei prinzipiell unterschiedlichen Teilen, die zusammen die Eigenschaften der Verbindungen ausmachen:

a) dem **Alkylrest**, der aufgrund der minimalen EN-Differenz und der Tetraederstruktur von C- und H-Atomen **unpolar** ist, und

b) der **funktionellen alkoholischen Hydroxylgruppe**, die die erheblichen Unterschiede der physikalischen und chemischen Eigenschaften der Alkanole gegenüber denen der Alkane bedingt. Sie ist eine stark **polare** Gruppe, da das O-Atom eine viel größere EN besitzt als das H- und das C-Atom. Durch die OH-Gruppe kommt es in den Alkanolen zur Ausbildung von **Partialladungen**:

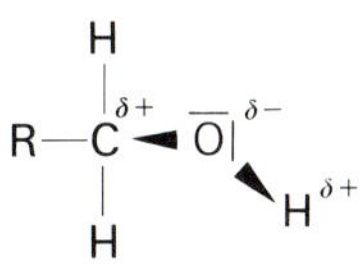

Mit zunehmender *Länge des Alkylrestes* nimmt der *unpolare* und damit *hydrophobe* Charakter der Alkanole zu, während bei den *kurzkettigen* Alkanolen der *polare*, *hydrophile* Charakter der Verbindung überwiegt (Abb. 7.9). Im Vergleich zum

Abb. 7.9 Polare und unpolare Anteile verschiedener *n*-Alkanole

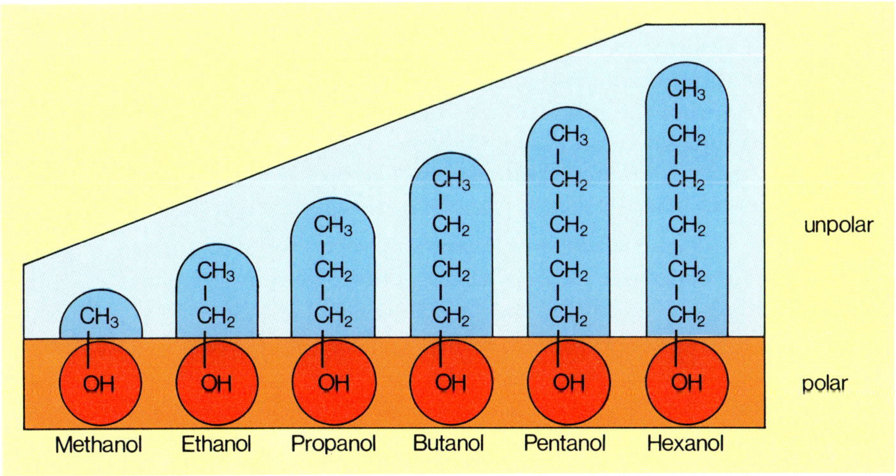

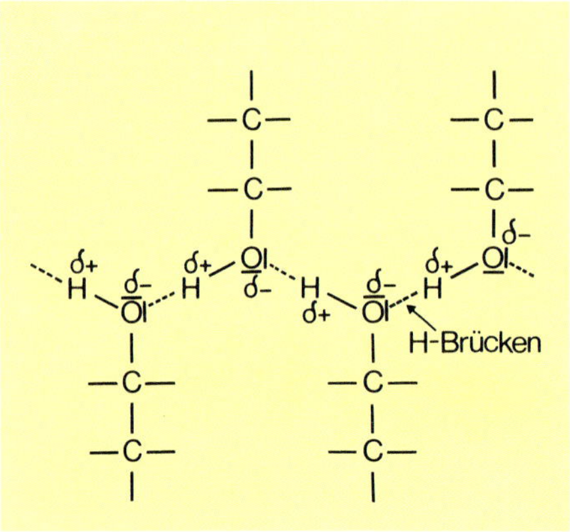

Abb. 7.10 Ausbildung von Wasserstoffbrücken

Wasser sind die Alkanole schwächere Dipole. Aus dieser Tatsache ergeben sich die wesentlichen *physikalischen Eigenschaften* der Alkanole (vgl. Tab. 7.2).

1. Die **Schmelz-** und **Siedepunkte** sind erheblich höher als die der entsprechenden Alkane[1]. Ursache hierfür ist die stark polare OH-Gruppe, die zu benachbarten Molekülen **Bindungen (Wasserstoffbrücken)** ausbilden kann, d.h. starke elektrostatische Anziehungskräfte halten die Moleküle zusammen (Abb. 7.10).
Zwischen den unpolaren Kohlenwasserstoffketten können dagegen nur relativ schwache **VAN-DER-WAALS-Kräfte** ausgebildet werden, die mit zunehmender Länge der C-Kette anwachsen (vgl. Abb. 2.15). Beim Wasser sind allerdings noch mehr Wasserstoffbrücken vorhanden, die räumlich ausgerichtet sind; bei Alkanolen sind die Wasserstoffbrücken nur kettenförmig angeordnet.

Von den unverzweigten primären Alkanolen nehmen die Siedepunkte über die verzweigten primären, die sekundären bis hin zu den tertiären Isomeren ab, da die VAN-DER-WAALS-Kräfte geringer werden (kleinere Oberfläche) und die OH-Gruppe zunehmend abgeschirmt wird (vgl. Tab. 7.2).

2. Die **Löslichkeit** der einwertigen Alkanole in Wasser nimmt mit steigender Anzahl der C-Atome ab, da der unpolare, hydrophobe Anteil der Moleküle zunimmt. Bei den Alkanolen mit ein bis drei C-Atomen überwiegt die polare, **hydrophile** OH-Gruppe. Sie können zu *Wassermolekülen* gut **Wasserstoffbrücken** ausbilden und sind daher mit Wasser unbegrenzt mischbar. Die *höheren* Alkanole bekommen immer stärkeren **hydrophoben** Charakter (Abb. 7.9) und werden daher zunehmend besser löslich in unpolaren Lösungsmitteln (Benzin, Hexan).

Die typischen **Eigenschaften der Alkanole** werden bedingt durch die **polare, hydrophile Hydroxylgruppe** und die **unpolare, hydrophobe Alkylgruppe**.
Bei den **niedrigen** Alkanolen überwiegt der **polare** Charakter, mit zunehmender **Länge des Alkylrestes** verstärkt sich immer mehr der **unpolare** Charakter des Moleküls.

---

1 Beispielsweise sind die ersten vier Glieder der Alkane Gase, die der Alkanole Flüssigkeiten.

Tabelle 7.2 Eigenschaften einwertiger Alkanole

Anzahl der C-Atome	systematischer Name (IUPAC)[1]	weitere gebräuchliche Namen	Formel	Dichte (g/cm³)	Kp (°C)	Löslichkeit bei 20 °C (g/100 g H_2O)
C_1	Methanol	Methylalkohol	H_3C-OH	0,792	64,5	∞
C_2	Ethanol	Äthylalkohol	H_3C-CH_2-OH	0,789	78,4	∞
C_3	Propanol-(1)	n-Propylalkohol	$H_3C-CH_2-CH_2-OH$	0,804	97,2	∞
	Propanol-(2)	iso-Propylalkohol	$H_3C-CH(OH)-CH_3$	0,786	82,3	∞
C_4	Butanol-(1)	n-Butylalkohol	$H_3C-CH_2-CH_2-CH_2-OH$	0,810	117,5	8,3
	2-Methylpropanol-(1)	iso-Butylalkohol	$H_3C-CH(CH_3)-CH_2-OH$	0,802	107,9	ca. 9
	Butanol-(2)	sek. Butylalkohol	$H_3C-CH_2-CH(OH)-CH_3$	0,808	99,5	12,5
	2-Methylpropanol-(2)	tert. Butylalkohol	$H_3C-C(CH_3)(OH)-CH_3$	0,789	82,4	∞
C_5	Pentanol-(1)	n-Amylalkohol	$H_3C-CH_2-CH_2-CH_2-CH_2-OH$	0,817	137,8	2,7
C_6	Hexanol-(1)	n-Hexylalkohol	$H_3C-CH_2-CH_2-CH_2-CH_2-CH_2-OH$	0,813	157,7	0,6

1 Vergleiche Kap. 2.6.

7.2.4 Reaktionen

Die meisten charakteristischen Reaktionen der Alkanole beruhen auf der Reaktionsfähigkeit der —OH-Gruppe: Entweder wird die O—H-Bindung oder die C—O-Bindung gespalten.

1. Alkanolatbildung. Alkanole reagieren mit **Alkalimetallen** unter Wasserstoffentwicklung und Bildung kristallisierbarer *Salze*. Diese Ionenverbindungen bezeichnet man als **Alkanolate**.

Beispiel:

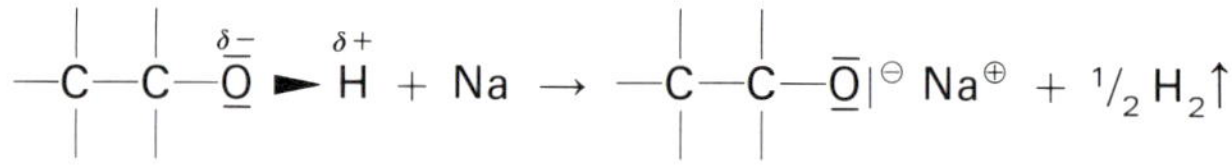

Ethanol — Natriumethanolat

Die Umsetzung der Alkanole mit Natrium verläuft exotherm, jedoch ist die Wärmeentwicklung geringer als bei Reaktion des Natriums mit Wasser.
Die Reaktionsgeschwindigkeit der flüssigen Alkanole mit Natrium nimmt mit steigender C-Atomzahl **ab**.

2. Esterbildung. Ein Gemisch von *Borsäure* und *Methanol* brennt mit grüner Flamme (Abb. 7.11). Da weder Borsäure noch Methanol die Flamme grün färbt, muß beim Mischen ein neuer flüchtiger, brennbarer Stoff entstanden sein. Es handelt sich um **Borsäuretrimethylester**.

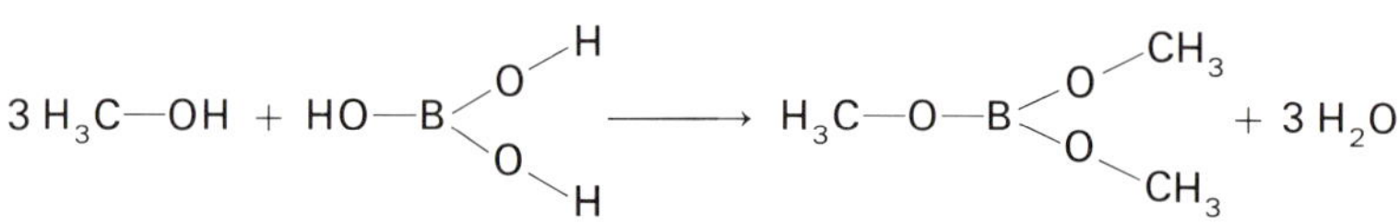

Methanol — Borsäure — Borsäuretrimethylester

Ethanol zeigt unter der katalytischen Wirkung von konz. Schwefelsäure eine entsprechende Reaktion, wobei Borsäuretriethylester entsteht.

Abb. 7.11 Boraxprobe von a) Methanol b) Ethanol

Analoge Reaktionen kennt man zwischen **Alkanolen** und weiteren **anorganischen Säuren**. Die dabei unter **Wasserabspaltung** entstehenden Verbindungen heißen **Ester** (vgl. auch Kap. 10.3.1.2).
Die Halogenalkane kann man somit als Ester der Halogenwasserstoffsäuren auffassen. Zweiprotonige Säuren können Dialkylester, dreiprotonige Säuren (z. B. Borsäure) sogar Trialkylester bilden.

Ester sind Verbindungen, die aus **Alkanolen** und **Säuren** unter **Wasserabspaltung** entstehen.

Die Esterbildung ist eine typische *Gleichgewichtsreaktion*. Besonders bei höheren Temperaturen werden die Ester durch Wasser ganz oder teilweise in Säure und Alkohol gespalten. Diese *Rückreaktion* bezeichnet man als **Esterhydrolyse**.

Allgemeines Beispiel (X = Säurerest):

$$\underset{\text{Alkanol}}{R{-}OH} + \underset{\text{Säure}}{HX} \underset{\text{Esterhydrolyse}}{\overset{\text{Veresterung}}{\rightleftharpoons}} \underset{\text{Ester}}{R{-}X} + H_2O \;/\; \Delta H < 0$$

Die Reaktion zwischen Monobromethan und Kaliumhydroxidlösung ist vom *Mechanismus* her eine **nucleophile Substitution (S_N):** Das Bromatom wird durch die OH-Gruppe ersetzt.

$$H_3C{-}CH_2{-}Br + OH^- \rightleftarrows H_3C{-}CH_2{-}OH + Br^-$$

Reaktionsmechanismus (vereinfacht):

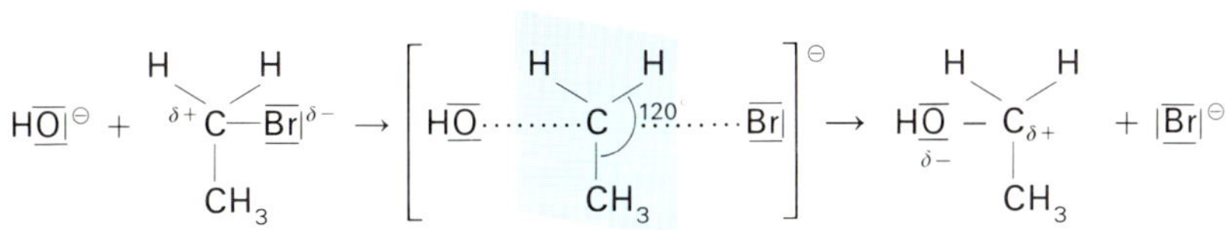

Übergangszustand

Infolge der unterschiedlichen EN-Werte ist die C—Br-Bindung polarisiert. Am positiv polarisierten C-Atom greift das negativ geladene OH^--Ion, ein **Nucleophil**, an. In dem Übergangszustand liegen die beiden H-Atome, die CH_3-Gruppe und das C-Atom in einer Ebene. Senkrecht dazu greift das OH^--Ion von der „Rückseite" her an, und ebenfalls senkrecht steht das austretende Br-Atom. Sobald das Hydroxid-Ion mit dem C-Atom eine σ-Bindung eingeht, wird auf der anderen Seite die C—Br-Bindung getrennt, und ein Br^--Ion spaltet sich ab.

In Halogenalkanen kann das Halogenatom durch *Nucleophile* **substituiert** werden. Nach dem wichtigsten Schritt der Reaktion wird dieser Mechanismus als **nucleophile Substitution (S_N)** bezeichnet. Das OH^--Ion ist das *Nucleophil*, das Bromid-Ion das *austretende* Teilchen.

3. Etherbildung. Beim Erhitzen von Ethanol mit konz. Schwefelsäure entsteht eine flüchtige, klare, süßlich riechende Flüssigkeit: **Diethylether**. Die Schwefelsäure katalysiert die Reaktion von *zwei Molekülen Ethanol* miteinander, wobei *Wasser* frei wird:

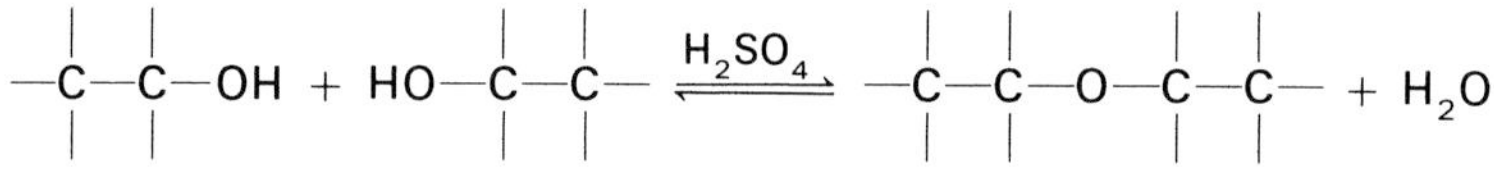

Diethylether

Der genaue Reaktionsverlauf erfolgt über die Bildung von *Schwefelsäureethylester*:

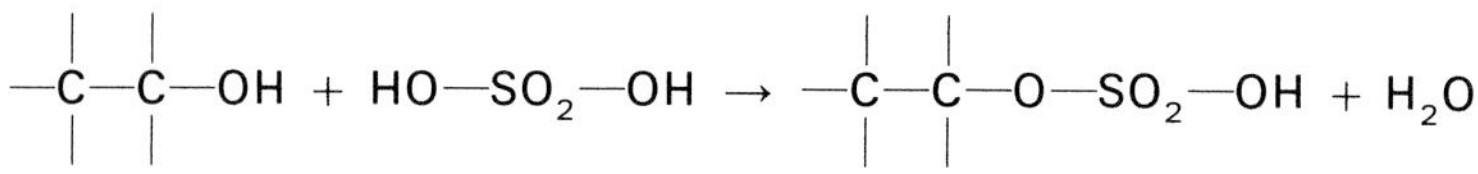

Schwefelsäureethylester

Der **Schwefelsäureethylester** kann je nach Reaktionsbedingungen unterschiedlich weiterreagieren, wobei einzelne Reaktionen miteinander konkurrieren und alle Produkte in unterschiedlichen Konzentrationen nebeneinander vorliegen (Ethanol, Schwefelsäurediethylester, Diethylether, Ethen).

Die bevorzugte Darstellung von Diethylether gelingt bei Temperaturen zwischen 140 und 160 °C unter laufender Entfernung des gebildeten Ethers und Zuführung von Ethanol, so daß das Gleichgewicht in die gewünschte Richtung verschoben wird.

4. Oxidation. Bringt man Methanol in Kontakt mit heißem, oberflächlich oxidiertem Kupfer, so entsteht ein stechend riechender Stoff. Entsprechende Beobachtungen lassen sich machen, wenn man andere **primäre Alkanole** wie Ethanol oder Propanol-(1) als Dämpfe über heißes Kupferoxid leitet. Hierbei wird das Kupferoxid zu *Kupfer* reduziert, was bedeutet, daß das *Alkanol* **oxidiert** worden sein muß. Als sauerstoffhaltiges Oxidationsmittel kann auch schwefelsaures Kaliumdichromat dienen; die orangefarbene **Chrom(VI)-Verbindung** wird zur grünen **Cr(III)-Verbindung** reduziert. Die Oxidationsprodukte lassen sich als **Alkanale (Aldehyde)** identifizieren (vgl. Kap. 8).

Beispiel:

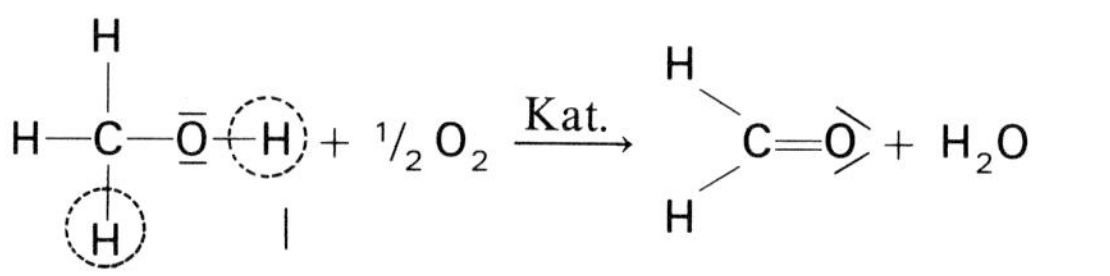

Methanol Methanal

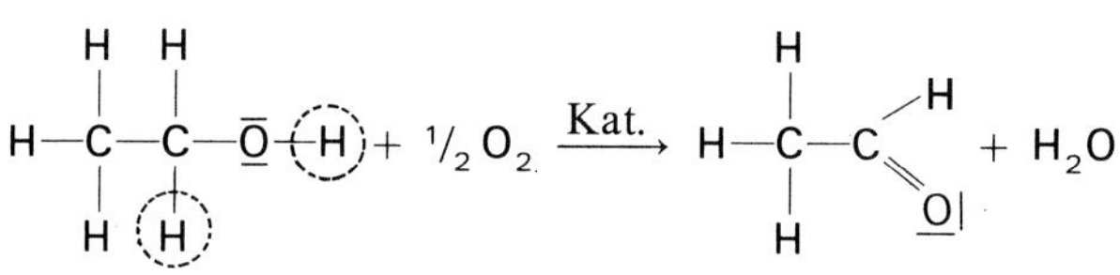

Ethanol Ethanal

Die **Oxidation** des Alkanols ist gleichbedeutend mit einer **Dehydrierung**, denn es werden aus dem Molekül *zwei Wasserstoffatome abgespalten.* Da die H-Atome ihre Elektronen mitnehmen, ist auch die bisherige Definition für Oxidation zutreffend: Es werden Elektronen vom Alkanol abgegeben.

Formales Beispiel:

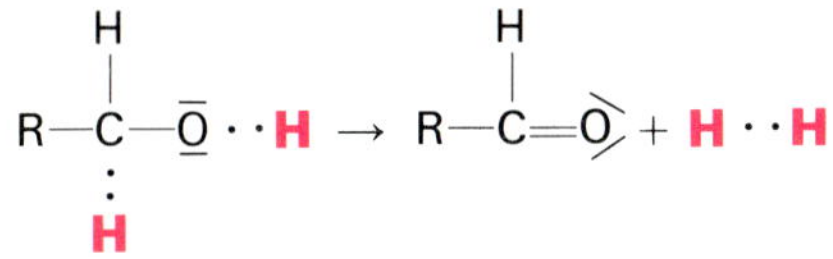

Alkanol Alkanal

Das Oxidationsmittel dient zur Aufnahme der H-Atome, die zu Wasser gebunden werden.

Sekundäre Alkanole wie Propanol-(2) oder Butanol-(2) lassen sich ebenfalls mit entsprechenden Oxidationsmitteln **dehydrieren**. Es entstehen hierbei angenehm riechende Flüssigkeiten, die **Alkanone** (vgl. Kap. 9):

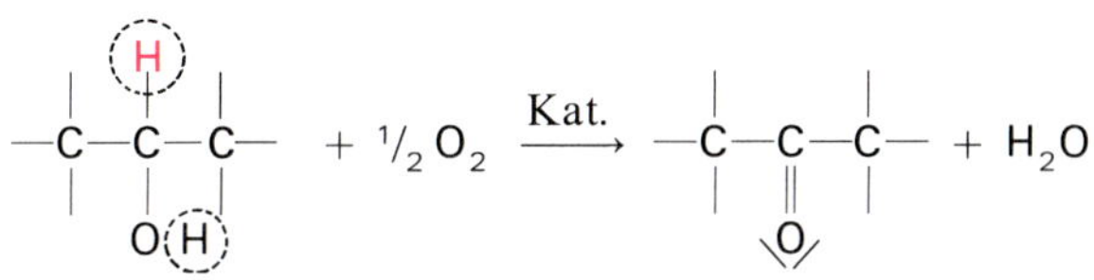

Propanol-(2) Propanon (Aceton)

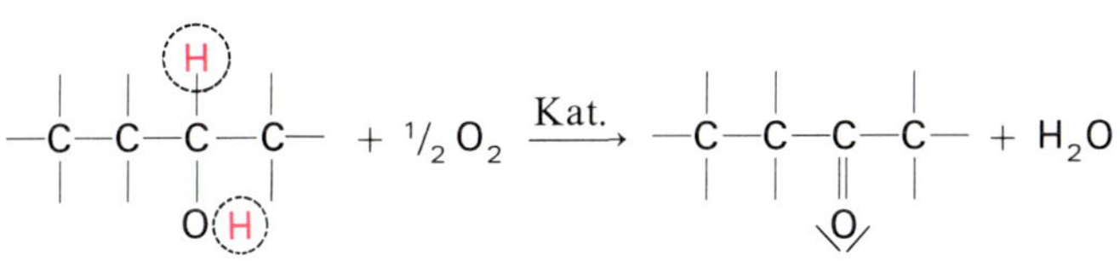

Butanol-(2) Butanon

Tertiäre Alkanole (z. B. tertiäres Butanol) lassen sich unzerstört **nicht oxidieren**, was man daran erkennen kann, daß sich eine schwefelsaure Kaliumdichromatlösung in Gegenwart von tertiärem Butanol nicht grün färbt. Ursache hierfür ist, daß das *tertiäre* C-Atom *kein* H-*Atom* gebunden hat und daher nicht dehydriert werden kann.

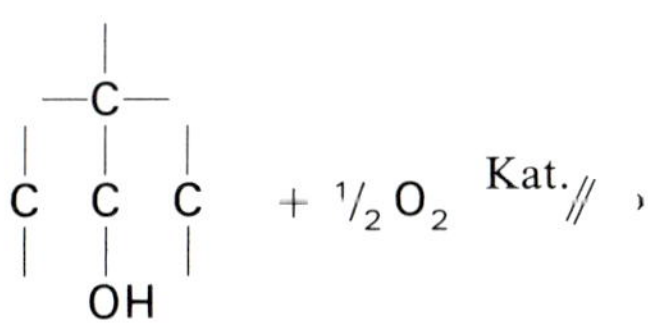

Primäre und *sekundäre* **Alkanole** wirken **reduzierend**.
Primäre Alkanole lassen sich zu *Alkanalen* dehydrieren (oxidieren):

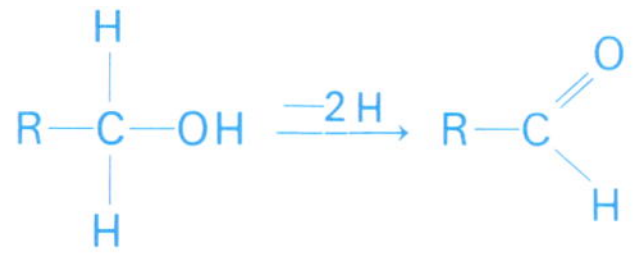

Sekundäre Alkanole lassen sich zu *Alkanonen* dehydrieren (oxidieren):

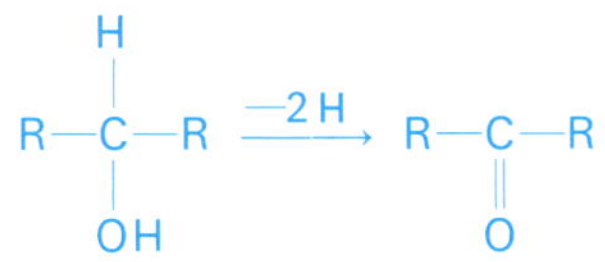

Tertiäre Alkanole lassen sich *nicht* dehydrieren:

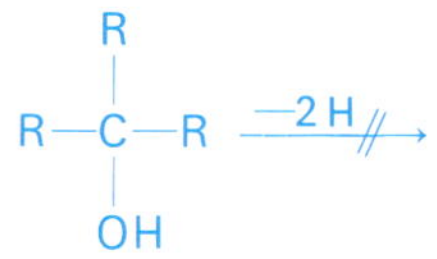

7.2.5 Wichtige Alkanole

1. Methanol, Methylalkohol, CH_3OH, ist eine wasserhelle, fast geruchlose, brennbare Flüssigkeit. Es ist äußerst **giftig!** Sein Genuß führt zur Erblindung, bereits 25 g führen zum Tode. Es entsteht als „Holzgeist" beim Erhitzen von Holz unter Luftabschluß (trockne Destillation). Großtechnisch wird Methanol durch **katalytische Hydrierung** von **Kohlenmonoxid** aus *Synthesegas* hergestellt (Abb. 7.12)

$$CO + 2\,H_2 \xrightarrow[400\ °C,\ 200\ bar]{ZnO/Cr_2O_3} CH_3OH \;/\; \Delta H < 0$$

Auch aus Crackprodukten des Erdöls (Methan) läßt sich Methanol unter Verwendung von Wasserdampf, Katalysatoren und hohem Druck gewinnen.

Abb. 7.12 Methanolanlage

Abb. 7.13 Gärbehälter

Methanol besitzt großtechnisch Bedeutung als *Lösungsmittel* und Ausgangsstoff für viele *Synthesen (Kunststoffe)*. In neuerer Zeit wird Methanol zunehmend als *Treibstoff* (bzw. Treibstoffzusatz) für Ottomotoren verwendet.

2. Ethanol, **Äthylalkohol**, C_2H_5OH, im Handel kurz „Alkohol“ oder Weingeist, Spiritus genannt, ist das wichtigste Alkanol. Es ist eine wasserhelle, charakteristisch riechende, brennbare Flüssigkeit. Auf den Menschen wirkt Ethanol, in kleinen Mengen genossen, berauschend; es verlängert die Reaktionszeit und ist deshalb häufig Ursache von Verkehrsunfällen. Größere Dosen wirken giftig. 200–300 g Ethanol ($\hat{=}$ 1 Flasche Schnaps) können schon tödlich wirken. Da Ethanol außerdem hygroskopisch ist, eignet es sich als Konservierungsmittel für Pflanzen- und Tiergewebe. Es entzieht diesen Wasser (härtet sie) und wirkt desinfizierend.

Ein Ethanol/Wasser-Gemisch läßt sich durch fraktionierte Destillation nicht vollkommen trennen. Da der Kp. des Ethanols (78,4 °C) dem des Wassers nahe liegt, gehen bei dieser Destillation stets Mischungen über, die anfangs sehr viel, allmählich immer weniger Ethanol enthalten. Der „Feinsprit“[1] des Handels enthält mindestens 94,4% Ethanol. Das letzte Wasser kann man nur durch chemische Mittel (gebrannter Kalk, entwässertes Kupfersulfat) entfernen: **absolutes Ethanol**.

Technisch gewinnt man Ethanol durch Addition von Wasser an Ethen (vgl. 7.2.1).

Ein wichtiges biochemisches Verfahren zur Ethanolherstellung ist die **alkoholische Gärung** (Abb. 7.13). Hierbei werden stärke- oder zuckerhaltige Stoffe (Kartoffeln,

1 spiritus vini (lat.) = abgekürzt „Sprit“, d. h. das Flüchtige aus dem Wein.

Getreide, Früchte) mit Hefe versetzt. Die in der Hefe enthaltenen *Enzyme* spalten den Zucker, der u. U. erst aus der Stärke freigesetzt wird, in Ethanol und Kohlendioxid. Bei maximal 20 Vol.-% Ethanol kommt die alkoholische Gärung zum Stillstand, da CO_2 und Ethanol die Hefepilze abtöten. Das Ethanol wird durch Destillation abgetrennt. Gesamtgleichung der alkoholischen Gärung:

$$\underset{\text{Traubenzucker}}{C_6H_{12}O_6} \xrightarrow{\text{Enzym}} \underset{\text{Ethanol}}{2\,C_2H_5OH} + 2\,CO_2 \,/\, \Delta H < 0$$

Ethanol ist ein gutes **Lösungsmittel** für viele in Wasser unlösliche Stoffe, z. B. Farbstoffe, Lacke, Iod; Fett löst es weniger gut. Ethanol findet in der Industrie zur Bereitung von Lacken, Duftstoffen und zahlreichen Arzneistoffen Verwendung. Außerdem dient es als *Brennstoff* und Ausgangsstoff für viele *Synthesen*. Bedeutende Mengen von Ethanol werden zur Herstellung *alkoholischer Getränke* verwendet.

Mit Hilfe der **Iodoformprobe** läßt sich Ethanol nachweisen. Hierbei wird eine Probe mit alkalischer Iod-Kaliumiodid-Lösung erhitzt. Bei Anwesenheit von Ethanol bilden sich gelbliche, charakteristisch riechende Kristalle von *Triiodmethan* (Iodoform, vgl. Tab. 3.1):

Gesamtgleichung:

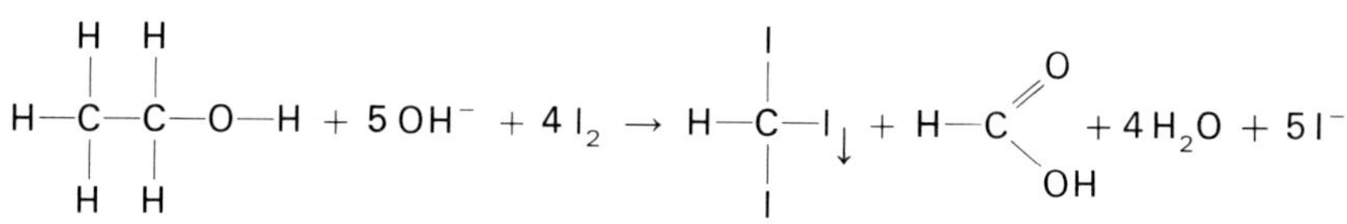

Ethanol Triiodmethan Methansäure

Da andere primäre Alkanole außer Ethanol die Iodoformprobe nicht zeigen, kann man sie zur Unterscheidung von Methanol und Ethanol heranziehen[1]. Methanol und Ethanol unterscheiden sich auch hinsichtlich der Bildung ihrer Borsäureester **(Boraxprobe)**. Während Methanol direkt mit Borsäure (oder Borax) den mit grüner Flamme brennenden Ester bildet, gelingt dies beim Ethanol erst unter der katalytischen Wirkung von konz. Schwefelsäure (Abb. 7.11).
Der quantitative Nachweis von Ethanol im Blut **(Blutalkoholtest)** geschieht durch die Untersuchung von entnommenem Blut oder durch die sog. **Alcotest-Reaktion** (Abb. 7.14). Da zwischen dem Alkoholgehalt im Blut und in der Atemluft ein *Gleichgewicht* besteht, kann man die Bestimmung mit Hilfe der Atemluft durchführen. Die Alkoholdämpfe führen im Alcotest-Röhrchen, das auf einer Trägersubstanz schwefelsaures Kaliumdichromat enthält, zu einer Verfärbung nach *grün*. Das Ausmaß der Grünfärbung gibt Aufschluß über die Alkoholkonzentration im Blut. Hierbei laufen die in Kap. 7.2.4 u. 8.1 beschriebenen Redoxreaktionen ab.

---

1 Die Iodoformprobe ist allerdings kein eindeutiger Nachweis, da auch einige sekundäre Alkanole und Carbonylverbindungen (vgl. Kap. 8 u. 9) die Probe zeigen.

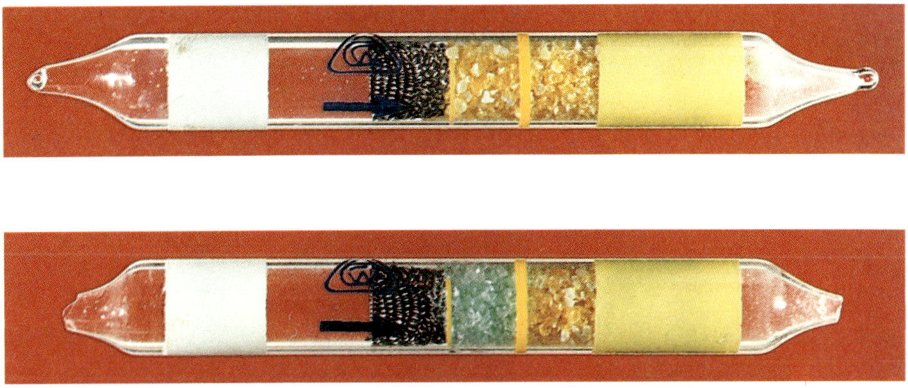

Abb. 7.14 Alcotest-Röhrchen a) vor Benutzung b) nach positiver Probe

In der Bundesrepublik werden jährlich für etwa 35 Mrd DM **alkoholische Getränke** konsumiert. Das bedeutet einen jährlichen Verbrauch von ca. 13 dm^3 reinem Ethanol für jeden Bundesbürger.
Außer der Giftwirkung von größeren Mengen Ethanol muß auch die schädigende Wirkung durch dauernden Alkoholkonsum hervorgehoben werden. Der zunehmende **Alkoholgenuß**, besonders auch bei Jugendlichen, ist bereits in vielen Ländern zu einem gesellschaftlichen Problem geworden. Nicht selten führt der regelmäßige Alkoholkonsum zu einer psychischen und physischen Abhängigkeit **(Alkoholismus)**, so daß man von einer Suchterkrankung sprechen muß. Der **Alkoholmißbrauch** verursacht neben Schädigungen der Leber, des Herzens und der Nieren Konzentrationslosigkeit, Gedächtnisschwäche und Persönlichkeitsverfall. Dauernde Sucht führt zum Delirium tremens mit Wahnvorstellungen. Die Entwöhnung fällt schwer.
Neben den gesundheitlichen Schädigungen der Betroffenen sind auch die sozialen und wirtschaftlichen Folgen des Alkoholmißbrauchs beträchtlich (Unfälle im Straßenverkehr, Kriminalität, seelische und finanzielle Belastungen der Familie sowie der Gesellschaft).

3. Höhere Alkanole. Die **Propanole** (C_3H_7OH) und **Butanole** (C_4H_9OH) besitzen eine gewisse Bedeutung als Lösungsmittel und Reinigungsmittel. Sie werden aus Crackgasen (Propen, Buten) durch katalytische Addition von Wasser dargestellt.
Pentanole, Amylalkohole ($C_5H_{11}OH$) sind die Hauptvertreter des *Fuselöls*; es sind giftige Stoffe von widerlichem Geschmack und Geruch. Sie entstehen bei der alkoholischen Gärung durch Vergärung von Eiweißstoffen.
Langkettige, **feste Alkanole** (C_{12}—C_{18}) verwendet man zur Herstellung synthetischer Waschmittel (vgl. Kap. 11.2.1.2 u. 11.2.2).

7.3 Mehrwertige Alkanole (Polyole)

Mehrwertige Alkanole entstehen – formal – aus Alkanen durch Substitution *mehrerer* H-Atome durch alkoholische Hydroxylgruppen. Erfahrungsgemäß vermag ein C-Atom nur eine OH-Gruppe zu binden (ERLENMEYER-Regel). Deshalb kann kein Alkanol mehr Hydroxylgruppen in seinem Molekül enthalten, als es C-Atome besitzt, z. B.

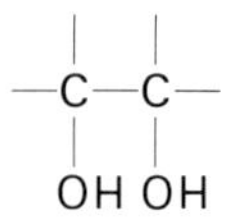

Ethandiol[1]
(Glykol, Äthylenglykol)

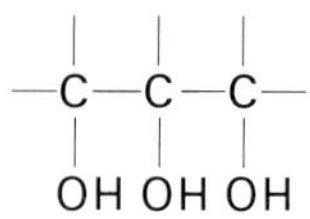

Propantriol[1]
(Glycerol, Glycerin)

Die Häufung der alkanolischen Hydroxylgruppen im Molekül beeinflußt die bei den einfachen Alkanolen festgestellten Eigenschaften: Der **hydrophile** Charakter ist stärker ausgeprägt. Das macht sich bemerkbar

a) in einem starken **Ansteigen** des Kp, z. B.

Ethan −88,5 °C Ethanol +78,4 °C Ethandiol +197,4 °C

b) im **Löslichkeitsverhalten**
c) in der **erhöhten Viskosität**.

Ursache hierfür sind die zahlreichen intermolekularen *Wasserstoffbrücken* aufgrund der erhöhten Anzahl von OH-Gruppen.
Alle Alkanpolyole haben einen süßen Geschmack, der mit wachsender Anzahl von OH-Gruppen zunimmt und bei den höheren, den fünf- und sechswertigen Alkanolen, so ausgeprägt ist, daß diese Stoffe in ihrem Geschmack kaum von den Zuckern zu unterscheiden sind.

Das wichtigste **dreiwertige Alkanol, Alkantriol**, ist das **Propantriol**, das **Glycerin**, $HOH_2C—CHOH—CH_2OH$, eine wasserhelle, sirupdicke, ölige Flüssigkeit (Kp 290 °C) von süßem Geschmack.
Glycerin wird bei der Seifen- und Kerzenfabrikation als wertvolles Nebenprodukt gewonnen. Technisch stellt man es aus Propen (Crackgas) her.
Seine **Verwendung** ist sehr vielseitig: in der Pharmazie (Herstellung von Salben, kosmetischen Mitteln, Zahncreme), in der Textilindustrie (Appretieren), in der Kunststoffindustrie (Polyesterharze, Lacke), bei der Gewinnung von Stempelfarben, Farbbändern (als hygroskopischer Zusatz). Die weitaus größte Verwendung findet Glycerin in der *Sprengstoffindustrie* (Nitroglycerin, Dynamit).

Das sog. **Nitroglycerin** ist ein Ester und zwar der Trisalpetersäureester des Propantriols.

---

1 Im Namen wird die Anzahl der OH-Gruppen durch die Zahlwörter di-, tri-, tetra- usw. vor der Endung -ol angegeben.

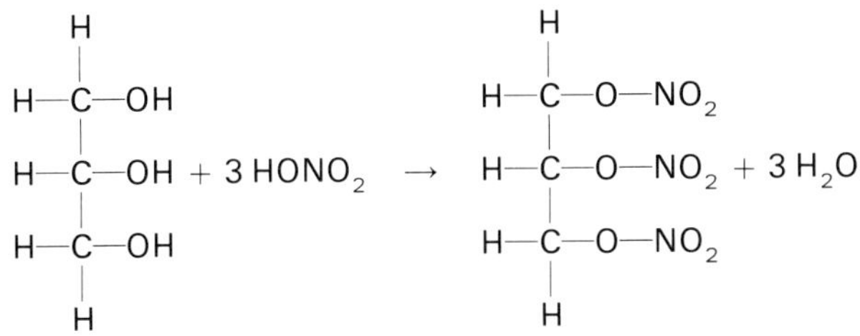

Propantriol Salpetersäure „Nitroglycerin“

Nitroglycerin ist eine farblose, explosive Flüssigkeit. Auf Stoß oder Schlag zerfällt es in gasförmige Produkte: H_2O, CO_2, NO_2, NO. Der für diese stark exothereme Oxidation benötigte Sauerstoff ist bereits im Nitroglycerinmolekül enthalten. In porösem Kieselgur aufgesaugt, ist der Ester nicht mehr schlag- und stoßempfindlich: Dynamit, ein Sicherheitssprengstoff (NOBEL, 1866).

7.3 Phenole (Hydroxybenzole)

Durch Substitution der H-Atome eines Benzolkerns durch OH-Gruppen entstehen aromatische Hydroxyl-Verbindungen, Verbindungen, in denen eine OH-Gruppe unmittelbar an ein C-Atom des Benzolkerns gebunden ist, die **Hydroxybenzole** oder mit Trivialnamen die **Phenole**. Je nachdem, ob ein, zwei oder drei H-Atome durch OH-Gruppen ersetzt sind, spricht man von **Mono-**, **Di-** oder **Tri-Hydroxybenzolen**.
Die phenolische OH-Gruppe wirkt im Gegensatz zu der der Alkanole schwach sauer (vgl. Kap. 7.2). Ursache hierfür ist die **Mesomeriestabilisierung** des entstehenden **Phenolat-Anions**:

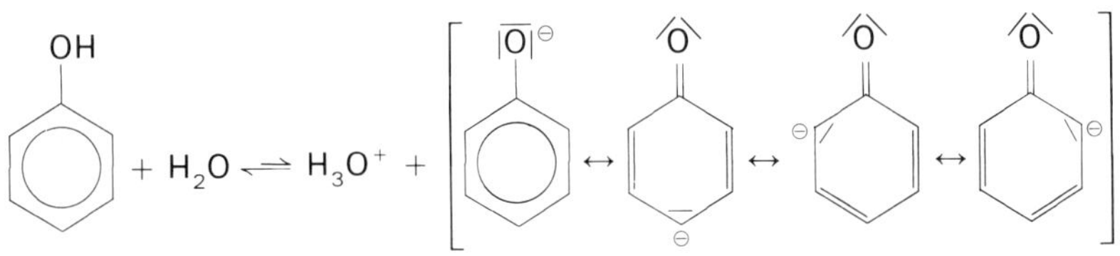

Analog den Alkanolen reagiert auch Phenol mit metallischem Natrium unter Bildung des Salzes Natriumphenolat und Wasserstoff. Natriumphenolat wird auch durch Neutralisation von Phenol mit Natronlauge erhalten.
Das **Phenol**, **Hydroxybenzol**, C_6H_5—OH, ist im wasserfreien Zustand ein farbloser, fester Stoff von teerartigem Geruch, der nadelförmige, hygroskopische Kristalle bildet (Smp. 41 °C), die sich am Licht röten. Phenol ist giftig, wirkt stark antiseptisch (Desinfektionsmittel). – Die wäßrige Lösung des Phenols ist die **Karbolsäure**.

Phenol ist ein technisches Großprodukt und findet vielfache Verwendung (Salicylsäure, Aspirin, Farb- und Riechstoffe), insbesondere zur Gewinnung von Kunstharzen, **Phenol-Formaldehyd-Kondensationsprodukte,** die Phenoplaste.
Phenol bildet mit Eisen(III)-chlorid in wäßriger Lösung eine tief violett gefärbte Komplexverbindung (Nachweisreaktion, auch für höhere Phenole).

Aufgaben

1. Geben Sie zwei Wege zur Darstellung von Propanol-(2) an.

2. Benennen Sie folgende Verbindungen und geben Sie an, ob es sich um primäre, sekundäre oder tertiäre Alkanole handelt:

a) 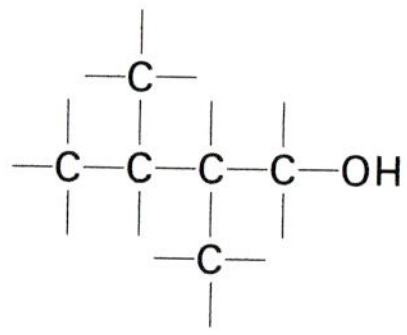

b) 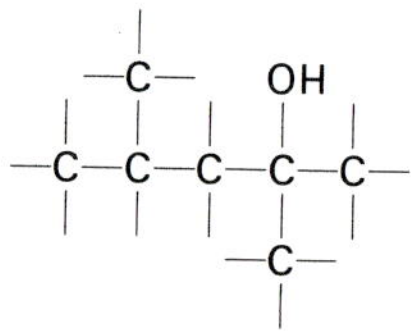

c) 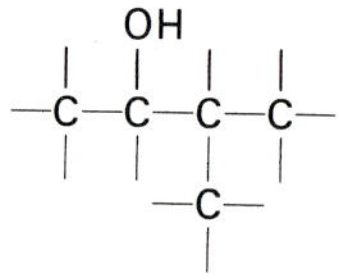

d) 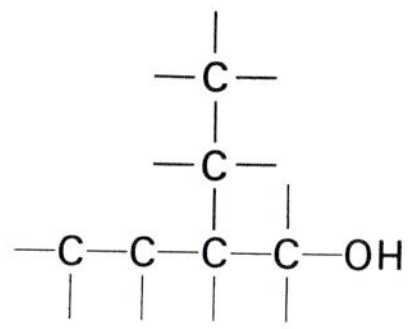

3. Geben Sie sämtliche Isomere des Pentanols an, benennen Sie diese und ordnen Sie sie nach primären, sekundären, tertiären Alkanolen.

4. Vergleichen Sie die Siedepunkte von Propan, Propanol-(1), Propanol-(2) und Propantriol und erklären Sie die Unterschiede.

5. Erklären Sie die unterschiedliche Wasserlöslichkeit der vier isomeren Butanole.

6. Hexanol-(1) löst sich fast nicht in Wasser, aber gut in Benzin. Sorbit (Hexanhexaol) löst sich gut in Wasser und nicht in Benzin. Erklären Sie.

7. Erstellen Sie die Gl. und benennen Sie die Produkte der Reaktionen von Propanol-(1) mit

a) Kalium
b) Salpetersäure.

8. Man kann Alkanole als Ampholyte bezeichnen. Begründen Sie diese Auffassung durch Gl.

9. Welche der in Aufgabe 2 angegebenen Alkanole reagieren mit heißem Kupferoxid. – Geben Sie die Gl. an.

10. Erstellen Sie die Reaktionsmechanismen für die beiden Teilreaktionen zur Darstellung von Ethanol aus Ethen unter Verwendung von Schwefelsäure.

11. Geben Sie eine nicht im Text aufgeführte Darstellung für Ethandiol an.

12. Formulieren Sie die Gl. für den Zerfall von Nitroglycerin.

13. Beim Verbrennen einer sauerstoffhaltigen, organischen Substanz erhielt man 64,86 % C, 13,51 % H und 21,63 % O.

a) Berechnen Sie die Verhältnisformel.

b) Berechnen Sie die Summenformel $\left(M = 74 \frac{g}{mol}\right)$

c) Begründen Sie die zutreffende Strukturformel aufgrund nachstehender Befunde:
- eines der H-Atome ist nicht an C gebunden
- der Stoff reagiert mit Na-Metall unter Wasserstoffentwicklung
  der Stoff läßt sich **nicht** mit Kupferoxid oxidieren.

14. Geben Sie die Strukturformeln an für: a) die verschiedenen Monomethylphenole (Kresole), b) die verschiedenen Dihydroxybenzole, c) die Trihydroxybenzole und benennen Sie sie.

15. Hydrochinon (p-Dihydroxybenzol) zeigt die Fehling-Probe und wird zu Chinon oxidiert.

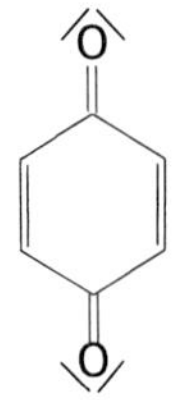

Chinon

a) Stellen Sie die Gl für diese Reaktion auf.

b) Erklären Sie, wieso es sich hierbei um eine Oxidation des Hydrochinons handelt.

c) Erläutern Sie, ob sich das π-Elektronensystem des Benzols bei dieser Reaktion verändert hat.

8 Alkanale

Versuche

1. a) Man erhitzt eine kleine Rolle aus **Kupferdrahtnetz** zum Glühen; die oberflächlich oxidierte heiße Rolle wirft man in ein Rg mit etwa 1 cm^3 **Methanol** (eine u.U. auftretende Flamme wird gelöscht). – Der Geruch im Rg wird mit dem des Methanols sowie der Zustand der erhitzten Kupferrolle vor und nach dem Versuch verglichen.

b) Der Versuch wird mit **Ethanol** wiederholt.

c) Man wiederholt Versuch 10, Kap. 7 mit einer **Platinspirale** anstelle des Kupferdrahtnetzes.

2. Man wiederholt Versuch 12, Kap. 7.

3. L. a) Man stellt eine Apparatur entsprechend Abb. 8.1 zusammen. In den Rundkolben gibt man 50 cm^3 **Ethanol**, in den Tropftrichter 50 cm^3 gesättigte **Kaliumdichromatlösung**, die mit einigen cm^3 **konz. Schwefelsäure** versetzt ist. Über das Glasrohr wird **Kohlendioxid** in das Reaktionsgemisch eingeleitet. Das Ethanol wird leicht erwärmt und die Kaliumdichromatlösung langsam zugetropft. Das Destillat wird gemäß den Versuchen 8 (Fehlingprobe), Versuch 9 (Silberspiegel) und Versuch 10 (Schiffsche Probe) untersucht.

b) Versuch a) kann mit **Propanol-(1)** anstelle von Ethanol wiederholt werden.

Abb. 8.1 Oxidation von Ethanol

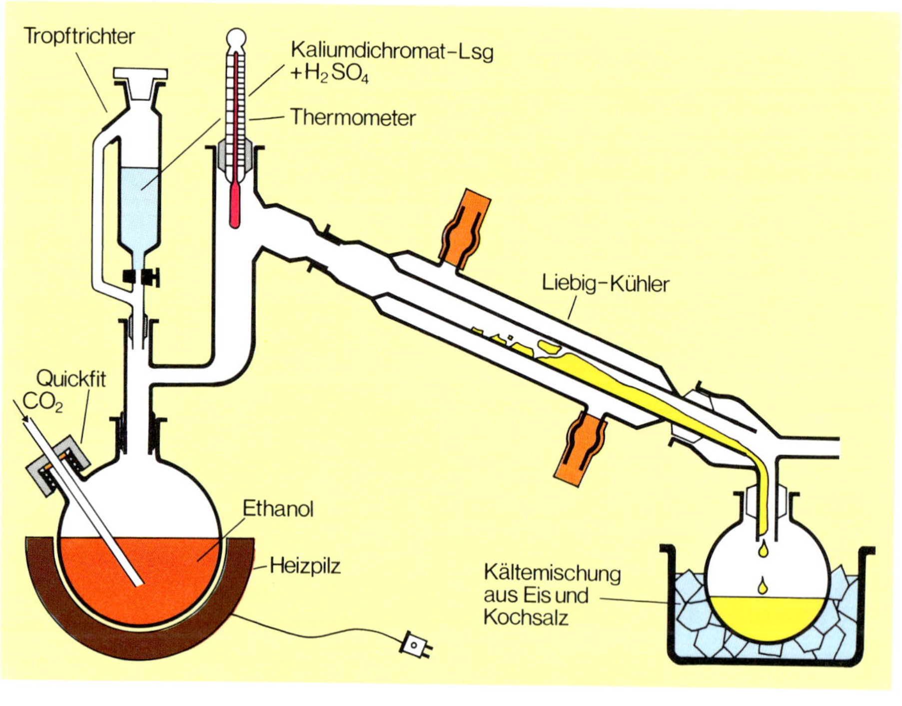

4. Man gibt zu 3 cm^3 frisch destilliertem **Ethanal** unter Eiskühlung 2–3 cm^3 einer gesättigten **Natriumhydrogensulfitlösung** und schüttelt um.

5. a) Ein wenig **Methanallösung** wird in einer Porzellanschale erhitzt. Die entstehenden Dämpfe werden entzündet.

b) In einem Porzellanschälchen wird etwas **Methanallösung** vorsichtig erwärmt (Wasserbad). – Rückstand?

c) Einen Teil des Rückstandes erhitzt man in einem Rg und leitet die entweichenden Gase in **fuchsinschweflige Säure**[1].

6. L. a) Zu 10 cm^3 frischem **Ethanal** (z.B. aus Versuch 3) werden in einem 250 cm^3-Erlenmeyerkolben vorsichtig und unter Kühlung 3 Tropfen **konz. Schwefelsäure** zugetropft (vorsichtig arbeiten! – Säure kann herausspritzen! – Schutzbrille! Abzug!). Das Reaktionsgemisch wird in ein Becherglas mit kaltem Wasser gegossen. – Man vergleicht die Löslichkeit und den Geruch mit frischem Ethanal.

b) Das Reaktionsprodukt wird im Rg mit **verd. Schwefelsäure** gekocht. – Geruch?

7. In ein Rg gibt man 1 cm^3 **Methanal (Ethanal)** und wirft eine glühende, oberflächlich oxidierte **Kupferspirale** hinein. – Die Veränderung der Oberfläche des Kupfers wird beobachtet, die Dämpfe werden mit angefeuchtetem **pH-Papier** geprüft.

8. In drei Rg wird je 1 cm^3 **Fehlinglösung I** und 1 cm^3 **Fehlinglösung II** gegeben. Man fügt einige Tropfen a) **Methanal-**, b) **Ethanallösung** und c) **Destillat** von Versuch 3 hinzu und erhitzt zum Sieden (Siedesteine!).

9. In drei gut gereinigte (besser neue) Rg gibt man je 2 cm^3 einer 5%igen **Silbernitratlösung** und fügt jeweils solange tropfenweise **Ammoniaklösung** hinzu, bis sich der entstehende Niederschlag gerade wieder löst. Anschließend wird vorsichtig etwas a) **Methanal-**, b) **Ethanallösung** und c) **Destillat** von Versuch 3 zugefügt. Die Rg werden erschütterungsfrei im Wasserbad erwärmt. – Die ammoniakalische Silbernitratlösung **darf nicht** aufbewahrt werden!

10. Zu jeweils 3 cm^3 farbloser **fuchsinschwefliger Säure** fügt man 2 Tropfen a) **Methanal-**, b) **Ethanallösung** und c) **Destillat** von Versuch 3 hinzu.

11. Man wiederholt Versuch 13, Kap. 7 (Iodoformprobe) mit a) 1 cm^3 **Methanal**, b) 1 cm^3 **Ethanal**.

12. In einem Rg erhitzt man eine 2 cm hohe Schicht **Kaliumhydrogensulfat** ($KHSO_4$), bis weiße Nebel auftreten. Danach wird 1 cm^3 **Propantriol** zugefügt und erneut erhitzt. – Geruch?

Die Dämpfe kann man auch in a) ein mit 3 cm^3 Wasser gefülltes Rg leiten und Bromwasser zufügen; b) in eine *ammoniakalische* **Silbernitratlösung** (vgl. Versuch 9) leiten; c) in **fuchsinschweflige Säure** leiten.

---

1 Herstellung: 1 g Fuchsin in 1 dm^3 Wasser lösen, 20 cm^3 kaltgesättigte $NaHSO_3$-Lösung zugeben und nach 5–10 min 20 cm^3 konz. Salzsäure (37%ig) zufügen. Die Lösung ist nach 1–2 Std. gebrauchsfertig.

8.1 Darstellung

Primäre Alkanole reagieren mit *Oxidationsmitteln* (CuO, $K_2Cr_2O_7$) zu Stoffen mit charakteristischem stechendem Geruch, die sich durch eine Reihe von Nachweismethoden (vgl. Kap. 8.4.3) als **Alkanale** identifizieren lassen.

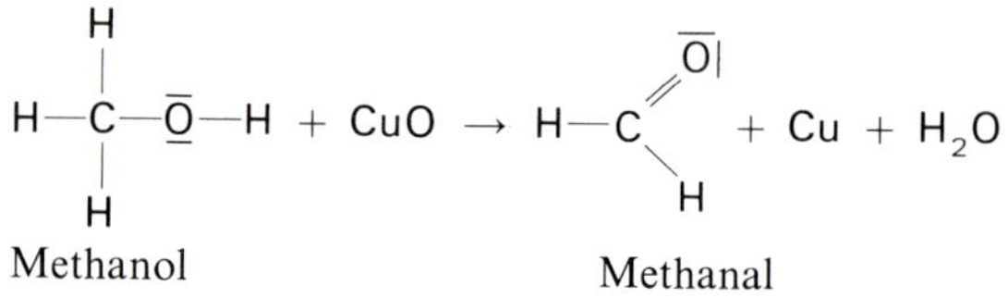

Daß es sich bei dieser Reaktion um eine **Oxidation** des *Alkanols* handelt, ist an der *Reduktion* des Oxidationsmittels zu erkennen: Kupferoxid wird zu blankem Kupfer reduziert, und bei der Verwendung von Kaliumdichromat wird das orangefarbene $\overset{+VI}{Cr}_2O_7^{2-}$-Ion zum grünen $\overset{+III}{Cr}{}^{3+}$-Ion reduziert.

Die Aufstellung von Redoxgleichungen wird im allgemeinen durch die Verwendung von **Oxidationszahlen** erleichtert. Da man es in der organischen Chemie fast ausschließlich mit *Elektronenpaarbindungen* zu tun hat, lassen sich Oxidationszahlen auf organische Verbindungen jedoch nur eingeschränkt sinnvoll anwenden. Sie sind lediglich **formale Hilfsmittel** und erleichtern als solche die Betrachtung von Redoxreaktionen organischer Moleküle.
Beim Ermitteln der Oxidationszahlen geht man folgendermaßen vor: Die bindenden Elektronenpaare werden den jeweils *elektronegativeren* Bindungspartnern zugeordnet; das gilt auch für C—H-Bindungen: Das C-Atom ist elektronegativer als das H-Atom; die C—C-Bindungen werden so behandelt wie Bindungen in Elementmolekülen; beiden Atomen wird je ein Elektron der Bindung zugeteilt, da sie die gleiche Elektronegativität besitzen.

Nach diesem Schema denkt man sich die Moleküle **formal** in Ionen aufgespalten. Die Oxidationszahlen[1] sind dann die Ionenladungen, die die „entstehenden" imaginären Ionen tragen würden (vgl. auch Bd. 1, Kap. 15.5.3).

Beispiele für Oxidationszahlen:

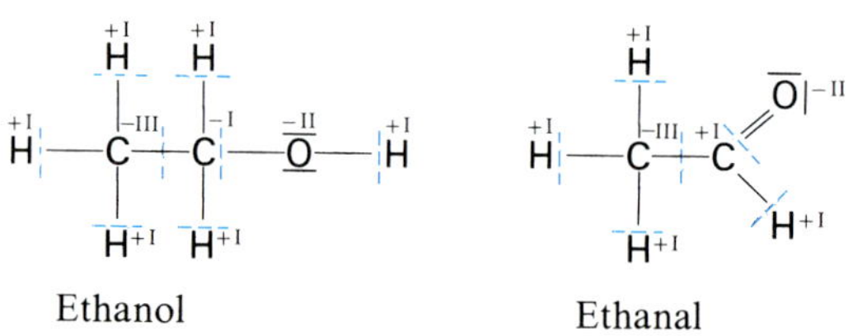

Bei *Oxidationen* ändert sich die Oxidationszahl in *positiver*, bei *Reduktion* in *negativer* Richtung (Tab. 8.1).

---

1 In der organischen Chemie werden die Oxidationszahlen auch als Oxidationsstufen bezeichnet und häufig auch durch **arabische Ziffern** angegeben.

Tabelle 8.1 Oxidationszahlen (Oxidationsstufen) des Kohlenstoffatoms in organischen Verbindungen

Oxidationszahl	C_1-Reihe	prim. C-Atom	sek. C-Atom	tert. C-Atom	quart. C-Atom
−IV	CH_4 Methan				
−III		RCH_3 prim. Alkan			
−II	$H_3C—OH$ Methanol		R_2CH_2 sek. Alkan		
−I		$RCH_2—OH$ prim. Alkanol		R_3CH tert. Alkan	
0	$H_2C{=}O$ Methanal		$R_2CH—OH$ sek. Alkanol		R_4C quart. Alkan
+I		$RHC{=}O$ Alkanal		$R_3C—OH$ tert. Alkanol	
+II	$HCOOH$ Methansäure		$R_2C{=}O$ Alkanon		
+III		$RCOOH$ Alkansäure			
+IV	CO_2 Kohlendioxid				

Für die Oxidation von Ethanol mit Kaliumdichromat ergibt sich somit folgende Gleichung:

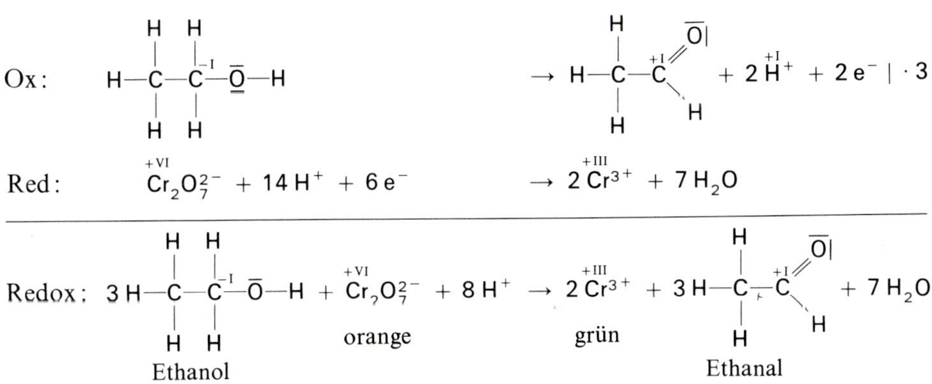

Bei der **Oxidation** eines Alkanols handelt es sich um eine **Dehydrierung**, d.h. um eine Abspaltung von (elementarem) Wasserstoff. Die entsprechende **Reduktion**, die nur mit speziellen Reduktionsmitteln gelingt, ist eine **Hydrierung.**
In der organischen Chemie kann man vielfach die Begriffe Oxidation und Dehydrierung bzw. Reduktion und Hydrierung gleichsetzen:

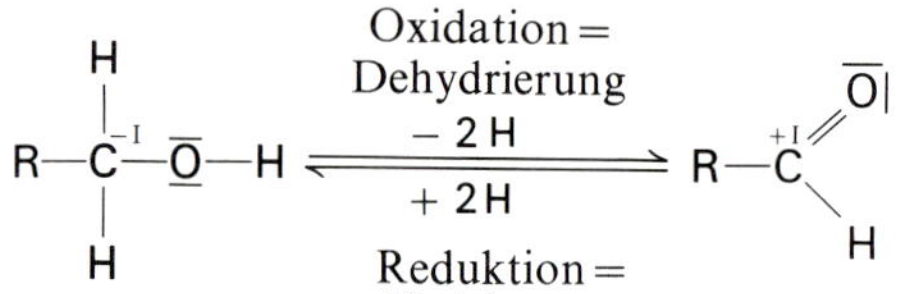

R = Alkylrest   Alkanol   Alkanal

In der Regel bleibt die Oxidation von primären Alkanolen nicht bei den Alkanalen stehen. Diese werden nämlich durch das Oxidationsmittel weiter zu den *Alkansäuren* oxidiert (vgl. Kap. 10).

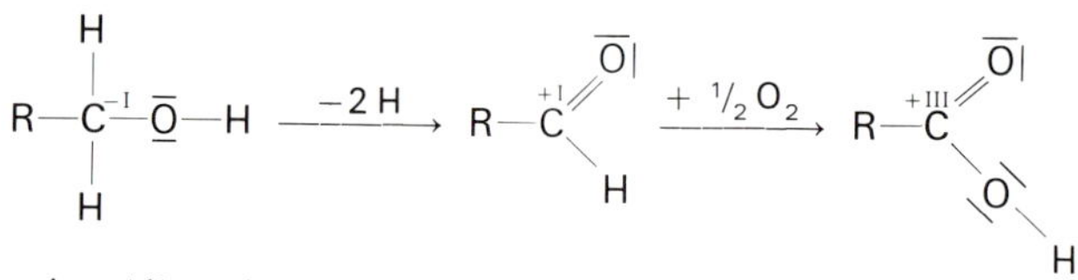

R = Alkylrest   prim. Alkanol   Alkanal   Alkansäure

Will man gezielt Alkanale erhalten, so muß man durch die Wahl geeigneter Reaktionsbedingungen die Oxidation rechtzeitig abbrechen.

Durch partielle **Oxidation** der funktionellen Gruppe von primären Alkanolen

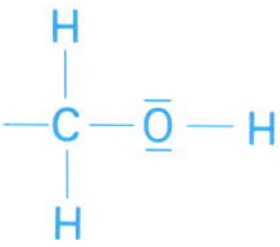

erhält man **Alkanale** mit der funktionellen Gruppe 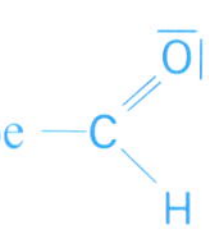

8.2 Bau und Nomenklatur

Alkanale besitzen neben einem Alkylrest die charakteristische **funktionelle Gruppe** —CHO[1]. Sie haben die allgemeine Formel

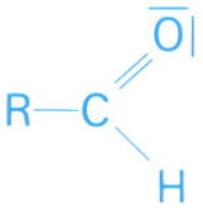

1 Man schreibt —CHO (und nicht —COH), um hervorzuheben, daß es sich *nicht* um die Alkanolgruppe —OH handelt, sondern um einzeln an den Kohlenstoff gebundene Atome H und O.

a) C_2H_4O b) $H_3C{-}CHO$ c) 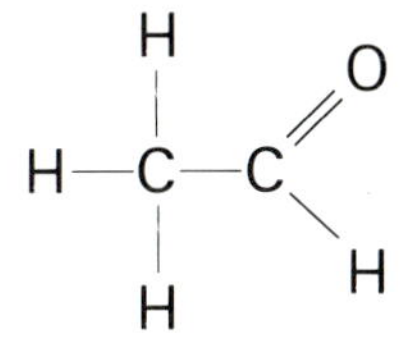

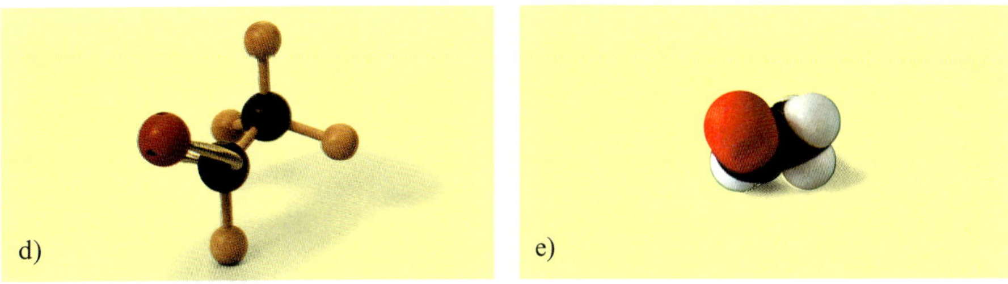

Abb. 8.2 Formeln und Modelle des Ethanals a) Summenformel b) Halbstrukturformel c) Strukturformel d) Kugel-Stab-Modell e) Kalotten-Modell

Der $>C{=}O$ Bestandteil dieser funktionellen Gruppe, den man auch in anderen Stoffklassen wiedertrifft, heißt **Carbonyl-** oder **Oxo-Gruppe.**
Der Name **Alkanal** ist gebildet aus dem Namen *Alkan*, dem Stammnamen, und der Endsilbe *-al*. Entsprechend werden die Namen der einzelnen Vertreter gebildet: Methan*al*, Ethan*al* (Abb. 8.2), Propan*al* usw.
Die Alkanale sind je Molekül um zwei Atome Wasserstoff *ärmer* als die zugehörigen Alkanole. Daher rührt der Name **Aldehyde** für diese Stoffe, gebildet aus **Al**(kohol)-**dehyd**(rogenatus). Die Trivialnamen vieler Aldehyde leiten sich von den entsprechenden Säuren ab, zu denen sie oxidiert werden können.
Die Alkanale bilden eine **homologe Reihe** (Tab. 8.2).

Tabelle 8.2 Niedere Alkanale und deren Kp im Vergleich zu den entsprechenden Alkanolen

Systematischer Name	Trivialname	Formel	Kp (°C)	Name und Kp (°C) der entsprechenden Alkanole	
Methanal	Formaldehyd	$H{-}CHO$	−19,2	Methanol	64,5
Ethanal	Acetaldehyd	$H_3C{-}CHO$	+20,1	Ethanol	78,4
Propanal	Propionaldehyd	$H_3C{-}CH_2{-}CHO$	+47,9	Propanol-(1)	97,2
Butanal	Butyraldehyd	$H_3C{-}CH_2{-}CH_2{-}CHO$	+74,8	Butanol-(1)	117,5

8.3 Physikalische Eigenschaften

Die **Kp** liegen tiefer als die der entsprechenden Alkanole, obwohl Alkanale stärkere Dipole sind. Dies wird bedingt durch das Fehlen eines wasserstoffbrückenbildenden H-Atoms in der $C{=}O$-Gruppe. Das 1. Glied der Alkanalreihe ist ein *Gas*, die folgenden Glieder sind neutrale, flüchtige *Flüssigkeiten*, die höchsten sind *feste*, paraffinartige Stoffe.

Die **Löslichkeit** in *Wasser* ist unterschiedlich: Methanal 40%, Ethanal unbegrenzt mischbar, Propanal 16%.
Der **Geruch** der niederen Homologe ist scharf und stechend, die höheren Glieder riechen fruchtartig.

8.4 Chemische Eigenschaften

Die funktionelle 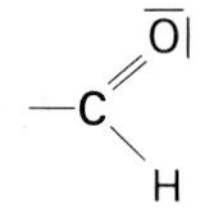 -Gruppe der Alkanale ist verantwortlich für deren chemische Eigenschaften. Analog der C=C-Doppelbindung kommt auch die C=O-Doppelbindung durch eine σ-Bindung und eine π-Bindung zustande. Beide Arten von Doppelbindungen unterscheiden sich jedoch wesentlich voneinander; die eine Doppelbindung befindet sich zwischen zwei *gleichen* Atomen, die andere zwischen Atomen mit sehr unterschiedlichen Elektronegativitäten. So werden in der C=O-Doppelbindung die Elektronenpaare vom O-Atom *stärker* beansprucht als vom C-Atom, so daß die C=O-Doppelbindung **polarisiert** ist: $>\overset{\delta+}{C}=\overset{\delta-}{O}$.
Verstärkt wird die Polarität noch durch einen mesomeren Effekt. Es gibt für die Carbonylgruppe eine mesomere Grenzstruktur, in der das C-Atom eine positive, das O-Atom eine negative Formalladung trägt:

Auf die Polarisierung der C=O-Doppelbindung läßt sich die große Reaktionsfähigkeit der Alkanale zurückführen.

8.4.1 Additionsreaktionen

Die meisten Reaktionen der Alkanale beginnen mit einem **nucleophilen** Angriff am *positiv polarisierten Carbonyl-O-Atom* und führen zu einer **Addition an die C=O-Doppelbindung: nucleophile Addition** (A_N).
1. Addition von Hydrogensulfit u.a. Alkanale addieren Hydrogensulfit, Ammoniak, Cyanidionen u.a. Bei der Reaktion von Ethanal mit Natriumhydrogensulfit fällt das Natriumsalz des Additionsproduktes aus:

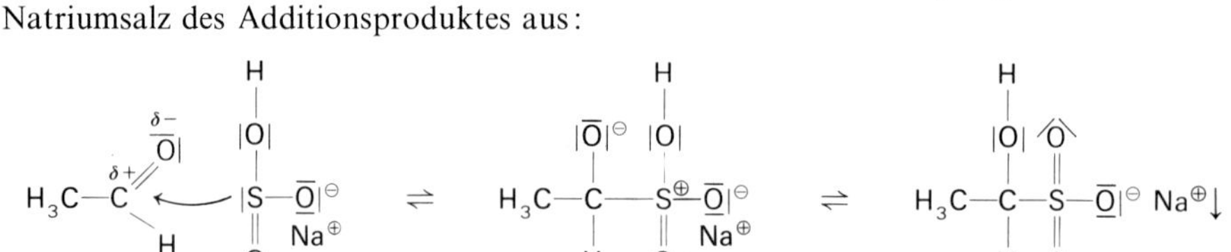

Diese Reaktion dient zum Erkennen und zum Schutz von >C=O-Gruppen. In Alkalilaugen werden die Addukte wieder zerstört.

2. Addition von Wasserstoff (Hydrierung). Die Reduktion eines Alkanals kann mit nascierendem Wasserstoff oder mit katalytisch angeregtem Wasserstoff (Pt, Pd) erfolgen:

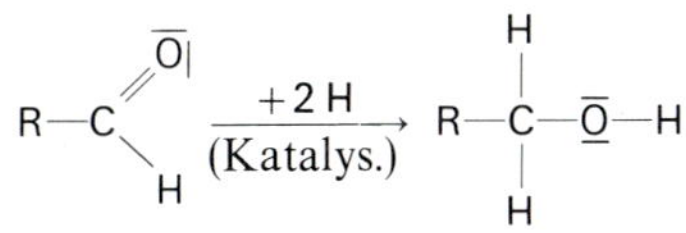

Alkanal Alkanol

3. Polymerisation. Besonders in Gegenwart starker Säuren neigen die niederen Alkanale zur **Selbstaddition (Polymerisation)**. Je nach den Reaktionsbedingungen entstehen verschiedene Produkte: *Methanal* polymerisiert zu *Paraformaldehyd:*

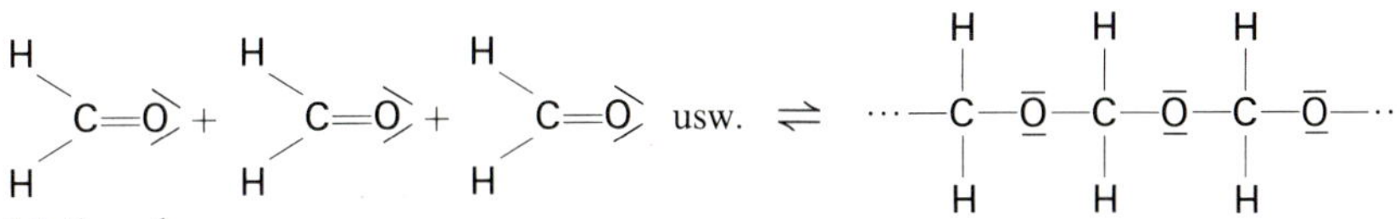

Methanal Paraformaldehyd

In Gefäßen mit Formalinlösung (Methanallösung) ist häufig ein weißer Feststoff, Paraformaldehyd, abgeschieden. *Ethanal* polymerisiert je nach Bedingungen in einer Gleichgewichtsreaktion zu dem cyclischen, trimeren *Paraldehyd* (bei RT) oder zum cyclischen, tetrameren *Metaldehyd* (bei 0 °C). Der letztere ist unter dem Namen „Meta" als Brennstoff im Handel:

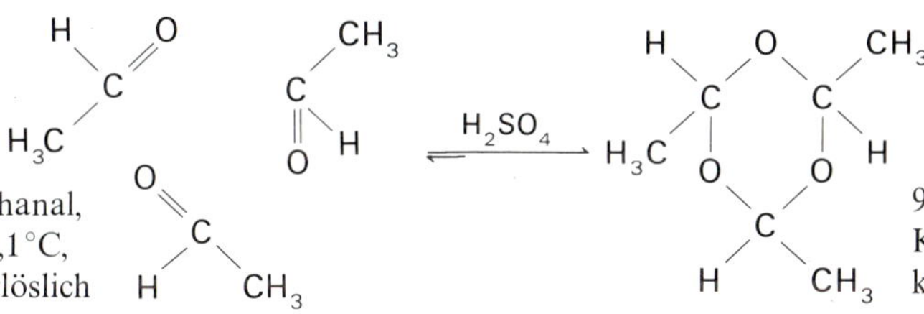

3 % Ethanal, Kp 20,1 °C, wasserlöslich

97 % Paraldehyd, Kp 124 °C, kaum wasserlöslich

Die Polymerisate depolymerisieren wieder in der Hitze; sie zeigen nicht die typischen Reaktionen der Alkanale.

8.4.2 Oxidierbarkeit (reduzierende Wirkung)

In der **C—H-Bindung der funktionellen Gruppen** ist der Alkanalwasserstoff durch die hohe Elektronegativität des O-Atoms *aktiviert:*

rote Pfeile: elektronenziehende Wirkung

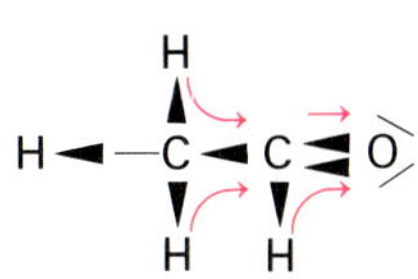

Die Alkanale sind *starke Reduktionsmittel.* Bei den Reduktionsreaktionen wird der Alkanalwasserstoff in eine OH-Gruppe übergeführt (oxidiert). Es entsteht dadurch aus der —$\overset{+I}{C}$HO-Gruppe die für die organischen Säuren charakteristische Gruppe —$\overset{+III}{C}$OOH (Kap. 10).

Beispiel:

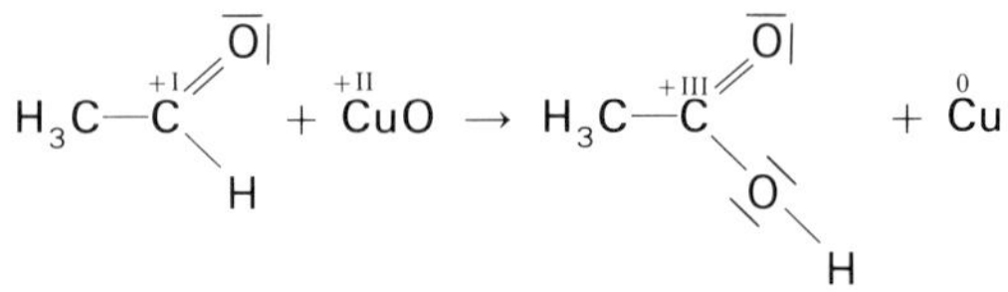

Ethanal Ethansäure

Manche dieser Reduktionsreaktionen dienen als Nachweisreaktion für Alkanale. Viele Alkanale oxidieren bereits beim Stehenlassen an der **Luft;** sie sind *luftunbeständig:*

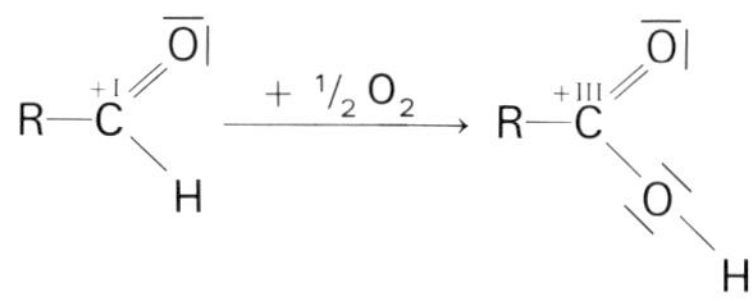

Alkanal Alkansäure

8.4.3 Nachweisreaktionen

1. **Fehling-Probe**. Alkanale fällen aus der Fehlinglösung einen roten Stoff aus, der vereinfacht als **Kupfer(I)-oxid** dargestellt wird (u. U. fällt auch Kupfer aus). Dabei werden die in der Lösung enthaltenen Cu^{2+}-Ionen vom Alkanal reduziert und die entstehenden Cu^{+}-Ionen fallen in der alkalischen Lösung als Cu_2O aus (Abb. 8.3).
Die Alkanale gehen hierbei in die entsprechenden Alkansäuren über (vgl. Kap. 10).

Ox:

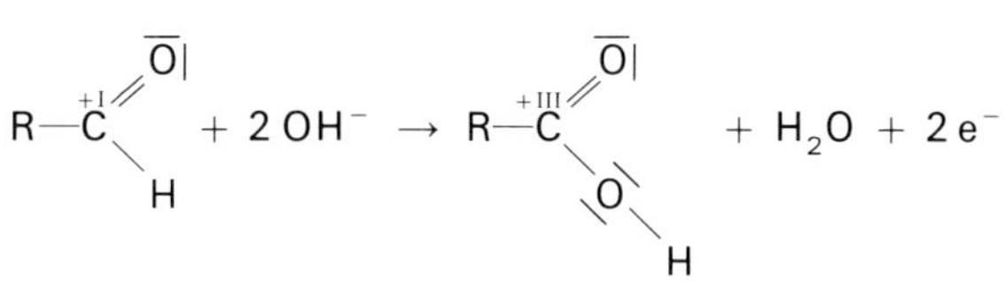

Red: $$2\,\overset{+II}{Cu}{}^{2+} + 2\,e^- + 2\,OH^- \rightarrow \overset{+I}{Cu}{}_2O + H_2O$$

Redox:

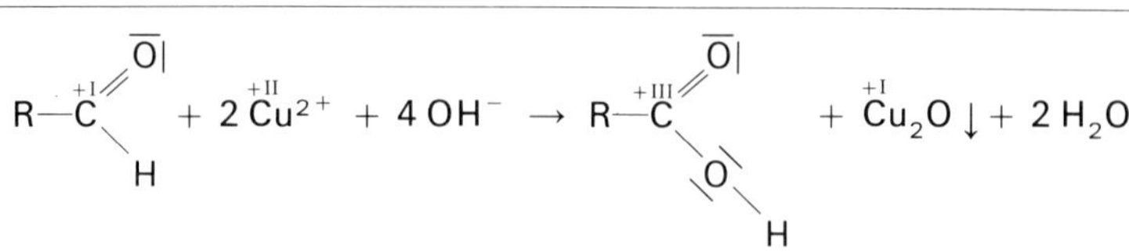

Alkanal Alkansäure

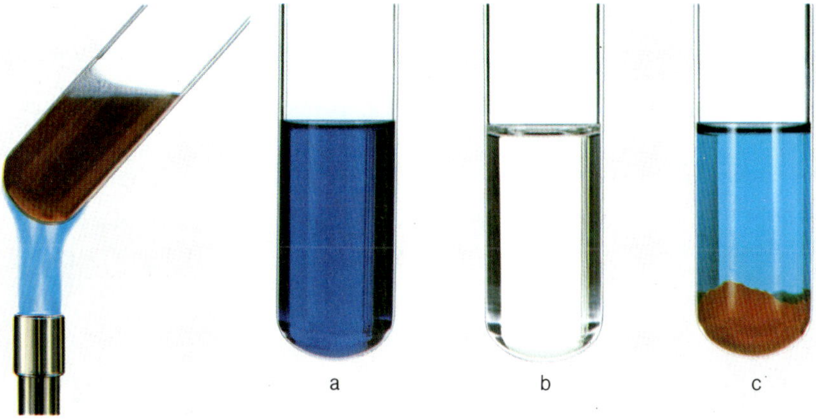

Abb. 8.3 Fehling-Probe mit einem Alkanal; links: Reaktion; rechts: a Kupferkomplexlösung b Aldehyd c Kupferoxidabscheidung nach der Reaktion

2. Silberspiegel. Aus einer ammoniakalischen Silbernitratlösung scheiden Alkanale *Silber* ab (Abb. 8.4). Die Ag^+-Ionen werden hierbei zu elementarem Silber *reduziert*, die Alkanale wieder zu Alkansäuren oxidiert (TOLLENS-Probe).

Red: $$Ag^+ + e^- \longrightarrow Ag \quad | \cdot 2$$

Redox: $$R{-}C(=\overline{O}|){-}H + 2\,Ag^+ + 2\,OH^- \longrightarrow R{-}C(=\overline{O}|){-}\overline{\underline{O}}{-}H + 2\,Ag\downarrow + H_2O$$

Alkanale sind besonders in alkalischer Lösung starke **Reduktionsmittel**; sie werden zu (Salzen der) Alkansäuren oxidiert.

3. Schiffsche Probe. Fuchsinschweflige Säure (Schiffs-Reagenz) wird bereits durch Spuren von Alkanalen rotviolett gefärbt. Die Reaktion verläuft sehr kompliziert, die Struktur der violett gefärbten Stoffe ist noch nicht geklärt.

Abb. 8.4 Silberspiegel

4. Iodoformprobe. Von den Alkanalen zeigt nur das Ethanal eine positive Iodoformreaktion, d.h. es fällt aus einer alkalischen Iodlösung **Triiodmethan (Iodoform)** aus. Die Iodoformprobe ist also keine typische Reaktion der Alkanale, sie gelingt mit denjenigen Verbindungen, die in Nachbarschaft zu einer **Carbonylgruppe** einen **Methylrest** besitzen **(Acetylgruppe):** 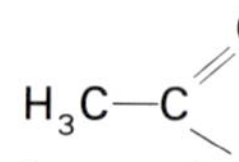 . Ethanol und auch Propanol-(2) zeigen nur deshalb eine positive Iodoformreaktion, weil sie durch das Iod zu den entsprechenden Carbonylverbindungen *oxidiert* werden.

Gesamtgleichung:

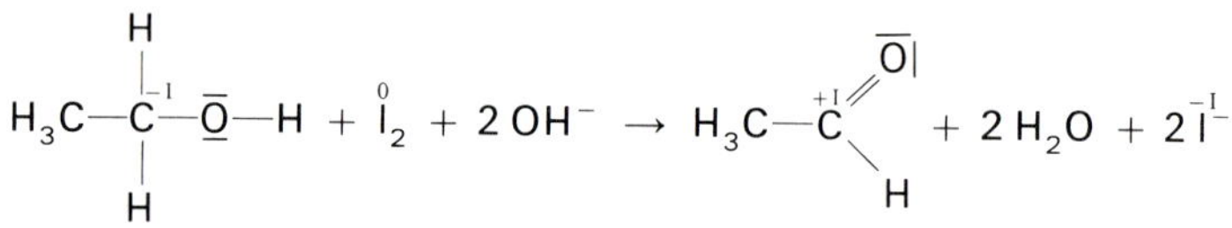

Ethanol　　　　Ethanal

Iodoformreaktion:

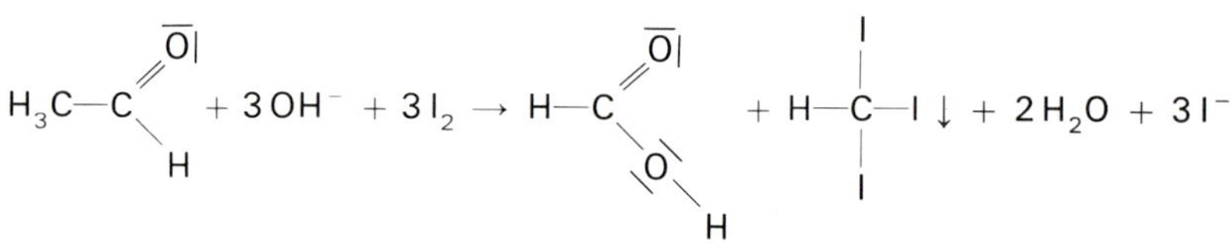

Ethanal　　　　Methansäure　　Triiodmethan

Triiodmethan fällt als gelber Stoff aus und zeigt einen charakteristischen Geruch.

8.5 Wichtige Alkanale

8.5.1 Methanal

Methanal, Formaldehyd, 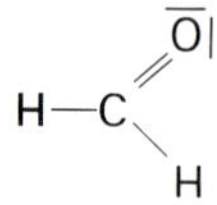 entsteht durch Oxidation von Methanoldämpfen, technisch durch Luftoxidation an glühenden Metallkontakten (z.B. Kupfer, Silber) bei 500–700 °C:

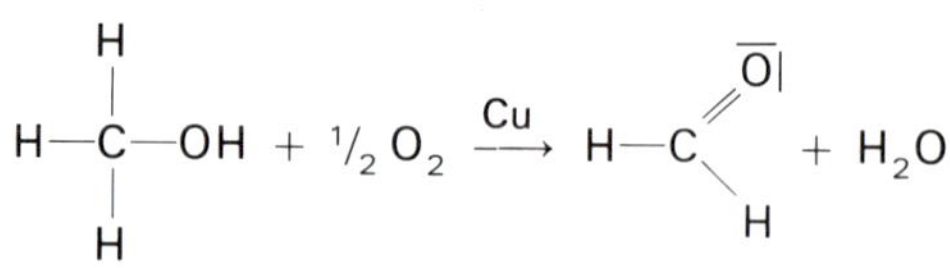

Durch weitere Oxidation geht Methanal in Methansäure (Ameisensäure, acidum formicicum) über, daher *Formaldehyd.*
Methanol ist bei Zimmertemperatur ein farbloses Gas (Kp −19,2 °C), das die Schleimhäute stark angreift. Da Methanal mit Eiweißstoffen wasserunlösliche Verbindungen gibt, die Eiweißstoffe daher ausgefällt werden, ist Methanal ein starkes Gift. Sowohl als Gas als auch in Lösung (Formalin) tötet es Bakterien (Desinfektionsmittel).
Weitere Verwendung findet das Methanal in der Lederindustrie und zur Konservierung anatomischer Präparate. Weitaus die größten Mengen benötigt die Kunststoff-, Farbstoff- und Arzneimittelindustrie für ihre Synthesen.
In Wasser ist es leicht löslich. Eine 40%ige Lösung kommt als Formalin in den Handel.

8.5.2 Ethanal

Ethanal, Acetaldehyd, 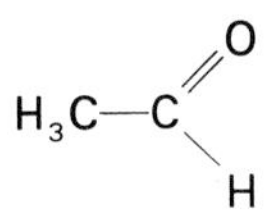 entsteht durch Oxidation von Ethanol; es oxidiert weiter (schon beim Stehenlassen an der Luft) zu Ethansäure (Essigsäure, acidum aceticum), daher *Acetaldehyd.*
Die technische Darstellung erfolgt durch katalytische **Addition** von Wasser an Ethin:

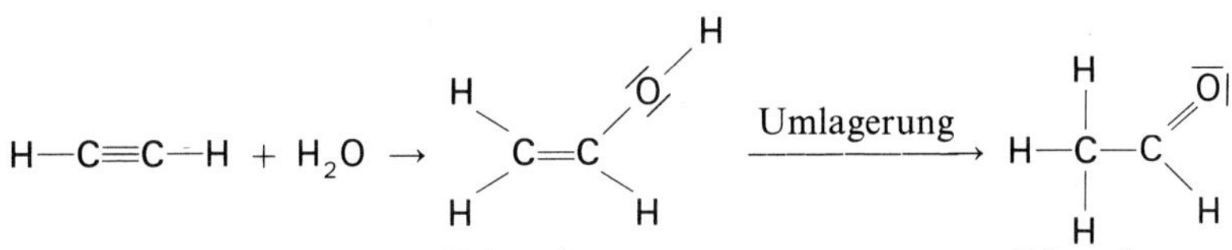

Ethin Ethenol Ethanal

Ein neueres Verfahren ist die katalytische Oxidation von **Ethen,** das als Crackprodukt des Erdöls in ausreichenden Mengen zur Verfügung steht (Tab. 4.3).

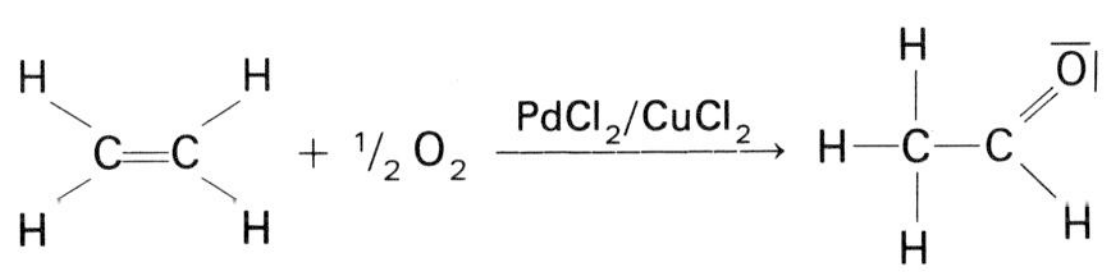

Ethen Ethanal

Ethanal ist eine farblose, flüchtige Flüssigkeit (Kp 20,1 °C), die im verdünnten Zustand obstartig, im konzentrierten aber erstickend riecht. Die Dämpfe bewirken Atemnot und Brustkrämpfe. – In Wasser ist es leicht und in beliebigen Mengen löslich.
Ethanal wird in der chemischen Industrie für viele Synthesen benötigt [Darstellung von Ethanol, Ethansäure, Propanon (Aceton), Kunststoffe].

8.5.3 Propenal

Propenal, Acrolein, $H_2C{=}CH{-}C{\overset{\overline{O}|}{\diagup}}\!\!\diagdown H$, entsteht aus Propantriol (Glycerol, Glycerin) durch wasserentziehende Mittel ($KHSO_4$):

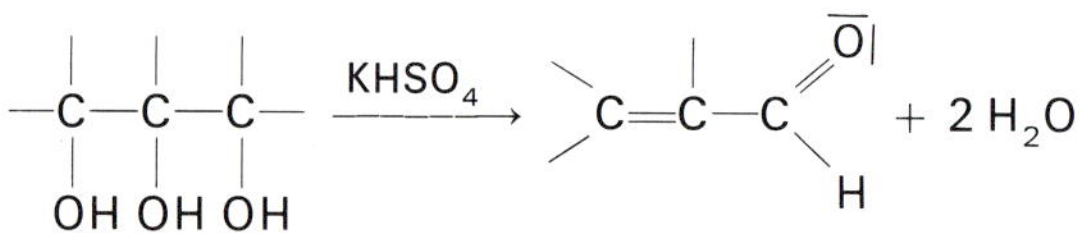

Es ist ein ungesättigtes Aldehyd (Alkenal), das einen unangenehmen stechenden Geruch hat und als Ausgangsstoff für die Herstellung von Kunststoffen dient.

Aufgaben

1. Wie kann man Propanal darstellen? – Geben Sie die Gl. an!

2. Ordnen Sie den C-Atomen folgender Verbindungen Oxidationszahlen zu: Methanol, Propanol-(1), Propanol-(2), Propanal, Methanal, 2-Methylpropanol-(2).

3. Erstellen Sie den Reaktionsmechanismus für die Reaktion von Ammoniak mit Methanal.

4. Erstellen Sie die Gl. für a) die Fehling-Probe, b) den Silberspiegel von Butanal.

5. Erstellen Sie den Reaktionsmechanismus für die Polymerisation von Methanal.

6. Welche der folgenden Stoffe zeigen eine positive Iodoformreaktion: Butanol-(2), tert. Butanol, Propanol- (2), Propanal?

7. Geben Sie die Strukturformel an für „Meta“, und machen Sie begründete Aussagen über die Löslichkeit.

8. Formulieren Sie (unter Verwendung von Oxidationszahlen) die Gl. für das System Ethandiol-(1,2)/Kaliumdichromat. Schreiben Sie Name und Struktur des organischen Produktes auf.

9 Alkanone

Versuche

Vorsicht! Propanon (Aceton) läßt sich **leicht entzünden!** Die Dämpfe bilden mit Luft **explosive** Gemische!

1. a) Zu einer angesäuerten **Kaliumdichromat-Lösung** (1 g $K_2Cr_2O_7$; 2,5 cm^3 Wasser; 1 cm^3 H_2SO_4) gibt man im Rg tropfenweise eine Mischung aus 2 cm^3 **Propanol-(2),** 1,5 cm^3 **Wasser** und 1 cm^3 **Schwefelsäure.** Anschließend wird erwärmt (Schutzbrille!). – Wie verändern sich Farbe und Geruch?

b) Man wiederholt Versuch 11, Kap. 7 mit **Propanol-(2).**

2. Die folgenden Versuche aus Kap. 8 werden jeweils mit dem Produkt aus Versuch 1b) oder **Propanon** wiederholt: a) Versuch 9: **Fehling-Probe**, b) Versuch 10: **Silberspiegelreaktion**, c) Versuch 11: **Schiffsche Probe.**

3. Man versetzt in einem Rg 5 cm^3 **Propanon** unter Eiskühlung mit der gleichen Menge einer konz. wäßrigen **Natriumhydrogensulfit-Lösung,** verschließt das Rg mit einem Stopfen und schüttelt kräftig.

4. Man wiederholt Versuch 13, Kap. 7 **(Iodoformprobe)** mit **Propanon.**

5. L. In einem großen Rg werden 10 cm^3 **Propanon**, 4 cm^3 **Wasser** und 3 cm^3 **Brom (Vorsicht, stark ätzend!** – unbedingt Schutzbrille verwenden!) umgesetzt. Man fügt noch eine Spatelspitze **roten Phosphor** hinzu und erwärmt vorsichtig (Wasserbad verwenden und unter dem Abzug arbeiten!). Nach dem Entfärben des Reaktionsgemisches prüft man vorsichtig den Geruch, indem einige Tropfen der Flüssigkeit auf eine erwärmte Unterlage (Asbestdrahtnetz) gebracht werden.

6. Propanon wird folgendermaßen untersucht:

a) Man prüft die Mischbarkeit mit **Wasser, Ethanol** und **Diethylether.**
b) Man überprüft jeweils im Rg die Löslichkeit von **Fett, Harz** und **Iod** in Propanon.

c) Man entzündet im Porzellanschälchen einige Tropfen Propanon, indem ein brennender Holzspan langsam der Flüssigkeit genähert wird.

9.1 Darstellung

Wie aus den *primären* Alkanolen mit der endständigen Gruppe $—CH_2OH$ durch **Dehydrierung** die *Alkanale* mit der *endständigen* Alkanalgruppe 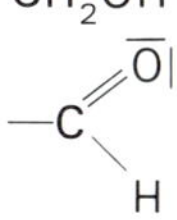 hervorgehen, so entstehen aus den **sekundären Alkanolen** mit der *mittelständigen* Hydroxylgruppe auf gleiche Weise Verbindungen mit der *mittelständigen* **Carbonylgruppe.**

So läßt sich beispielsweise **Propanol-(2)** durch geeignete Oxidationsmittel zu **Propanon oxidieren** (dehydrieren):

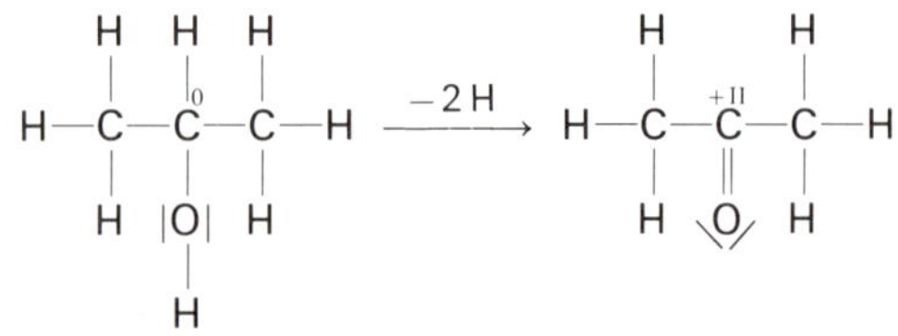

Propanol-(2) Propanon

Bei der Oxidation von Propanol-(2) mit angesäuerter Kaliumdichromat-Lösung wird die *orangefarbene* $\overset{+VI}{Cr}_2O_7$-Verbindung zur *grünen* $\overset{+III}{Cr}$-Verbindung *reduziert:*

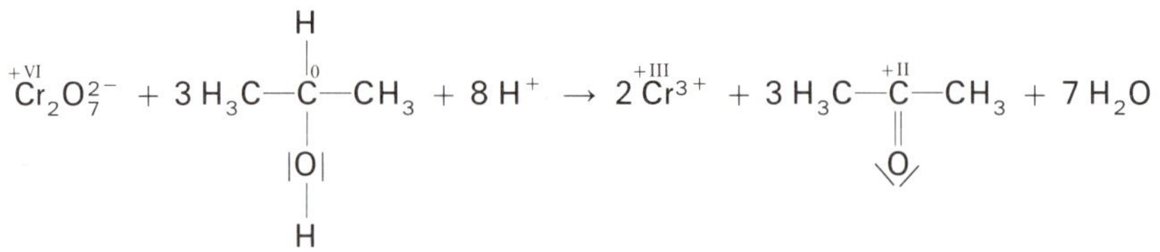

Das gebildete Propanon läßt sich am Geruch erkennen.

9.2 Nomenklatur und Bau

Die Namengebung der auf diese Weise zugänglichen Verbindungen erfolgt durch Anhängen der *Endsilbe* **-on** an den Namen des zugrunde liegenden Stammkohlenwasserstoffs. Die ganze Stoffklasse führt den Namen **Alkanone.** Die Stellung der **Oxogruppe** wird durch in Klammern nachgestellte Ziffern angegeben. Nach der älteren Nomenklatur heißen diese Stoffe **Ketone.**
Ebenso wie andere Stoffklassen (z.B. Alkanole, Alkanale) bilden auch die **Alkanone** eine **homologe Reihe.** Die allgemeine Summenformel lautet: $C_nH_{2n}O$. Die Alkanone sind somit mit den Alkanalen *isomer.*

Alkanone besitzen als funktionelle Gruppe eine zwischen zwei Alkylresten (R) gebundene Carbonylgruppe: $R_1-\underset{\underset{O}{\|}}{C}-R_2$. R_1 und R_2 können gleich oder verschieden sein.

9.3 Eigenschaften

Die Moleküle der Alkanone enthalten – wie die der Alkanale – die **funktionelle C=O-Gruppe,** es *fehlt* den Alkanonen aber der an die Carbonylgruppe gebundene *Wasserstoff.* In ihren **chemischen Eigenschaften** unterscheiden sich die Alkanone daher erheblich von den Alkanalen, z. B. haben sie *keine* reduzierenden Eigenschaften und sind gegen Oxidationsmittel beständig. Sie reagieren daher *nicht* mit

Fehling-Lösung und liefern *keinen* Silberspiegel. Auch durch fuchsinschweflige Säure lassen sich Alkanone *nicht* nachweisen.
Hingegen besitzen sie wie die Alkanale die Fähigkeit, an der C=O-Gruppe **Additionen** durchzuführen. So addiert z.B. Propanon Hydrogensulfit.
Propanon zeigt auch die *Iodoformreaktion*, da es eine Acetylgruppe $H_3C-C(=O)-$ enthält (vgl. Kap. 8.4.3).

Mit Brom reagiert Propanon leicht unter Substitution:

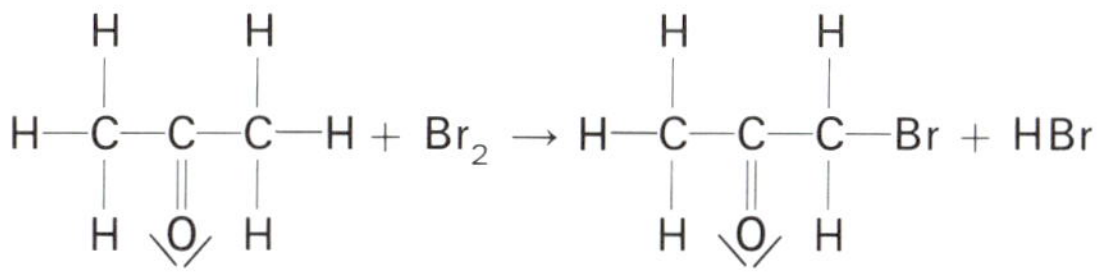

Monobrompropanon

Das gebildete Monobrompropanon stellt einen Stoff mit stark augenreizender Wirkung (Tränengas) dar.

9.4 Propanon

Propanon (Aceton, Dimethylketon, $H_3C-CO-CH_3$) ist das erste und wichtigste Glied der homologen Reihe der Alkanone. Es ist das Oxidationsprodukt des Propanol-(2) und wird technisch u.a. durch katalytische Oxidation von Propen dargestellt:

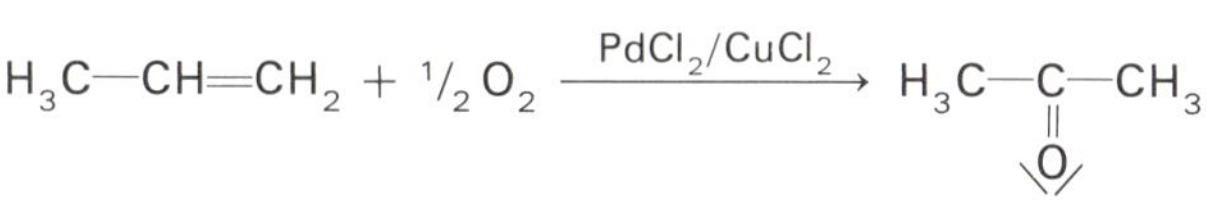

Abb. 9.1 Formeln und Modelle des Propanons a) Summenformel b) Halbstrukturformel c) Strukturformel d) Kugelstabmodell e) Kalottenmodell

a) C_3H_6O b) $H_3C-CO-CH_3$ c)

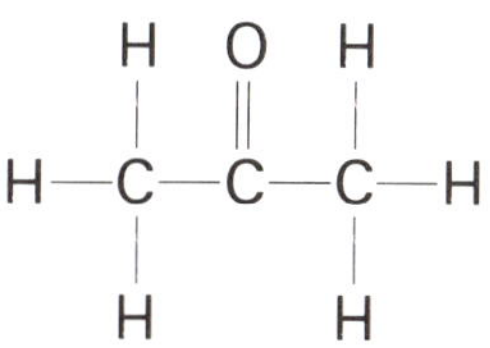

d)

e)

Propanon ist eine farblose, leicht bewegliche, leicht brennbare, angenehm riechende Flüssigkeit (Kp 56,2 °C), die sich mit Wasser, Ethanol und Diethylether in jedem Verhältnis mischt. – Propanon findet sich z. B. im rohen *Holzessig* (trockne Destillation des Holzes) und als anomales Stoffwechselprodukt vor allem im Harn der Zuckerkranken (Acetonurie).
Es ist aufgrund der *unpolaren* Methylgruppen und der *polaren* Carbonylgruppe ein ausgezeichnetes Lösungsmittel für viele *hydrophile* und *hydrophobe* Stoffe und findet daher Verwendung in der Industrie als Lösungsmittel für Ethin, Harze, Lacke, Klebstoffe u.a. Stoffe.

Aufgaben

1. Wie läßt sich Butanon darstellen?

2. Zeigt Butanon die Iodoformreaktion? – Begründen Sie!

3. Stellen Sie die Gl. mit Oxidationszahlen für die Iodoformreaktion von Propanon dar.

4. Welche Stoffe entstehen bei der Addition von Wasser bzw. Ammoniak an ein Alkanon? – Geben Sie die Strukturformel an!

5. Vergleichen Sie die Löslichkeit von Propanon und Diethylether in Wasser und begründen Sie!

6. Formulieren Sie die Halbstrukturformeln zweier dem Propanon isomere Stoffe und benennen Sie diese. Wie kann man sie experimentell vom Propanon unterscheiden (Gl.)?

7. Propanon (Kp 56,2 °C) ist mit etwas Methanol (Kp 64,5 °C) verunreinigt. Begründen Sie unter Zuhilfenahme von Gl. eine Methode, um reines Propanon zu erhalten. (Hinweis: die Destillation ist aufgrund der zu nahe zusammenliegenden Kp ausgeschlossen.)

10 Carbonsäuren und ihre Derivate

Versuche

1. Man wirft ein stark erhitztes, oberflächlich oxidiertes **Kupferdrahtnetz** in ein Rg mit a) **Methanal**, b) **Ethanal** (evtl. auftretende Flammen löschen!) und prüft die entweichenden Gase mit feuchtem **pH-Papier**. – Veränderungen des Kupferdrahtnetzes?

2. a) Frische und alte **Methanallösung** (Formalin) wird mit **pH-Papier** geprüft.
b) Man läßt **Ethanallösung** einige Tage an der Luft stehen (bis zur nächsten Unterrichtsstunde) und prüft dann mit feuchtem **pH-Papier**.

3. Folgende Säuren werden auf Geruch (Vorsicht!) und Löslichkeit in **Wasser** bzw. **Benzin** untersucht:

a) **Methansäure** (Ameisensäure), b) **Ethansäure** (Essigsäure), c) **Propansäure** (Propionsäure), d) **Butansäure** (Buttersäure, Abzug!), e) **Pentansäure** (Valeriansäure), f) **Hexadecansäure** (Palmitinsäure).

4. Im Porzellanschälchen werden einige cm^3 **konz. Ethansäure** erhitzt. Die entweichenden Dämpfe werden mit der Bunsenbrennerflamme berührt (**Vorsicht** vor Säurespritzern! Schutzbrille!).

5. Man schüttelt im verschlossenen Rg 5 cm^3 **konz. Ethansäure** mit der gleichen Menge einer **konz. Natriumhydrogensulfitlösung** und vergleicht das Versuchsergebnis mit den Ergebnissen von Versuch 3, Kap. 9 und Versuch 4, Kap. 8.

6. Man mißt den pH-Wert (pH-Meter oder Spezialindikatorpapier) von Säuren der Konzentration **1 mol/dm³**: a) **Methansäure**, b) **Ethansäure**, c) **Propansäure** und vergleicht mit dem pH-Wert von **Salzsäure**, $c(\text{HCl}) = 1\ \text{mol/dm}^3$.

7. Man versetzt in je einem Rg eine Spatelspitze a) **Magnesiumpulver**, b) **Zinkpulver**, c) **Natriumcarbonat** mit **verd. Methansäure** oder **Ethansäure** und prüft das jeweils entweichende Gas auf Brennbarkeit bzw. bei c) mit **Barytwasser** (Vorsicht, Schutzbrille!). – Man dampft die Lösungen vorsichtig ein.

8. Eine **Natriumethanat-** (= Natriumacetat-)**Lösung** wird mit **pH-Papier** geprüft.

9. a) 3 cm^3 **Ethanol** werden im Rg mit angesäuerter **Kaliumdichromatlösung** (1 cm^3 H_2SO_4 + 2 cm^3 konz. $K_2Cr_2O_7$-Lösung) versetzt und erhitzt (Schutzbrille). – Geruch? – Farbänderung? – pH-Wert (des Dampfes)?
b) In einem 100-cm^3-Rundkolben gibt man 25 cm^3 einer 5 %igen **Kaliumpermanganatlösung**, 2 cm^3 **konz. Schwefelsäure** (Schutzbrille) und 2 cm^3 95 %iges **Ethanol**, beschickt den Kolben mit einem Liebig-Kühler (vgl. Abb. 7.5) und erhitzt so lange leicht, bis sich die Lösung entfärbt. Anschließend erhitzt man stärker und destilliert einige cm^3 Lösung ab. – Das Destillat prüft man auf Geruch und pH-Wert.

10. Man wiederholt Versuch 9a) mit **Propanon** anstelle von Ethanol.

11. In zwei gut gereinigte Rg gibt man je 2 cm^3 5 %ige **Silbernitratlösung** und fügt jeweils so lange tropfenweise **Ammoniaklösung** hinzu, bis sich der gebildete Niederschlag gerade wieder löst. Anschließend fügt man etwas mit **Ammoniaklösung** neutralisierte a) **Methansäure**, b) **Ethansäure** hinzu und erwärmt erschütterungsfrei im Wasserbad.

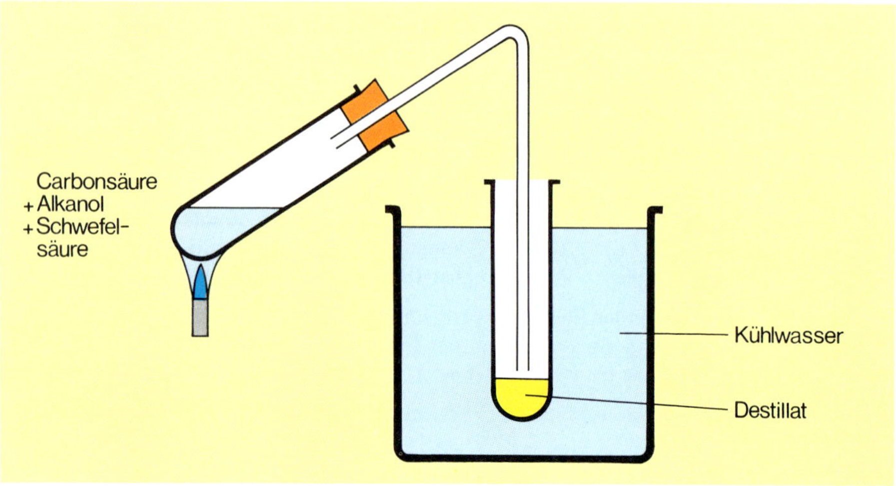

Abb. 10.1 Darstellung von Estern

12. Man stellt ein weites Rg mit einem Gemisch von 5 cm^3 **abs. Ethanol**, 5 cm^3 100%ige **Ethansäure** und 5 cm^3 **konz. Schwefelsäure** 10 Minuten in 80 °C **heißes Wasser** (großes Becherglas). Nach dem Abkühlen gibt man 10 cm^3 **Wasser** hinzu. Man beobachtet die Löslichkeit des Reaktionsproduktes und stellt den Geruch fest. (Allenfalls kann die obere, „schwimmende" Schicht durch ein Körnchen Iod sichtbar gemacht werden.)

13. Man löst etwas a) **Ölsäure** (Octadecensäure), b) **Palmitinsäure** (Hexadecansäure) in **Tetrachlormethan**, fügt einige Tropfen einer Lösung von **Brom** in **Tetrachlormethan** hinzu und schüttelt vorsichtig durch (Vorsicht! Brom ist ätzend, und Tetrachlormethan ist giftig!).

14. Man vermischt in einem Rg 2 cm^3 **Pentanol** mit 2 cm^3 **konz. Ethansäure** und gibt eine große Spatelspitze **wasserfreies Zinkchlorid** hinzu. Das Rg wird mit einem Siedestein versehen, senkrecht eingespannt und mit einem durchbohrten Stopfen und einem langen, geraden Glasrohr (50 cm lang) verschlossen. Man erhitzt das Gemisch vorsichtig und hält es über kleiner Flamme ca. 15 Minuten schwach am Sieden. – Nach dem Abkühlen fügt man zum Reaktionsgemisch 10 cm^3 **Wasser** hinzu. – Geruch? – Phasenbildung?

15. a) In einem schräg eingespannten Rg (Abb. 10.1) werden 2 cm^3 **Ethanol**, 2 cm^3 **Butansäure** (Abzug!) und 2 cm^3 **konz. Schwefelsäure** gemischt und vorsichtig zum Sieden erhitzt (Siedestein verwenden). – Man prüft das Destillat in der Vorlage auf Geruch und Löslichkeit in Wasser.

b) Man wiederholt den Versuch a) mit **Ethansäure/Butanol-(1)/konz. Schwefelsäure**.

c) Versuch a) kann mit weiteren beliebigen Carbonsäuren/Alkanol/konz. Schwefelsäure-Gemischen wiederholt werden (z. B. **Ethansäure/Pentanol**).

16. In ein Rg bringt man einige Tropfen **Ethansäureethylester**, fügt 3 cm^3 10%ige **Natronlauge** hinzu und verschließt das Rg mit einem Stopfen. Man schüttelt kräftig um, läßt einige Zeit stehen und prüft dann den Geruch. – Wenn der Ethansäureethylestergeruch verschwunden ist, gibt man einige Tropfen **konz. Schwefelsäure** zu (Vorsicht!) und erhitzt das Rg vorsichtig (Schutzbrille!). – Geruch?

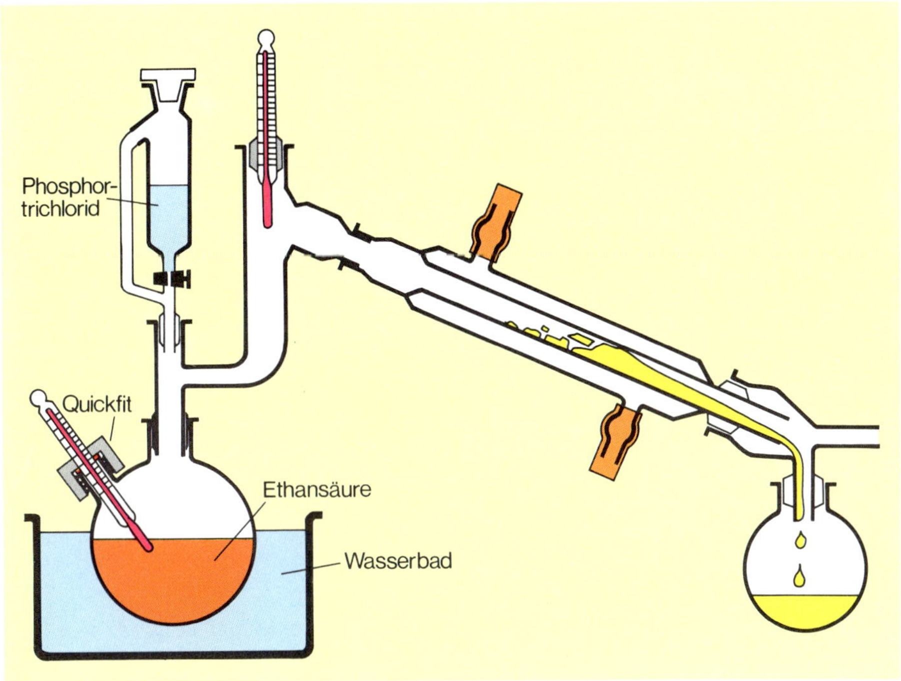

Abb. 10.2 Reaktion von Phosphortrichlorid mit Ethansäure

17. L. a) Unter dem Abzug werden zu $50\,cm^3$ 100%iger **Ethansäure** vorsichtig $25\,cm^3$ **Phosphortrichlorid** getropft (Abb. 10.2). Auf dem Wasserbad wird leicht erhitzt (40 °C), so daß sich das Reaktionsgemisch trennt. Nach Beendigung der Gasentwicklung destilliert man die obere Phase ab (Kp. 52 °C).
b) Von dem Destillat tropft man $2\,cm^3$ auf $10\,cm^3$ **Wasser** (Vorsicht!). – Das entweichende Gas prüft man mit **pH-Papier**, die wäßrige Lösung wird mit **konz. Natriumcarbonatlösung** neutralisiert und mit **Eisen(III)-chloridlösung** versetzt.

18. Man versetzt im Rg etwas **Milchsäure** (2-Hydroxypropansäure) bis zur alkalischen Reaktion mit **Natronlauge** (Vorsicht!) und führt dann die **Iodoformprobe** durch (V. 13, Kap. 7).

Abb. 10.3 Nachweis der optischen Aktivität

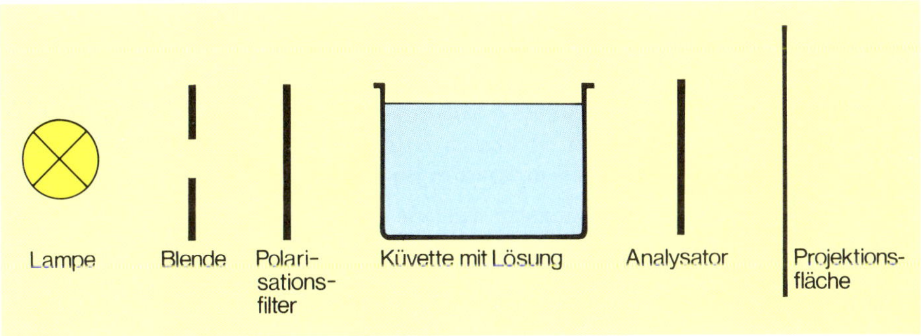

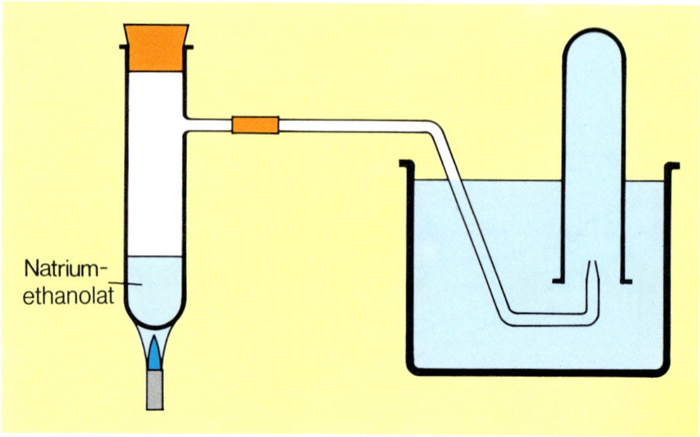

Abb. 10.4 Darstellung von Natriumoxalat (Natriumethandiat)

19. L. Eine Küvette mit einer Lösung von **L-(+)-Weinsäure** wird in den Strahlengang von polarisiertem Licht gebracht (Polarisationsfilter verwenden). Mit Hilfe eines zweiten Polarisationsfilters wird die Polarisationsebene des Lichtes vor und hinter der Küvette bestimmt (Abb. 10.3).

20. L. Man stellt obenstehende Apparatur (Abb. 10.4) zusammen und erhitzt in dem Rg 2 Löffel **Natriummethanat** (= Natriumformiat). Nach Entweichen der Luft wird das entstehende Gas pneumatisch aufgefangen und auf seine Brennbarkeit untersucht (Vorsicht, Schutzbrille!). Das Erhitzen wird beendet, wenn das Salz nach anfänglichem Schmelzen und Aufschäumen fest geworden ist. Der abgekühlte Rückstand wird in Wasser gelöst und wie die Oxalsäure-Lösung in Versuch 21 untersucht.

21. Man versetzt **Calciumchlorid-Lösung** mit einer **Oxalsäure-Lösung** (= Ethandisäure). – Wie verhält sich der Niederschlag a) gegen **Salzsäure**, b) gegen **Ethansäure**?

22. Oxalsäure-(Ethandisäure-)Lösung wird tropfenweise so lange mit **Kalilauge** versetzt, bis sich der entstehende Niederschlag wieder löst (Vorsicht! Schutzbrille!).

23. Man gibt in ein Rg etwa 1 cm hoch gelbes **Eisen(II)-oxalat-dihydrat** und erhitzt allmählich immer stärker. Nach 1–2 Minuten läßt sich an der Mündung des Rg ein Gas entzünden, das mit blauer Flamme brennt. (Wenn das Gas nicht entzündet wird, muß **unbedingt im Abzug** gearbeitet werden.) Die Reaktion ist beendet, wenn die Flamme wieder erlischt. Das entstandene schwarze Pulver schleudert man danach im Bogen aus dem Rg auf eine feuerfeste Unterlage.

24. In einem Rg mischt man ca. 4 g **Maleinsäure** (Butendisäure) mit 2 g **Ethandiol**, fügt einen Siedestein und einen Tropfen **konz. Schwefelsäure** hinzu und erwärmt das Rg über kleiner Flamme (Vorsicht! Schutzbrille!). – Man entnimmt zu Beginn und nach 10 Minuten etwas Reaktionsgemisch und prüft die Löslichkeit in Wasser. – Man untersucht auch die Konsistenz des Reaktionsproduktes nach mehreren Tagen.

25. Eine Lösung von 1 cm^3 **Sebacinsäuredichlorid** (= Decandisäuredichlorid) in 50 cm^3 **Tetrachlorethylen** (Tetrachlorethen) wird in einem hohen 100-cm^3-Becherglas mit einer Lösung von 1 g **Hexamethylendiamin** und 1 g **Natriumhydroxid** in 25 cm^3 **Wasser** äußerst vorsichtig überschichtet (Abzug!). An der Grenzschicht beider Phasen bildet sich eine Haut, die mit einer Pinzette angefaßt, zu einem Faden ausgezogen und aufgewickelt werden kann.

10.1 Alkanmonocarbonsäuren

10.1.1 Darstellung

Die **Oxidation** von **Alkanalen** (wie auch von **primären Alkanolen**) führt zu Verbindungen, die *saure* Eigenschaften besitzen, und die daher als **Alkansäuren** bezeichnet werden. So reagiert Kupferoxid mit Methanal oder Ethanal unter Bildung von Methan- bzw. Ethansäure:

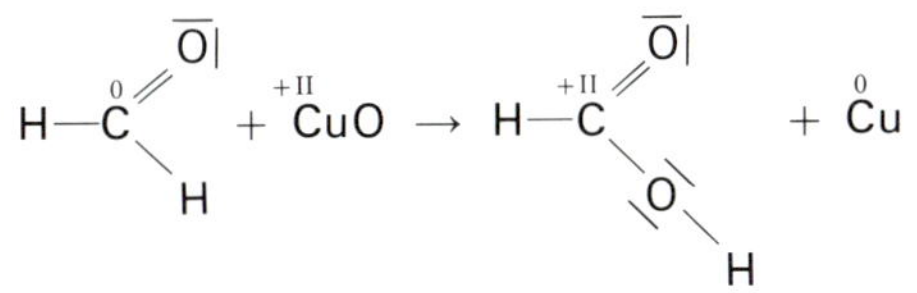

Methanal Methansäure

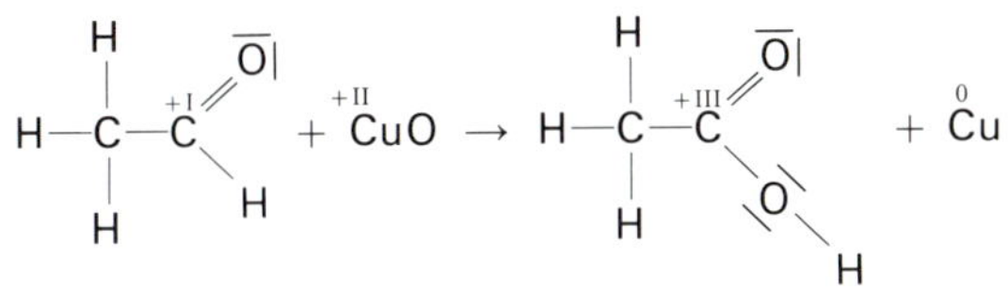

Ethanal Ethansäure

Alkanale werden auch bereits durch *Luftsauerstoff* langsam zu den Säuren oxidiert.

10.1.2 Bau und Nomenklatur

Organische Säuren (Carbonsäuren) sind gekennzeichnet durch die **funktionelle Gruppe**

Die funktionelle Gruppe enthält eine **Carb**onyl- und eine Hydr**oxyl**gruppe. Daher führt die COOH-Gruppe den (zusammengefaßten) Namen **Carboxylgruppe**.

Carbonsäuren, die aus den Kohlenwasserstoffen der Alkanreihe durch Oxidation hervorgehen, heißen **Alkansäuren**. Je nach Anzahl der —COOH-Gruppen unterscheidet man zwischen Monocarbonsäuren (Alkanmonosäuren), Dicarbonsäuren (Alkandisäuren) usw. Die Moleküle der Alkansäuren bestehen aus zwei Teilen: der **Carboxylgruppe** und dem **Alkylrest** (Abb. 10.5). In beiden Teilen der Moleküle sind chemische Reaktionen möglich.

Da einige Alkansäuren an der Bildung der Fett-Moleküle beteiligt sind, bezeichnet man die Alkansäuren auch als **Fettsäuren** und die ganze Gruppe der bisher betrachteten Verbindungen (Kohlenwasserstoffe bis Alkanale) als (Fettkörper oder) **aliphatische Verbindungen**.
Die Alkansäuren bilden eine **homologe Reihe** (Tab. 10.1).

a) $C_2H_4O_2$ b) $H_3C—COOH$ c) 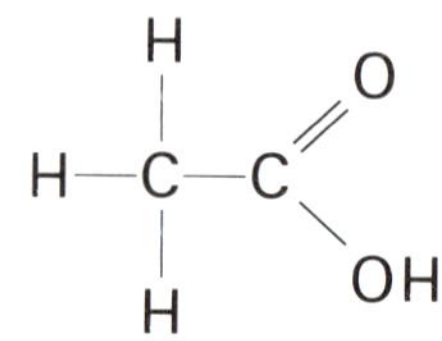

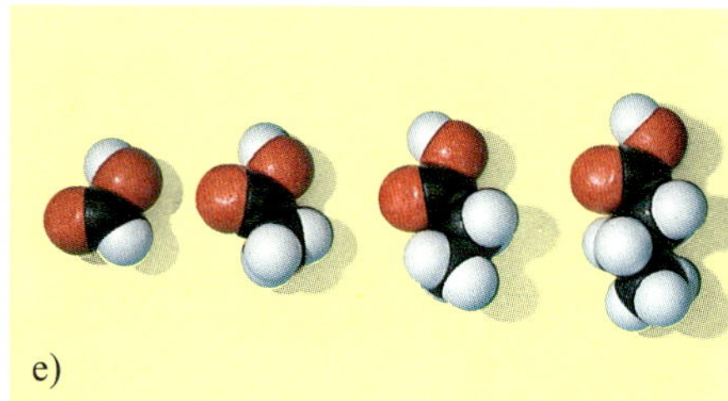

Abb. 10.5 Formeln und Modelle der Ethansäure a) Summenformel b) Halbstrukturformel c) Strukturformel d) Kugel-Stab-Modell e) Kalotten-Modelle von Methansäure, Ethansäure, Propansäure, Butansäure

Tabelle 10.1 Alkanmonosäuren

Systematischer Name	Trivialname	Formel	Smp (°C)	Kp (°C)	Löslichkeit in H_2O (in Vol.-%)
Methansäure	Ameisensäure	$H—COOH$	+ 8	100,5	∞
Ethansäure	Essigsäure	$H_3C—COOH$	+16,6	118,1	∞
Propansäure	Propionsäure	$H_3C—CH_2—COOH$	−22	141	∞
Butansäure	Buttersäure	$H_3C—(CH_2)_2—COOH$	− 6	164	∞
Pentansäure	Valeriansäure	$H_3C—(CH_2)_3—COOH$	−34,5	187	3,7
Hexansäure	Capronsäure	$H_3C—(CH_2)_4—COOH$	− 1,5	205	0
Octansäure	Caprylsäure	$H_3C—(CH_2)_6—COOH$	+16	237	0
Hexadecansäure	Palmitinsäure	$H_3C—(CH_2)_{14}—COOH$	+63	—	0
Octadecansäure	Stearinsäure	$H_3C—(CH_2)_{16}—COOH$	+70	—	0
allgemein:					
Alkansäuren	**Fettsäuren**	$C_nH_{2n+1}—COOH$			

10.1.3 Physikalische Eigenschaften

Die **Siedepunkte** der Alkansäuren steigen regelmäßig mit zunehmender Anzahl der C-Atome (Tab. 10.1). Sie liegen noch höher als diejenigen der Alkanole mit vergleichbarer Molekülmasse. Untersuchungen haben gezeigt, daß die Ursache hierfür in einer **Dimerisierung** liegt: Zwei Moleküle lagern sich jeweils durch **Wasserstoffbrückenbindungen** zu Doppelmolekülen zusammen, sie **assoziieren**:

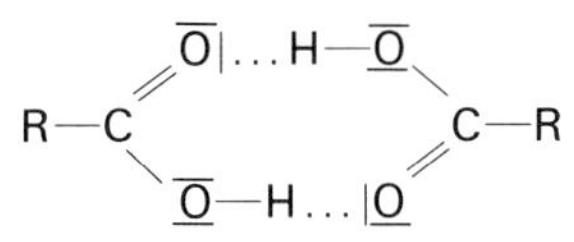

Bestimmungen der molaren Masse bei flüssigen Alkansäuren bzw. bei Lösungen in unpolaren Lösungsmitteln ergeben daher auch einen doppelt so großen Wert wie bei überhitztem Dampf. Die Molekülpaare trennen sich erst in der Gasphase (z. T. wie bei Ethansäure erst im überhitzten Zustand) und in polaren Lösungsmitteln wie z. B. Wasser:

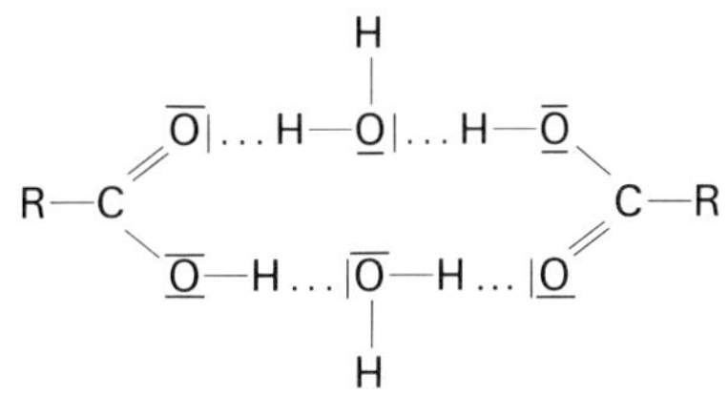

Die **Schmelzpunkte** zeigen gewisse Unregelmäßigkeiten; die Schmelzpunkte der Homologen mit ungerader C-Atomzahl liegen deutlich unter den geradzahligen (Tab. 10.1). Diese Erscheinung hängt zusammen mit einer besseren Kristallisierbarkeit der geradzahligen Alkansäuren, die symmetrisch und dichter gepackt werden.

Die **Löslichkeitsverhältnisse**. Die Alkansäuren sind – soweit sie überhaupt in Wasser löslich sind – noch löslicher als die entsprechenden Alkanole; die —COOH-Gruppe ist stärker *hydrophil* als die alkoholische Hydroxylgruppe.

Sämtliche Alkansäuren sind in *organischen* Lösungsmitteln gut löslich.
Die ersten *vier* Glieder der Alkansäurereihe sind farblose, leicht bewegliche *Flüssigkeiten* mit stechendem bzw. unangenehmem Geruch, die *mittleren* haben *ölige* Beschaffenheit, die höheren (ab C_{10}) sind *feste*, paraffinähnliche Stoffe, bei denen die **—COOH-Gruppe** das physikalische Verhalten der C-Kette kaum noch beeinflußt.

10.1.4 Chemische Reaktionen

Die niederen Alkansäuren sind **brennbar** und verbrennen zu Kohlendioxid und Wasser. Die typischen Reaktionen der **Carbonylgruppe** sind bei den Alkansäuren nicht ausgeprägt. Sie zeigen wenig Tendenz zu *Additionen*, was mit der Mesomeriestabilisierung des Anions zu erklären ist (s. u.). Dagegen treten die Eigenschaften der **Hydroxylgruppe** in den Vordergrund und bestimmen das Reaktionsvermögen der Alkansäuren.

10.1.4.1 Säurestärke (Acidität)

Dic Alkan**mono**carbonsäurcn sind **cinprotonigc Säurcn**. In rcincm Zustand liegen sie undissoziiert vor, H^+-Ionen werden erst in wäßriger Lösung abgespalten. Während die alkanolische Hydroxylgruppe nur gegenüber starken Basen H^+-

Ionen abgibt, ist die **OH-Gruppe** der Carbonsäuren durch die Wirkung der Carbonylgruppe so **stark polarisiert**, daß sie bereits gegenüber Wasser als Säure wirkt:

→ elektronenziehende Wirkung

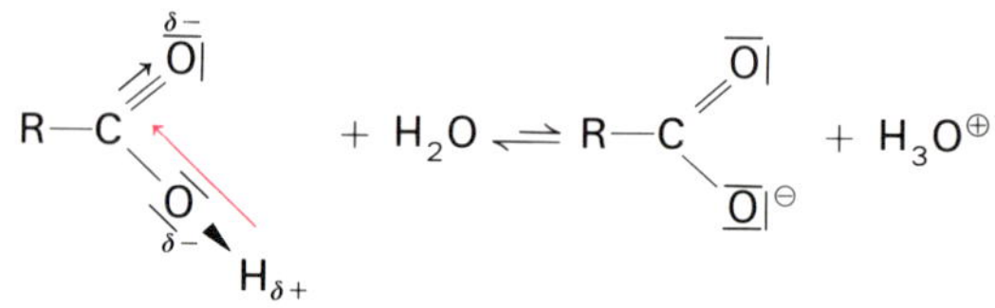

Carbonsäure   Carboxylat-Ion (Alkanat-Ion)

Das **Säureanion** besitzt **mesomere Grenzstrukturen**, wodurch die negative Ladung **delokalisiert** (verteilt) wird.

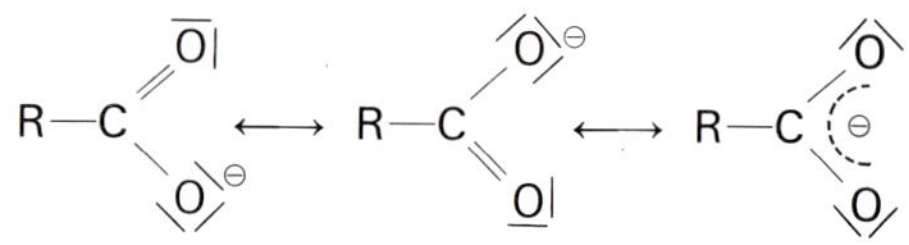

Diese Tatsache führt zu einer **Stabilisierung** des Carboxylations, es ist **mesomeriestabilisiert**. Die Stabilität des Säureanions verstärkt damit auch noch das Bestreben der Carbonsäuren, H^+-Ionen abzuspalten.
Die Alkansäuren sind mittelstarke (Methansäure) bis schwache Säuren (Tab. 10.2). Die **Säurestärke** *nimmt* mit zunehmender Länge des Alkylrestes *ab*, da die elektronenschiebende Wirkung (positiver induktiver Effekt = +I-Effekt) der Alkyle zunimmt.

10.1.4.2 Salzbildung

Die Alkansäuren reagieren mit unedlen Metallen unter Wasserstoffentwicklung zu den entsprechenden **Salzen:**

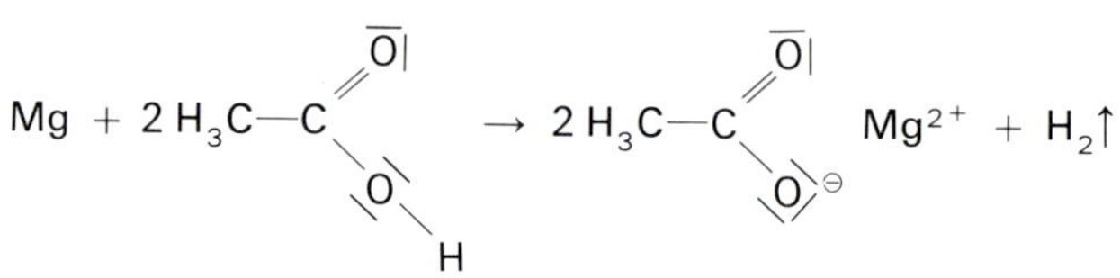

Auch aus Metalloxiden und Metallhydroxiden lassen sich Salze erhalten. Die Salze der Alkansäuren (Carbonsäuren) werden als **Alkanate** (Carboxylate) bezeichnet, wobei an den Stammnamen des Alkans die **Endung -at** angefügt wird. Die älteren Trivialbezeichnungen leiten sich von den Trivialnamen der Säuren ab (Tab. 10.1 u. 10.2).
Die **Alkalisalze** sind gut wasserlöslich. Sie **protolysieren** und zeigen als Salze von starken Basen und schwachen Säuren **alkalische Reaktion**:

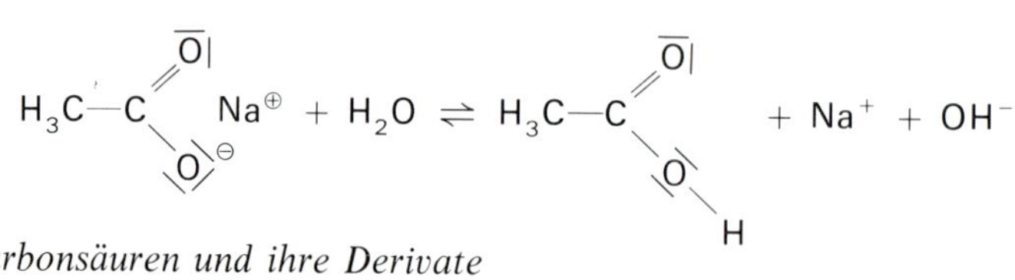

Tabelle 10.2 Alkansäuren: Säurestärke und Salzbezeichnung

Säurename (systematisch)	K_s	pK_s	Salzbezeichnung (systematisch)	Salzbezeichnung (trivial)
Methansäure	$1{,}7 \cdot 10^{-4}$	3,77	Methanat	Formiat[1]
Ethansäure	$1{,}74 \cdot 10^{-5}$	4,76	Ethanat	Acetat[2]
Propansäure	$1{,}32 \cdot 10^{-5}$	4,88	Propanat	Propionat
Butansäure	$1{,}51 \cdot 10^{-5}$	4,82	Butanat	Butyrat
Pentansäure	$1{,}55 \cdot 10^{-5}$	4,81	Pentanat	Valerat
Hexansäure	$1{,}41 \cdot 10^{-5}$	4,85	Hexanat	Capronat
Octansäure	$1{,}41 \cdot 10^{-5}$	4,85	Octanat	Caprylat

10.1.4.3 Redoxreaktionen

Alkansäuren lassen sich aufgrund der verminderten Additionsfähigkeit der Carbonylgruppe schwerer hydrieren (reduzieren) als die Alkanale und Alkanole. Sie stellen mit Ausnahme der Methansäure die **Endstufe der Oxidation** von primären Alkanolen dar. Methansäure kann noch weiter bis zum Kohlendioxid oxidiert (dehydriert) werden. Sekundäre Alkanole lassen sich nur bis zu den Alkanonen oxidieren, während tertiäre Alkanole nicht unzersetzt oxidierbar sind.

Oxidationsreihe des Methanols:

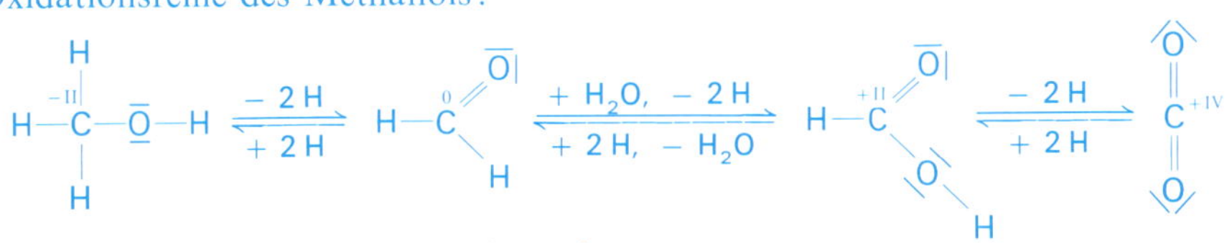

Oxidationsreihe der primären Alkanole:

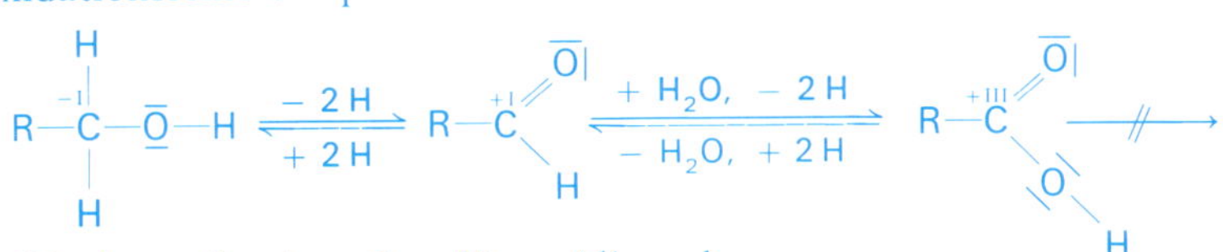

Oxidationsreihe der sekundären Alkanole:

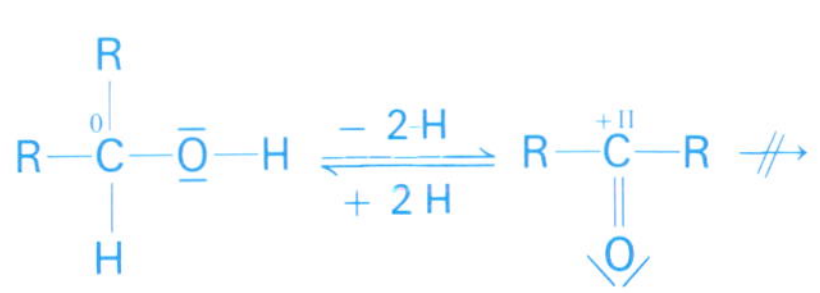

keine Oxidation der tertiären Alkanole:

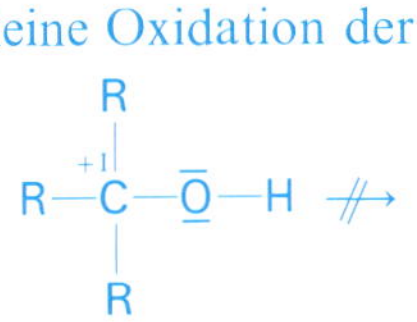

---

1 Nach: acidum formicicum = Ameisensäure.
2 Nach: acidum aceticum = Essigsäure.

Durch ammoniakalische Silbersalzlösung läßt sich Methansäure oxidieren, so daß sie im Gegensatz zu Ethansäure eine positive Silberspiegelreaktion zeigt.

10.1.4.4 Esterbildung

Die **Hydroxylgruppe** kann bei den Alkansäuren in vielfältiger Weise **nucleophil substituiert** werden. So reagieren die organischen Säuren analog den anorganischen mit Alkanolen zu den **Carbonsäureestern**.

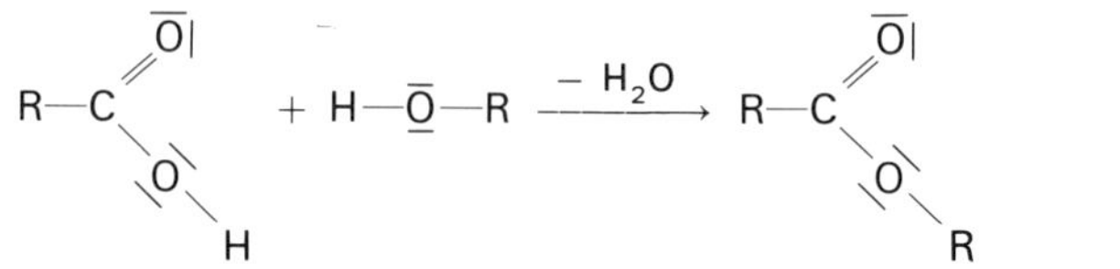

Alkansäure Alkanol Alkansäurealkylester

Das Sauerstoffatom des abgespaltenen Wassers stammt, wie man durch Markierungen mit dem radioaktiven Isotop ^{18}O nachweisen kann, aus der Alkansäure und nicht aus dem Alkanol:

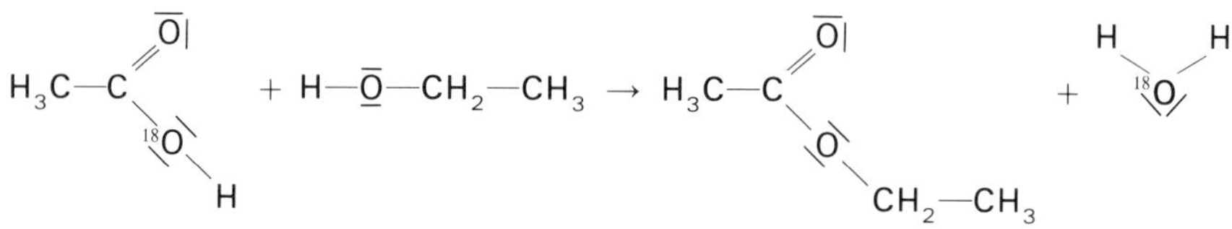

Durch die Anwesenheit starker Säuren (H_2SO_4) wird die Reaktion katalysiert.

Für die **säurekatalysierte Veresterung** von Ethanol mit Ethansäure läßt sich folgender Mechanismus formulieren:

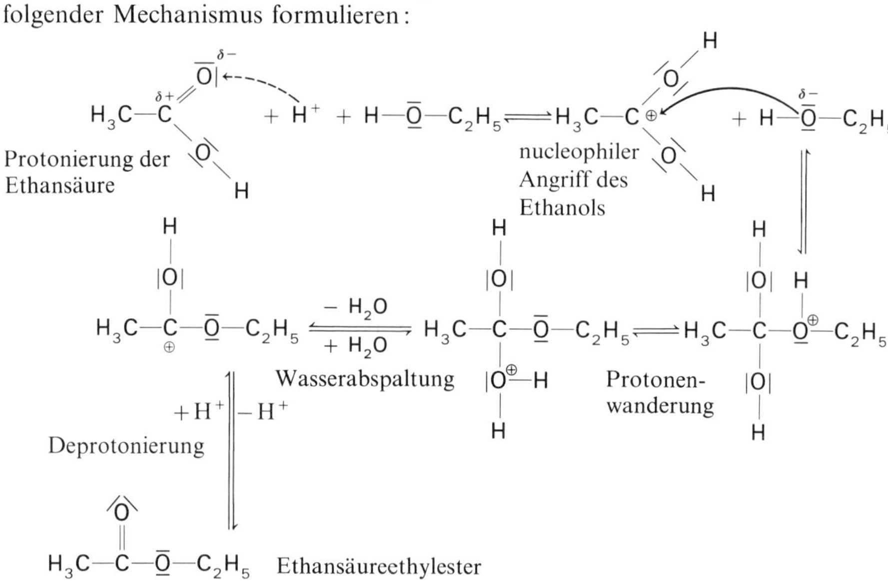

Der entstehende Ester ist an seinem typischen süßlichen Geruch und der geringen Löslichkeit in Wasser zu erkennen (vgl. Kap. 10.3.1.2).

10.1.5 Wichtige Vertreter

10.1.5.1 Methansäure

Die **Methansäure, Ameisensäure**, HCOOH, ist durch Oxidation des *Methanols* oder des *Methanals* herstellbar. Technisch gewinnt man sie aus Natriumhydroxid und Kohlenmonoxid:

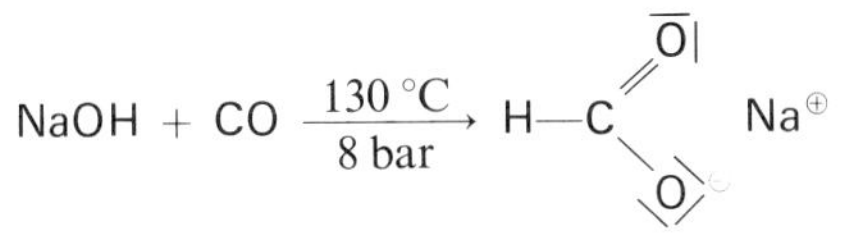

Natriummethanat

Aus ihren Salzen läßt sie sich durch Schwefelsäure verdrängen:

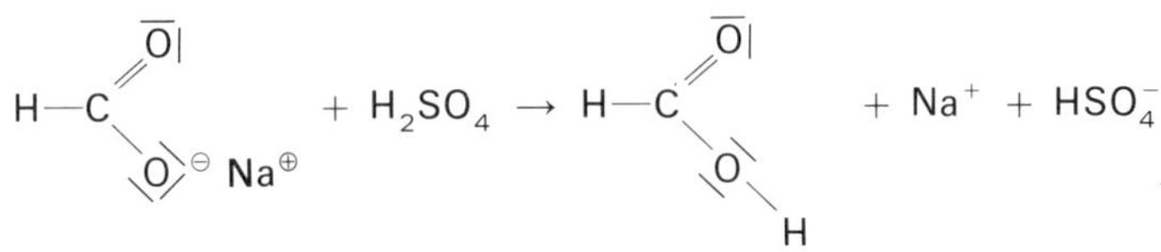

Eigenschaften. Die Methansäure ist eine farblose Flüssigkeit, die sich im Wasser in jedem Verhältnis löst und stark sauer reagiert. Sie ist eine stärkere und schwerer flüchtige Säure als die Kohlensäure und vertreibt daher diese aus den Carbonaten:

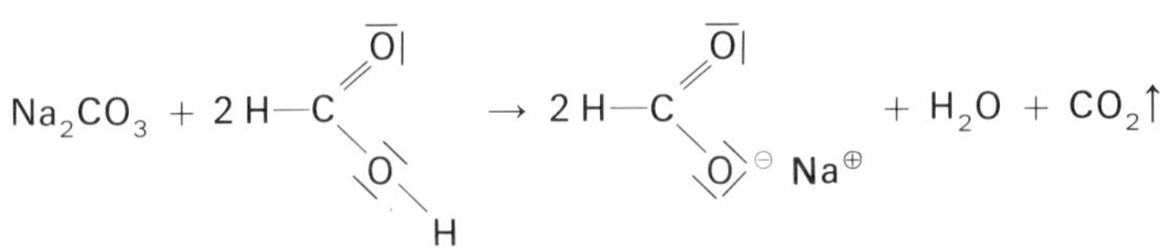

Sie riecht stechend und wirkt ätzend, auf der Haut schmerzhafte Bläschen erzeugend. Ihren Namen Ameisensäure verdankt sie dem Umstand, daß man sie zuerst durch Destillation von Ameisen (Formica rufa) erhielt, in deren Giftdrüsen sie sich als Abwehrmittel befindet.

Da Methansäure im Gegensatz zu den höheren Homologen ein Carbonyl-H-Atom besitzt, kann man neben dem Säurecharakter auch Eigenschaften eines Alkanals erwarten. So läßt sie sich noch weiter **oxidieren**. Diese Erscheinung wird zum Nachweis der Methansäure verwendet: sie reduziert Silberionen zu metallischem Silber (Silberspiegel), entfärbt eine violette Kaliumpermanganatlösung und reduziert orangefarbenes Dichromat zu grünen Chrom(III)-Verbindungen.

Die Methansäure wird wie ihre Salze durch konz. Schwefelsäure zersetzt:

$$H{-}COOH \rightarrow CO\uparrow + H_2O$$

Methansäure wird zum Desinfizieren und Konservieren von Speisen verwendet.

10.1.5.2 Ethansäure

Darstellung. Die **Ethansäure**, **Essigsäure**, CH_3COOH, ist durch Oxidation des *Ethanols* oder des *Ethanals* herstellbar.

$$3\,H_3C{-}\overset{-I}{C}H_2OH + 2\,\overset{+VI}{Cr_2}O_7^{2-} + 16\,H^+ \longrightarrow 3\,H_3C{-}\overset{+III}{C}OOH + 4\,\overset{+III}{Cr^{3+}} + 11\,H_2O$$

Früher wurde Ethansäure technisch bei der **trocknen Destillation von Holz** aus dem „Holzessig“ gewonnen. Ein neueres Verfahren ist die Darstellung aus Methanol und Kohlenmonoxid unter Hochdruck an cobalthaltigen Katalysatoren:

$$H_3C{-}OH + CO \xrightarrow[500\,\text{bar},\ 250\,°C]{\text{Kat.}} H_3C{-}COOH$$

Für Speisezwecke wird Ethansäure durch **„Essigsäuregärung“** aus ethanolischen Lösungen mit Hilfe von Bakterien erhalten (Abb. 10.6). Ethansäure ist die älteste der Menschheit bekannte Säure; sie wird bereits im Alten Testament erwähnt.

Eigenschaften. Die wasserfreie Ethansäure ist eine farblose, durchdringend „essigsauer“ riechende Flüssigkeit, die stark *Wasser anzieht* und sich mit ihm in jedem Verhältnis vermischt. Die reine Säure erstarrt bei 16,5 °C zu großen, eisähnlichen Kristallblättern: **Eisessig**. Eine wäßrige Lösung von 3–10% findet im Haushalt als Speiseessig Verwendung.

Verwendung. Abgesehen von der Verwendung im Haushalt dient die Säure zur Herstellung von *Beizen* für die Färberei (Aluminium-, Blei-, Eisen-, Chromacetat u.a.). Sie ist der Ausgangsstoff für eine Reihe von Farbstoffen (Indigo), Arzneimitteln (Aspirin) und Riechstoffen, von Estern (vgl. Kap. 10.3.1.2) in der Lack-, Parfüm- und Genußmittelindustrie, von Propanon, Kunstseide und anderen Verbindungen.

10.1.5.3 Propansäure, Butansäure und höhere Homologe

Propansäure, Propionsäure, C_2H_5COOH, stellt man technisch aus Ethen und Kohlenmonoxid her:

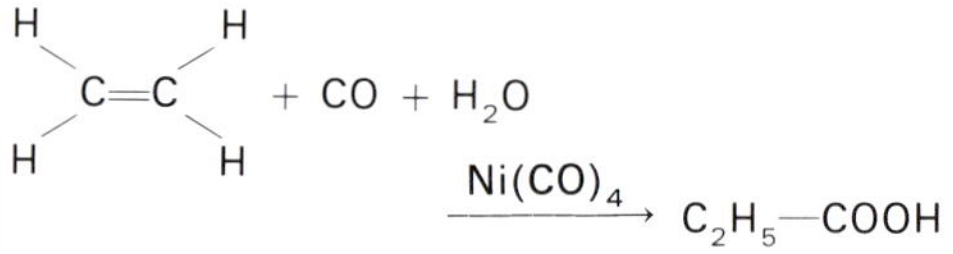

Sie dient zur Herstellung von Lösungsmitteln, Aromastoffen (Estern), Parfüms und Kunststoffen.

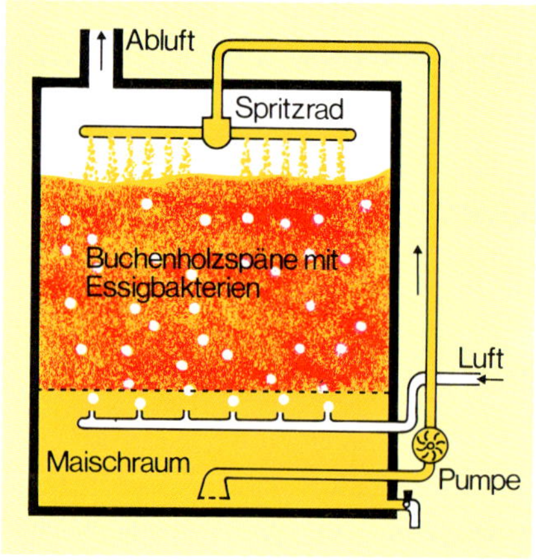

Abb. 10.6 Herstellung von Essigsäure durch Essigsäuregärung

Butansäuren, Buttersäuren, C_3H_7—COOH. Reine Butansäure stellt eine unangenehm riechende Flüssigkeit dar. Von den beiden isomeren **Butansäuren** kommt die **Gärungsbuttersäure** $H_3C—CH_2—CH_2—COOH$, im Schweiß, Dickdarminhalt, Käse und in ranziger Butter frei vor. In der frischen Butter, im Lebertran und im Öl mancher Doldenblütler findet sie sich mit Propantriol verestert. Die Butansäure bildet sich bei dem Reifungsvorgang verschiedener Käsearten durch den Bacillus butyricus, ferner im Sauerkraut und in sauren Gurken.

Hexadecansäure, Palmitinsäure, $C_{15}H_{31}$—COOH, und **Octadecansäure**, Stearinsäure, $C_{17}H_{35}$—COOH, sind feste weiße Stoffe. Sie kommen, mit Propantriol verestert, als Hauptbestandteile der festen Fette vor, aus denen sie durch den Verseifungsprozeß gewonnen werden. Sie sind wichtige Ausgangsstoffe für die Seifenherstellung (vgl. Kap. 11).

10.2 Ungesättigte Monocarbonsäuren (Alkenmonocarbonsäuren)

Die **ungesättigten Monocarbonsäuren** sind gekennzeichnet durch das Vorhandensein von (mindestens) einer **C=C-Doppelbindung** im Molekül. Der einfachste Vertreter muß sich deshalb von einem ungesättigten Kohlenwasserstoff mit drei C-Atomen ableiten:

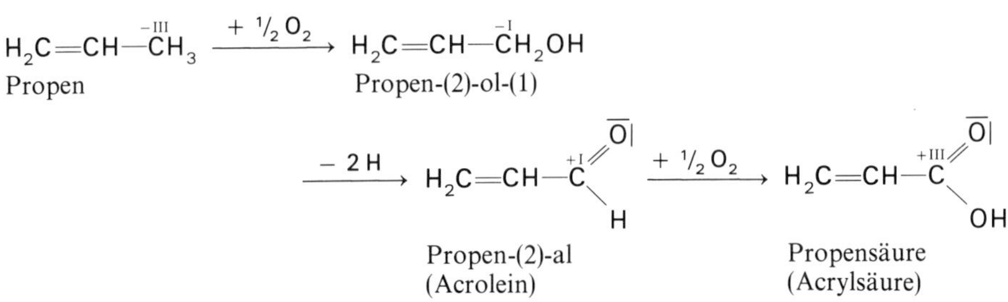

Propen — Propen-(2)-ol-(1) — Propen-(2)-al (Acrolein) — Propensäure (Acrylsäure)

Charakteristisch für die ungesättigten Carbonsäuren ist die Fähigkeit zur **Addition** von Brom oder Iod.

Zu den ungesättigten Monocarbonsäuren gehören

a) die farblose, flüssige **Ölsäure** [Octadecen-(9)-säure]:

$$C_{17}H_{33}\text{—COOH} \quad \text{oder} \quad H_3C\text{—}(CH_2)_7\text{—CH=CH—}(CH_2)_7\text{—COOH}$$

Sie bildet den wichtigsten Bestandteil der Öle, insbesondere des Olivenöls und des Fischtrans. Durch Hydrierung geht sie in die Stearinsäure (Octadecansäure) über.

b) Die **Linolsäure** [Octadecadien-(9,12)-säure], $C_{17}H_{31}$—COOH, und die **Linolensäure** [Octadecatrien-(9,12,15)-säure], $C_{17}H_{29}$—COOH. Sie sind zwei- bzw. dreifach ungesättigte Säuren. Sie kommen außer in Pflanzenölen auch in geringen Mengen im Rindertalg und im Schweinefett vor.

Diese beiden Säuren spielen in der Fetternährung eine sehr große Rolle, wie Tierversuche einwandfrei ergeben haben. Völlig fettfreie Ernährung führte bei Ratten zum Stillstand des Längenwachstums, zur Veränderung der Haut (trocknes Aussehen) und anderen krankhaften Erscheinungen. Durch Zugabe geringer Mengen Linol- und Linolensäure (*nicht* Ölsäure!) ließ sich dieser Zustand beheben. Die Glycerinester der beiden Säuren scheinen hier die Rolle von *Vitaminen* zu spielen; sie wirken in *geringsten* Mengen, bei völligem Fehlen aber treten „Mangelkrankheiten" auf. Es ergibt sich weiter aus diesen Versuchen, daß die Tiere (und auch der Mensch) nicht imstande sind, diese lebensnotwendigen *(essentiellen)* Fettsäuren in ihrem Stoffwechsel zu bilden.

10.3 Derivate (Abkömmlinge) der Monocarbonsäuren

Von den Carbonsäuren leitet sich eine Reihe anderer Stoffgruppen dadurch ab, daß entweder in der **Carboxyl-** oder in der **Alkyl**-Gruppe andere Atome oder Atomgruppen **substituiert** werden.

10.3.1 Carboxylderivate

10.3.1.1 Salze

Durch Ersatz des H-Atoms der Carboxylgruppe durch Metalle entstehen sog. **organische Salze.**

Beispiel: $H_3C{-}COOH + Na^+OH^- \rightarrow H_3C{-}COO^-Na^+ + H_2O$

Die Eigenschaften dieser Salze wurden bereits in Kap. 10.1.4.2 besprochen.

9.3.1.2 Carbonsäureester

Wird die gesamte **Hydroxylgruppe** durch eine **Alkoxylgruppe** (R—O—) **ersetzt**, so gelangt man zu den **Estern**. Diese sind somit gleichermaßen Abkömmlinge der Carbonsäuren wie der Alkanole. Die Esterbildung (vgl. Kap. 10.1.4.4) ist eine *umkehrbare Reaktion*, d.h. es kommt zur Ausbildung eines **Gleichgewichts**.

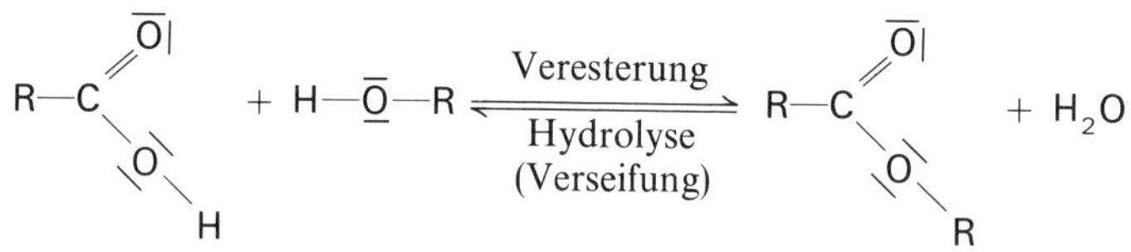

$$K = \frac{c(R{-}COOR)\cdot c(H_2O)}{c(R{-}COOH)\cdot c(R{-}OH)}$$

Die Einstellung des Gleichgewichts wird *durch Protonen beschleunigt* (katalysiert). Die *Lage* des Gleichgewichts kann nach dem MWG dadurch zugunsten des Esters verschoben werden, daß ein Ausgangsstoff im Überschuß oder ein wasserentziehendes Mittel verwendet bzw. der gebildete Ester entfernt wird.

Die **Esterspaltung (Verseifung[1])** ist eine **Hydrolyse** und kann sowohl **säurekatalytisch** als auch **baseninduziert** erfolgen. Die **säurekatalytische** Spaltung ist die

1 Der Begriff Verseifung stammt von der Hydrolyse von Fettsäureestern (Fetten und Ölen), die zu Seifen führt.

genaue Umkehrung der säurekatalytischen Veresterung und ist damit bereits als Mechanismus in Kap. 10.1.4.4 formuliert. Die **baseninduzierte Hydrolyse** ist eine **nucleophile Substitution** durch OH^--Ionen am Carbonyl-C-Atom:

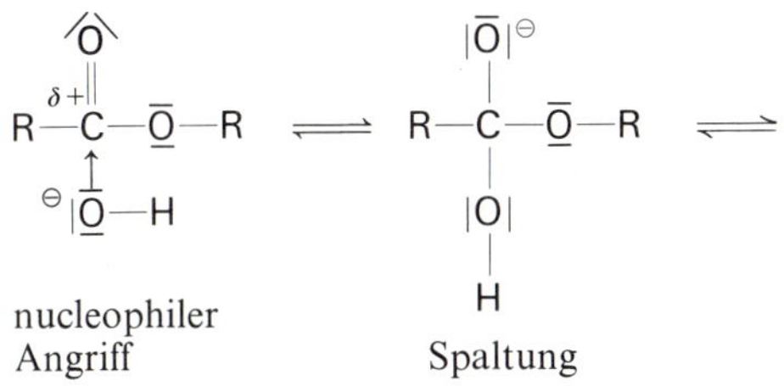

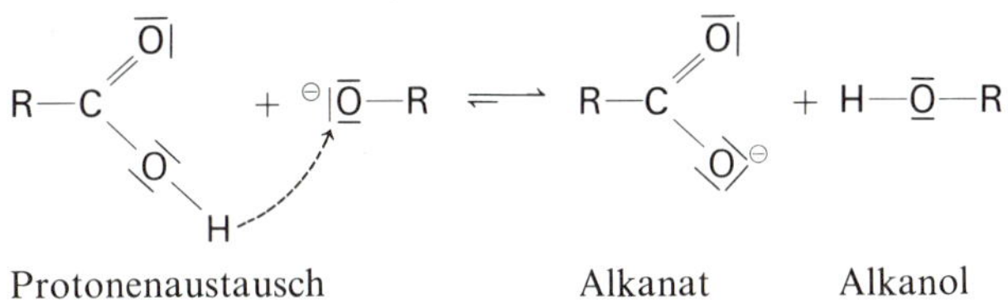

Während die saure Esterhydrolyse zu einem Gleichgewicht führt, läuft die basische Hydrolyse praktisch vollständig ab, da die gebildete Carbonsäure durch die Base aus dem Gleichgewicht entfernt wird.

Die **Benennung** der Ester erfolgt so, daß an den Namen der Säure der Name des Alkanol-Alkyls und das Wort Ester angehängt werden; Alkansäurealkylester, z. B. $H_3C—COO—C_2H_5$, Ethansäureethylester.

Die Ester sind im Gegensatz zu den Alkansäuren und den Alkanolen **nicht** in der Lage, **Wasserstoffbrückenbindungen** auszubilden. Sie sind daher in Wasser schwer oder **nicht löslich**. Aus dem gleichen Grunde liegen ihre Siedepunkte deutlich tiefer als die der Alkanole oder Alkansäuren mit entsprechenden Molekülmassen (Tab. 10.3).

Tabelle 10.3 Ester

Name	Formel	Kp (°C)	Geruch
Methansäureethylester	$H—C(=O)—O—C_2H_5$	54	Rum
Ethansäureethylester	$H_3C—C(=O)—O—C_2H_5$	77	Klebstoff
Ethansäurepentylester	$H_3C—C(=O)—O—C_5H_{11}$	147	Birne
Butansäureethylester	$H_7C_3—C(=O)—O—C_2H_5$	121	Ananas

Die Ester niederer organischer Säuren mit kurzkettigen Alkanolen sind leicht flüchtige, stark süßlich, z.T. **fruchtig** riechende Flüssigkeiten. Sie werden in der Lebensmittelindustrie als künstliche Aromastoffe verwendet. Als **Lösungsmittel** besitzt eine Reihe von Estern große Bedeutung, sie sind in Lacken und Klebstoffen enthalten.
Ester höherer Carbonsäuren mit höheren Alkanolen sind **Wachse. Fette** sind Ester von Propantriol und Carbonsäuren mit 4–20 (und mehr) C-Atomen (vgl. Kap. 11.1).

10.3.1.3 Säurehalogenide

Die **Hydroxylgruppe** der Carbonsäuren läßt sich durch **Halogenatome substituieren**. Man erhält auf diese Weise die **Säurehalogenide**. Von größter Bedeutung sind die Säurechloride, die man aus Carbonsäuren und Phosphortrichlorid als Chlorierungsmittel erhält.

Beispiel:

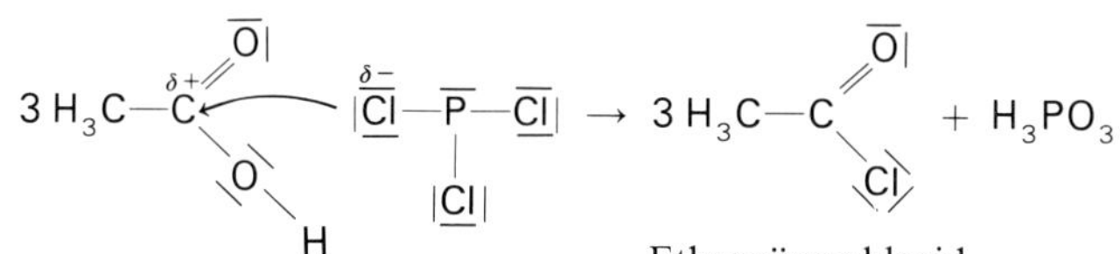

Ethansäurechlorid

Die Alkansäurechloride sind sehr **reaktive** Stoffe. Das Chloratom kann durch **Nucleophile** leicht **substitutiert** werden. In Gegenwart von Wasser *hydrolysieren* die Säurechloride leicht zu den Carbonsäuren. Ihre große Reaktivität wird dahingehend ausgenutzt, daß man sie als **Acylierungsmittel** (Übertragung der Acylgruppe

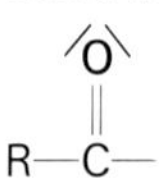

verwendet.

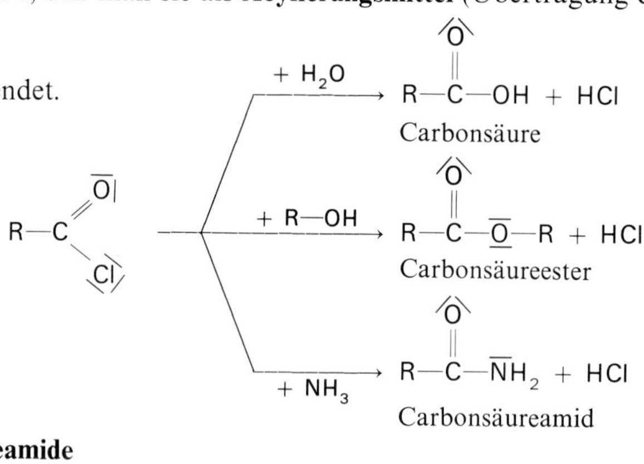

10.3.1.4 Säureamide

Wird die **OH-Gruppe** der Carbonsäuren durch die sich vom Ammoniak ableitende **NH_2-Gruppe ersetzt**, so entstehen die **Säureamide**, deren Namen durch Anfügen des Wortes **-amid** an den Namen der Säure gebildet werden:

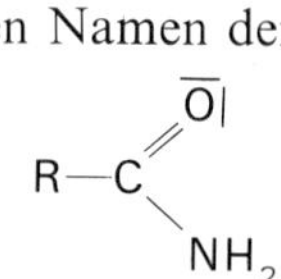

, Alkansäureamid.

Sie werden aus Säurechloriden und Ammoniak dargestellt. Die Säureamide besitzen Bedeutung in der Arzneimittelindustrie und bei der Herstellung von Kunststoffen (Polyamide, vgl. Kap. 10.4.3.2). In gebundener Form sind sie in Eiweißen weit verbreitet (vgl. Kap. 11.4).

10.3.2 Alkylderivate

Das Carbonyl-C-Atom ist in den Carbonsäure-Molekülen gewissermaßen das „Schlüsselatom". Die elektronenziehende C—O-Gruppe wirkt auch auf den 2. Teil des Moleküls, auf die Methylen-(CH_2-)Gruppen des Alkylrestes. Die C—H-Einfachbindungen, besonders in der unmittelbar benachbarten CH_2-Gruppe, werden gelockert, d. h. *aktiviert.*
Da mit Ausnahme der Ethansäure stets mehrere CH_2-Gruppen in den Alkansäuren vorhanden sind, werden diese gekennzeichnet, und zwar auf zweierlei Art, entweder durch Bezifferung oder durch griechische Buchstaben, immer beginnend beim C-Atom der COOH-Gruppe:

$$-\underset{\gamma}{\overset{4}{C}}H_2-\underset{\beta}{\overset{3}{C}}H_2-\underset{\alpha}{\overset{2}{C}}H_2-\overset{1}{C}OOH$$

10.3.2.1 Halogenalkansäuren

Diese Substitutionsprodukte, in deren Molekülen ein oder mehrere H-Atome des Alkylrestes durch Halogenatome ersetzt sind, besitzen eine wesentlich *höhere Acidität* als die betreffenden Carbonsäuren, bedingt durch den von den Halogenatomen ausgelösten *induktiven Effekt.* Die elektronegativeren Halogenatome ziehen die Bindungselektronen an sich heran, wodurch im C-Atom eine positive Ladung induziert wird, die ihrerseits die elektronenziehende Wirkung des O-Atoms auf das Carboxyl-H-Atom verstärkt (vgl. Tab. 10.4):

$\leftarrow$ = elektronenziehende Wirkung

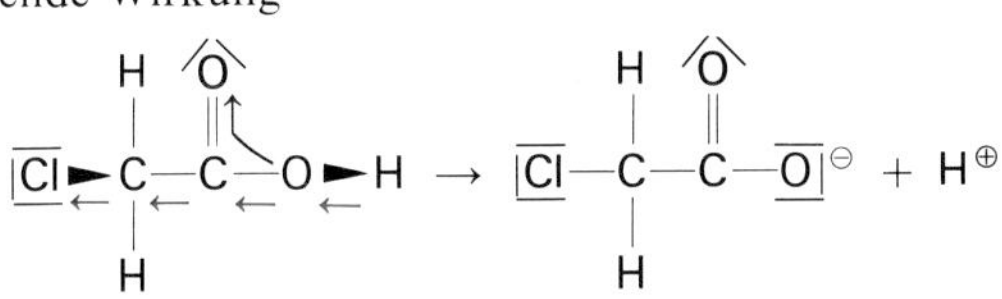

Monochlorethansäure

Die **Säurestärke** nimmt mit der Zahl der Halogenatome zu. Die Dichlorethansäure ist eine stärkere Säure als die Monochlorethansäure, die bereits selbst eine starke Säure ist:

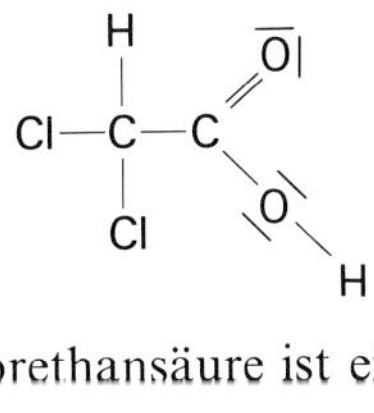

Die Trichlorethansäure ist eine sehr starke Säure:

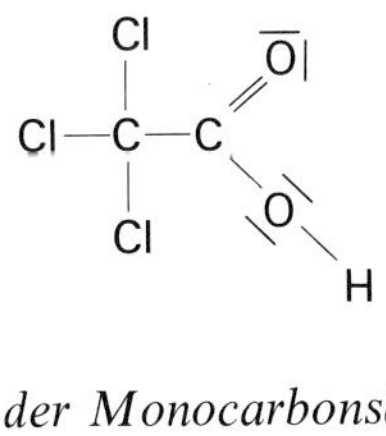

Tabelle 10.4 Säurestärke verschiedener Halogenalkansäuren

Säure	Formel	K_s	pK_s
Fluorethansäure	$F-CH_2-COOH$	$2{,}2 \cdot 10^{-3}$	2,66
Chlorethansäure	$Cl-CH_2-COOH$	$1{,}5 \cdot 10^{-3}$	2,81
Bromethansäure	$Br-CH_2-COOH$	$1{,}3 \cdot 10^{-3}$	2,87
Iodethansäure	$I-CH_2-COOH$	$7{,}4 \cdot 10^{-4}$	3,13
Dichlorethansäure	$Cl_2CH-COOH$	$5{,}0 \cdot 10^{-2}$	1,30
Trichlorethansäure	$Cl_3C-COOH$	$1{,}3 \cdot 10^{-1}$	0,89
α-Chlorpropansäure	$H_3C-CHCl-COOH$	$1{,}6 \cdot 10^{-3}$	2,8
β-Chlorpropansäure	$Cl-CH_2-CH_2-COOH$	$7{,}9 \cdot 10^{-5}$	4,1
Ethansäure	$H_3C-COOH$	$1{,}7 \cdot 10^{-5}$	4,76

Die Chloralkansäuren werden durch Chlorierung der Alkansäuren erhalten. Die Substitution gelingt um so leichter, je kürzer der Alkylrest ist.

Beispiel: $$H_3C-COOH + Cl_2 \xrightarrow{\text{Licht}} Cl-CH_2-COOH + HCl$$

10.3.2.2 Hydroxyalkansäuren

Wird in dem Alkylrest einer Alkansäure ein H-Atom durch eine Hydroxylgruppe ersetzt, so entstehen – formal – **Hydroxysäuren**[1]. Praktisch geschieht diese Substitution derart, daß man Halogenalkansäuren mit KOH umsetzt.

Beispiel:

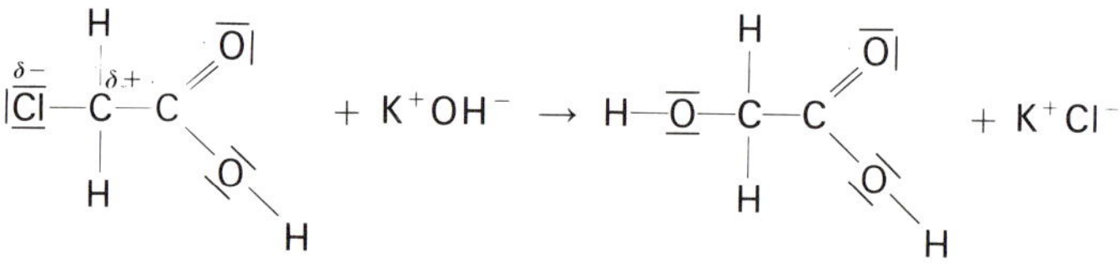

Die Hydroxysäuren sind Stoffe, die gleichzeitig funktionelle Gruppen von Alkanolen und Alkansäuren enthalten. Aus ihrem Doppelcharakter ergibt sich das chemische und physikalische Verhalten der Hydroxysäuren.
Die Hydroxysäuren enthalten im Alkylrest mindestens eine OH-Gruppe, es können aber auch mehrere sein. Durch den Eintritt der Hydroxylgruppe in das Molekül der Alkansäure werden die physikalischen Eigenschaften der letzteren deutlich beeinflußt. Die Hydroxysäuren sind in Wasser erheblich löslicher als die Alkansäuren, aber bedeutend schwerer flüchtig, deshalb meistens nicht unzersetzt destillierbar.

---

1 Nach den Nomenklatur-Richtsätzen führt die Atomgruppe —OH verschiedene Namen: a) als Anion **Hydroxid-Ion**; b) als Ligand **Hydroxo-Ion**; c) als Substituent in organischen Verbindungen **Hydroxy-**; d) **für die die Alkanol-Moleküle charakterisierenden OH-Gruppen** wird der Name **Hydroxyl-Gruppe** gebraucht, während zur Bezeichnung dieser funktionellen Gruppe bei den Alkanolen die Endung **-ol** verwendet wird.

Wie bei den Halogenalkansäuren *erhöht* sich auch bei den Hydroxysäuren die *Acidität*, wenn die OH-Gruppe in unmittelbarer Nachbarschaft zur COOH-Gruppe steht. Die Erhöhung ist aber erheblich geringer als bei den Halogenalkansäuren.
Die **Milchsäuren** sind **Hydroxypropansäuren**. Je nachdem, ob die OH-Gruppe in die der Carboxylgruppe benachbarte (α-Stellung) oder die dann folgende Gruppe (β-Stellung) tritt, entstehen zwei *isomere* Säuren:

2-(α)Hydroxypropansäure: $\overset{3}{\underset{\beta}{C}}H_3-\overset{2}{\underset{\alpha}{C}}HOH-\overset{1}{C}OOH$

3-(β)Hydroxypropansäure: $\overset{3}{\underset{\beta}{C}}H_2OH-\overset{2}{\underset{\alpha}{C}}H_2-\overset{1}{C}OOH$

von denen aber nur die erstere, die **gewöhnliche** oder **Gärungsmilchsäure**, von Bedeutung ist. Sie entsteht beim Sauerwerden der Milch, des gekochten Gemüses, des Brotteigs und Kleisters, findet sich aber auch im Magensaft, im alten Käse, im Sauerkraut und im Saft der sauren Gurken. Sie entsteht auch als Stoffwechselprodukt beim Abbau von Glucose in Muskelzellen und verursacht bei fehlendem Abtransport den Muskelkater.

10.3.2.3 Aminoalkansäuren

Wird in dem Alkylrest der Alkansäuren ein H-Atom durch die **Aminogruppe**, $-NH_2$, ersetzt, so entstehen – formal – die **Aminoalkansäuren**, kurz **Aminosäuren** genannt, z. B. die 2-Aminopropansäure (oder α-Aminopropansäure):

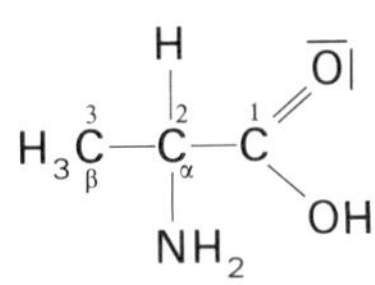

Es wird später bei der Besprechung der Eiweißstoffe, deren Bausteine die Aminosäuren sind, auf deren physikalische und chemische Eigenschaften näher eingegangen (Kap. 11.3 u. 11.4).

10.4 Alkandisäuren

10.4.1 Darstellung und Bau

Bei der Oxidation zweiwertiger primärer Alkanole entstehen über die entsprechenden *Alkandiale* die **Alkandisäuren**, **Dicarbonsäuren**, in deren Molekül zwei Carboxylgruppen vorhanden sind.

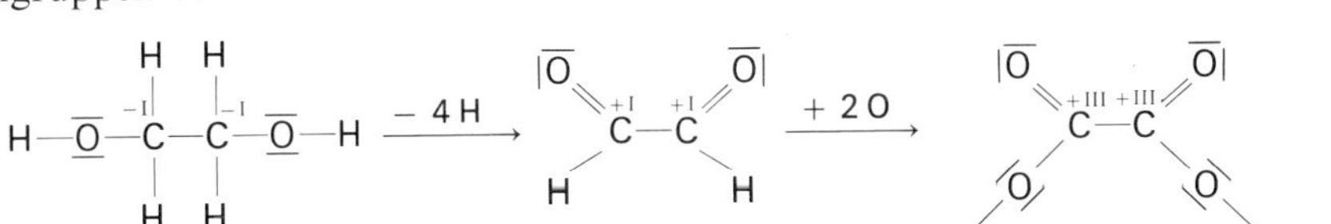

Ethandiol (Glykol) Ethandial (Glyoxal) Ethandisäure (Oxalsäure)

Alkandisäuren bilden ebenso wie die entsprechenden Monosäuren eine homologe Reihe.

Die **Säurestärke** der Alkandisäuren ist größer als die der entsprechenden Monoalkansäuren, was in erster Linie mit der elektronenanziehenden Wirkung der zweiten Carboxylgruppe zusammenhängt.

Die **chemischen Eigenschaften** werden durch die beiden Carboxylgruppen bestimmt. Die H-Atome beider Carboxylgruppen sind durch Metalle ersetzbar; es lassen sich deshalb von diesen Säuren zwei Reihen von Salzen ableiten: **normale** und **Hydrogensalze** (Alkandiate und Hydrogenalkanate).

10.4.2 Oxalsäure (Ethandisäure)

1. Oxalsäure stellt man technisch durch starkes Erhitzen von Natriummethanat her. Hierbei entsteht das Natriumsalz der Oxalsäure, aus dem durch Umsetzung mit Schwefelsäure die reine Oxalsäure gewonnen wird.

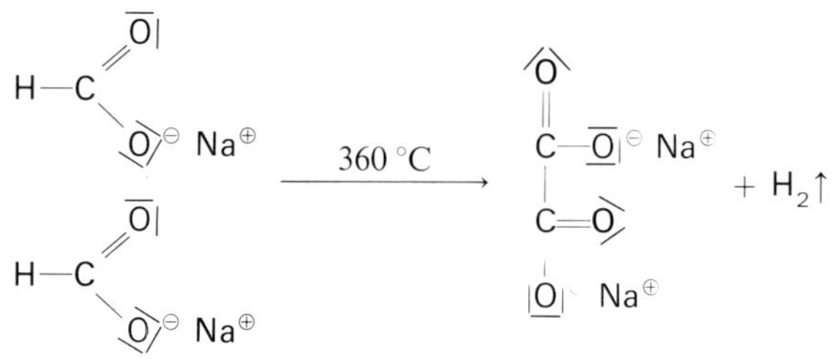

2. Oxalsäure, $HOOC—COOH \cdot 2H_2O$ enthält Kristallwasser, das beim Erwärmen auf 100 °C entweicht. Beim Erhitzen über 150 °C zerfällt *Oxalsäure* in *Kohlendioxid* und *Methansäure*, die leicht weiter zerfällt in *Kohlenmonoxid* und Wasser:

$$HOOC—COOH \rightarrow H—COOH + CO_2\uparrow \quad \text{und} \quad H—COOH \rightarrow CO\uparrow + H_2O$$

Die freie Säure und ihre wasserlöslichen Salze sind *giftig.*

3. Oxalate. Kaliumhydrogenoxalat (Kleesalz), HOOC—COOK, ist in Wasser schwer löslich, während **Kaliumoxalat** wasserlöslich ist. Kleesalz ist im Sauerklee und im Rhabarber enthalten. **Calciumoxalat**, $(COO)_2Ca$, ist unlöslich in Wasser. Es findet sich in Form von Kristallen in vielen Pflanzenzellen aber auch in Nierensteinen.

Durch thermische Zersetzung von Eisen(II)-oxalat-dihydrat bildet sich *pyrophores Eisenoxid*, FeO.

$$\begin{matrix} COO^{\ominus} \\ | \\ COO^{\ominus} \end{matrix} Fe^{\oplus\oplus} \cdot 2\,H_2O \longrightarrow \begin{matrix} COO^{\ominus} \\ | \\ COO^{\ominus} \end{matrix} Fe^{\oplus\oplus} + 2\,H_2O$$

$$\begin{matrix} COO^{\ominus} \\ | \\ COO^{\ominus} \end{matrix} Fe^{\oplus\oplus} \longrightarrow FeO + CO + CO_2 \;/\; \Delta H > 0$$

$$2\,FeO + {}^1/_2\,O_2 \longrightarrow Fe_2O_3 \;/\; \Delta H < 0$$

Ca^{2+}-Ionen dienen als Reagenz auf Oxalationen (und umgekehrt).

10.4.3 Polykondensation

Bei der **Polykondensation** erfolgt ein Zusammenschluß vieler kleiner Einzelmoleküle zu **Makromolekülen** unter gleichzeitiger **Abspaltung niedermolekularer Stoffe** (Wasser, Ammoniak, Chlorwasserstoff, Alkohol u. a.). Voraussetzung für die Polykondensations-Reaktionen ist demnach das Vorhandensein von funktionellen Gruppen in den Monomeren, wie z. B. von OH-, NH_2-, COOH-Gruppen, d. h. die Moleküle der Bausteine müssen *mindestens zwei* zur Kondensation befähigte Gruppen enthalten.

10.4.3.1 Polyester

Wenn eine **Dicarbonsäure** mit einem mehrwertigen Alkanol einmal verestert wird, so besitzt der Ester an einem Ende noch eine freie Carboxylgruppe und an dem anderen Ende noch eine freie OH-Gruppe. Diese können mit den funktionellen Gruppen weiterer Moleküle (Dicarbonsäure bzw. mehrwertiges Alkanol) reagieren, usw. Auf diese Weise bilden sich unter Wasserabspaltung langkettige Makromoleküle, die als **Polyester** bezeichnet werden und als **Kunststoffe** verwendet werden.

Beispiel:

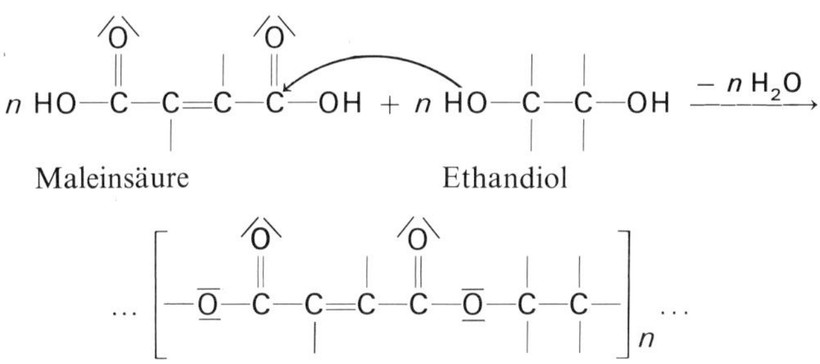

Maleinsäure · Ethandiol · Polyester

10.4.3.2 Polyamide

Die Polykondensation von **Dicarbonsäuren** (bzw. deren Derivaten) mit **Diaminen** führt zu **Polyamiden**, die ebenfalls als Kunststoffe Verwendung finden.

Beispiel:

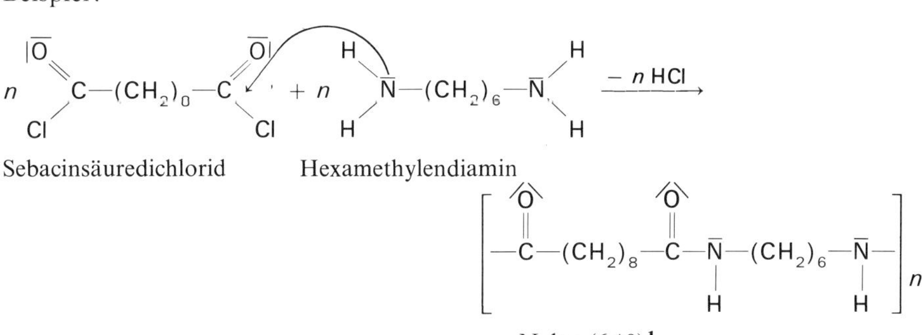

Sebacinsäuredichlorid · Hexamethylendiamin · Nylon (6,10)[1]

---

1 Die Zahlen geben die Anzahl der C-Atome vom Amin bzw. der Carbonsäuren an.

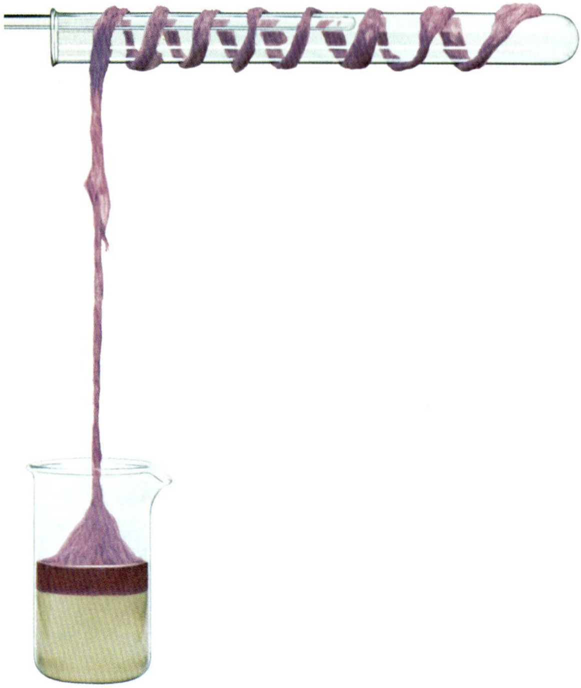

Abb. 10.7 Modellversuch zur Herstellung von Polyamidfäden

Nylon (6,6) wird entsprechend aus Adipinsäure (Hexandisäure) und Hexamethylendiamin dargestellt (Abb. 10.7).

10.5 Das asymmetrische Kohlenstoffatom

10.5.1 Optisch aktive Stoffe

Das in allen möglichen Ebenen senkrecht zur Fortpflanzungsrichtung schwingende natürliche Licht wird durch einen Polarisationsfilter (Polarisator) auf **eine** Schwingungsebene beschränkt: **polarisiertes Licht**. Durch einen zweiten, dazu senkrecht gestellten Filter (Analysator) wird dieses Licht völlig ausgelöscht (absorbiert, Abb. 10.8). Durch gewisse, zwischen den beiden Filtern eingeschaltete Lösungen wird die erste Polarisationsebene um bestimmte Winkel gedreht, so daß ein Teil des Lichtes durch den Analysator hindurchtreten kann (Abb. 10.9).

Stoffe, die die Ebene des polarisierten Lichtes drehen, werden als **optisch aktive Stoffe** bezeichnet.

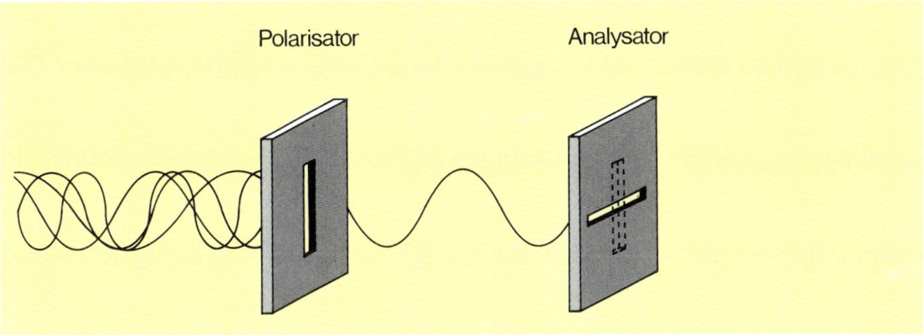

Abb. 10.8 Bildung und Auslöschung von polarisiertem Licht (Modellversuch)

10.5.2 Die optisch aktiven Milchsäuren

LIEBIG beobachtete, daß die im Fleischextrakt enthaltene **Fleischmilchsäure** die Schwingungsebene des polarisierten Lichtes nach rechts dreht. Bringt man diese Flüssigkeit zwischen zwei Polarisationsfilter, deren Polarisationsebenen senkrecht zueinander stehen, so tritt eine Aufhellung ein, die man bei Anwendung von einfarbigem Licht dadurch beseitigen kann, daß man den Analysator um einen bestimmten Winkel dreht.

Die Größe dieses Winkels und die Drehungsrichtung sind abhängig vom Stoff, der Temperatur, von der Konzentration, von der Dicke der Schicht und von der Wellenlänge des eingestrahlten Lichtes.

Abb. 10.9 Drehung von polarisiertem Licht durch optisch aktive Substanzen

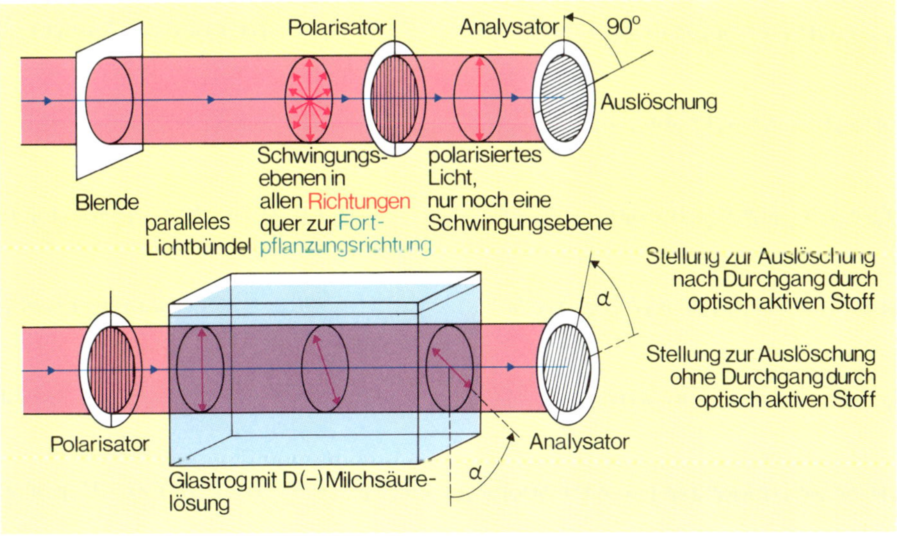

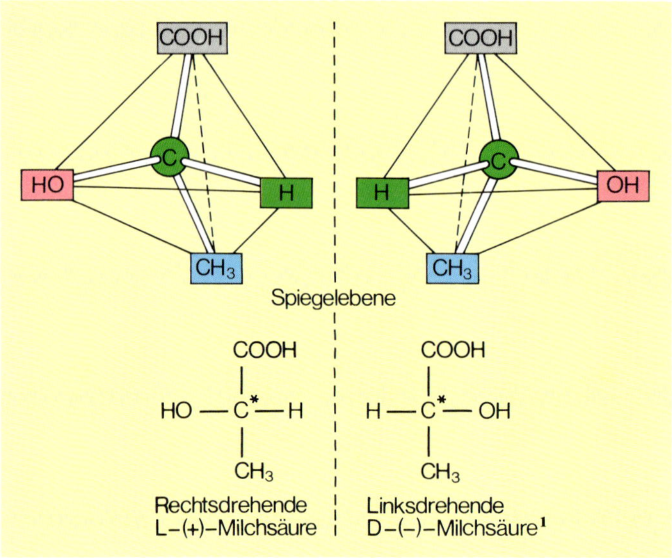

Abb. 10.10 Räumliche Darstellung des Milchsäuremoleküls

1 Die Buchstaben D und L beziehen sich auf die Stellung der funktionellen Gruppe am asymmetrischen C-Atom: L = links (laevus); D = rechts (dexter).

Bei der Milchsäure kennt man außer der Fleischmilchsäure noch eine zweite Form, die die Ebene des polarisierten Lichtes um denselben Betrag nach links dreht.

Wird die Polarisationsebene bei Betrachtung mit Richtung der Ausbreitung des Lichtes im Uhrzeigersinn gedreht, so ist der Stoff rechtsdrehend; im Gegenuhrzeigersinn ist er linksdrehend. Rechtsdrehende Substanzen erhalten ein +(d), linksdrehende ein –(l) vor den Namen.

Die **gewöhnliche Gärungsmilchsäure** ist optisch inaktiv, d. h. sie dreht die Polarisationsebene nicht. Züchtet man aber in einer Lösung von Ammoniumlaktat (= Ammoniumsalz der Milchsäure) den Pinselschimmel (Penicillium glaucum), so erhält man eine Milchsäure, die die Ebene des polarisierten Lichtes nach *rechts* dreht. Versetzt man dagegen die gleiche Lösung mit einer Kultur des Bacillus acidi laevolactici, so erhält man eine ebenso weit nach *links* drehende Milchsäure (Pasteur[1] 1861). Ein *Gemisch* dieser beiden optisch aktiven Formen liefert die inaktive, die *racemische*[2] Gärungsmilchsäure.

Die beiden *aktiven* Milchsäuren besitzen die gleichen chemischen Eigenschaften und die gleiche Strukturformel wie die *inaktive* Form. Die unterschiedliche Wirkung auf polarisiertes Licht wird auf die verschiedene *räumliche Anordnung* der Atome innerhalb des Moleküls zurückgeführt.

1 L. Pasteur (1822–1895), Professor in Dijon, Straßburg, Lille, Paris (Sorbonne).
2 Von acidum racemicum, lat. = Traubensäure (racemus, lat. = Traube).

Abb. 10.11 Kugel-Stab-Modelle von zwei stereoisomeren Molekülen

Optische Aktivität ist allen organischen Stoffen eigen, die ein **asymmetrisch substituiertes Kohlenstoffatom** besitzen; ein solches ist mit **vier verschiedenen Atomen** oder **Atomgruppen** verbunden.

Eine Erklärung findet diese Tatsache durch die **stereochemische Theorie**. Die mit einem Kohlenstoffatom verbundenen Atome oder Atomgruppen befinden sich in den vier Ecken eines Tetraeders, in dessen Mittelpunkt das C-Atom zu denken ist. Für die stereochemisch isomeren Moleküle der aktiven Milchsäuren würden sich danach spiegelbildlich gleiche Strukturbilder, **Stereoisomerie**, ergeben (Abb. 10.10).

Das asymmetrische C*-Atom wird durch einen Stern gekennzeichnet.

Allgemein sind alle solche Stoffe **optisch aktiv**, die mindestens ein **asymmetrisches C-Atom** besitzen, das **vier verschiedene Substituenten** gebunden hat und damit in zwei Stereoisomeren vorkommt (Abb. 10.11). Zwei zueinander spiegelbildisomere (stereoisomere) Stoffe heißen optische **Antipoden**, d. h. sie drehen polarisiertes Licht um den gleichen Winkel, aber in entgegengesetzter Richtung. Liegen beide im homogenen Gemisch in gleicher Stoffmengenkonzentration vor, so findet man keine optische Aktivität. Das Gemisch bezeichnet man als **Racemat**.

Eine ganze Reihe von Verbindungen, von denen viele auch in der Natur vorkommen, ist optisch aktiv.

Aufgaben

1. Erstellen Sie die Gl. für die Reaktion von Propanol mit angesäuerter a) Kaliumpermanganat-Lösung, b) Kaliumdichromat-Lösung.

2. Erstellen Sie die Gl. für die Silberspiegelreaktion von Methansäure.

3. Begründen Sie, warum Ethansäure keine Iodoformreaktion zeigt.

4. Erklären Sie die Beobachtungen bei Versuch 7.

5. Wie kann man Obstessig herstellen?

6. Stellen Sie den Reaktionsmechanismus für die Veresterung von Ethansäure mit Pentanol bei Anwesenheit von konz. Schwefelsäure dar.

7. Welche Bedeutung hat die Zugabe von a) konz. Schwefelsäure, b) wasserfreiem Zinkchlorid bei Veresterungen?

8. Worin unterscheidet sich ein gebildeter Ester von seinen Ausgangsstoffen?

9. Formulieren Sie den Reaktionsmechanismus für die Hydrolyse von Propansäurepropylester mit a) konz. Schwefelsäure, b) Natronlauge.

10. Warum darf man eine baseninduzierte Esterhydrolyse nicht als basenkatalysierte Reaktion bezeichnen?

11. Welche allgemeine Strukturformel haben Fette?

12. Welcher Alkohol hat die gleiche Molekülmasse wie Ethansäureethylester? – Vergleichen Sie den Kp dieses Alkohols mit dem des Esters und begründen Sie den Unterschied.

13. Erklären Sie die große Reaktionsfreudigkeit der Säurechloride.

14. Stellen Sie den Reaktionsmechanismus dar für die Darstellung von Ethansäurepentylester aus Ethansäurechlorid.

15. Vergleichen Sie die Säurestärken von a) 2-Fluorpropansäure, b) 2-Brompropansäure, c) 3-Chlorpropansäure mit der von 2-Chlorpropansäure.

16. Begründen Sie, warum die Bernsteinsäure (Butandisäure) nur unwesentlich stärker ist als die Butansäure, während die Oxalsäure (Ethandisäure) deutlich stärker ist als die Ethansäure.

17. Erstellen Sie den Mechanismus für die Darstellung von Nylon (6,6).

18. Begründen Sie, welche der folgenden Stoffe optisch aktiv sind: Glycin (Aminoethansäure), Glycerinaldehyd (2,3-Dihydroxypropanal), Propantriol, Monochlorethansäure, 2-Chlorpropansäure.

11 Naturstoffe und deren Derivate

Versuche

1. Man gibt 1–2 Tropfen (bzw. Spatelspitze) von *pflanzlichen* oder *tierischen* **Fetten** (Olivenöl, Schmalz o. a.) in ca. 2 cm^3 folgender Flüssigkeiten: **Wasser**, **Ethanol**, **Diethylether**, **Benzin**, **Tetrachlormethan** (Vorsicht – giftige Dämpfe!) und schüttelt um. – Einige Tropfen der Tetrachlormethan-Lösung bringt man auf ein Stück weißes Papier und läßt das Lösungsmittel verdampfen (Abzug).

2. Fetthaltige Samen (**Sonnenblumenkerne**, **Nüsse** o. a.) werden im Mörser zerkleinert und in eine Extraktionshülse bis zu $^2/_3$ Höhe eingefüllt. Die Hülse wird mit einem Wattebausch locker verschlossen und in eine Soxhletapparatur mit Rückflußkühler (Abb. 11.1) gegeben. Der Rundkolben wird zur Hälfte mit **Tetrachlormethan** (Vorsicht!) gefüllt, das Kühlwasser und die Heizung werden angestellt. Man läßt das Lösungsmittel ca. eine Stunde sieden. Anschließend wird der Rundkolben mit einem Liebig-Kühler verbunden und das Tetrachlormethan abdestilliert. (Zum Schluß nur vorsichtig auf dem Wasserbad erhitzen!)

3. Man gibt in zwei Rg je 3 cm^3 **Ethanol**, in das erste Rg 5 Tropfen **Olivenöl** und in das zweite 5 Tropfen **Paraffinöl**. Nach Zugabe von je 1 Siedestein und je 3 cm^3 **Kalilauge** erhitzt man die Rg (Vorsicht – Siedeverzug! Schutzbrille!) unter dauerndem Schütteln etwa 3 Minuten zum Sieden. Anschließend gibt man je 5 cm^3 **dest. Wasser** hinzu, schüttelt um und läßt absitzen.

4. In einem Rg werden 5 Tropfen **Olivenöl** in 2 cm^3 **Tetrachlormethan** (Vorsicht!) gelöst. Dann fügt man 5 Tropfen **Bromwasser** hinzu und schüttelt kräftig durch.

5. Man wiederholt Versuch 12, Kap. 8 mit a) **Propantriol**, b) **pflanzlichem Öl** (oder Spatelspitze Schmalz).

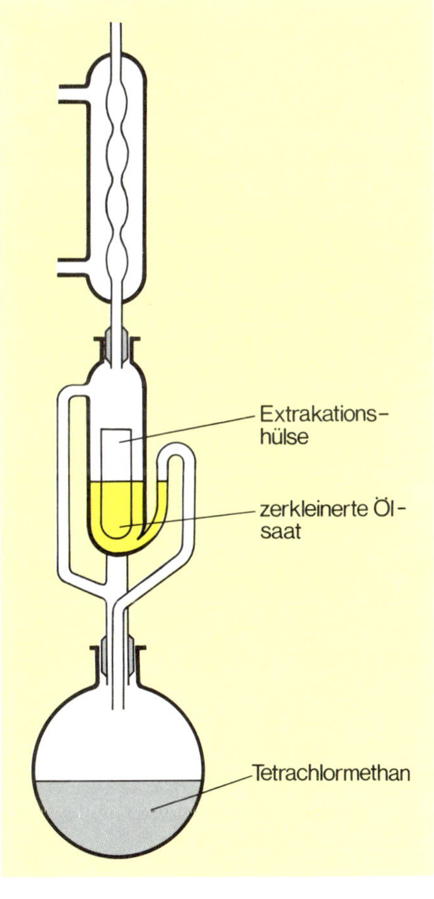

Abb. 11.1 Soxhlet-Apparatur

6. L. Man schmilzt 5 g **Margarine** oder erhitzt 5 g **Olivenöl** (oder anderes Fett oder Öl) in einer Abdampfschale und gibt unter ständigem Umrühren eine Lösung von 0,9 g **Natriumhydroxid** in 13 cm^3 **dest. Wasser** in kleinen Portionen hinzu (Vorsicht – Siedeverzug! Schutzbrille!). Unter Rühren muß ca. 15 Minuten erhitzt werden, bis eine feste Masse entsteht. Von der abgekühlten Masse gibt man eine Spatelspitze in **dest. Wasser** und schüttelt kräftig. Der Rest des Reaktionsproduktes wird für weitere Versuche aufbewahrt.

7. L. 10 g **Fettsäure** (oder Palmitinsäure) werden in einem kleinen Becherglas geschmolzen und in kleinen Portionen unter ständigem Rühren in einem hohen Becherglas zu 40 cm^3 siedender 10%iger **Natriumcarbonatlösung** gegeben (Vorsicht! Lösung schäumt stark auf! – Schutzbrille!). – Die Masse wird solange erhitzt, bis sich eine Probe klar in Wasser löst. Verdampftes Wasser sollte während des Siedens mehrfach ersetzt werden.

8. Man schüttelt 5 Tropfen **Olivenöl** in 5 cm^3 **dest. Wasser** und läßt absitzen. – Beobachtungen? Dann gibt man eine Spatelspitze der in **Versuch 7** oder **Versuch 8** *hergestellten* **Masse** hinzu, schüttelt nochmals durch und stellt ab.

9. Aus der selbst hergestellten **Seife** (Versuch 7 bzw. Versuch 8) wird in **dest. Wasser** eine Lösung hergestellt und mit wenig 10%iger **Salzsäure** versetzt.

10. 5 cm^3 **alkoholische Seifenlösung** werden in 2 Rg mit je 3 Tropfen **Phenolphthaleinlösung** versetzt. In das eine Rg fügt man **dest. Wasser**, in das andere gibt man gleich viel **Methanol**.

11. Man gibt je 5 cm^3 2%ige **Kernseifenlösung** (bzw. Seife von Versuch 7 oder Versuch 8) in 3 Rg. Nun gibt man in die Rg a) 3 cm^3 **Calciumchloridlösung**, b) **Magnesiumchloridlösung**, c) **Bleisalzlösung** und schüttelt um.

12. Auf das in einer großen Schale befindliche **Wasser** bringt man eine feine Schicht **Schwefelblume**. a) Die Mitte der Wasseroberfläche wird mit einem Glasstab betupft, der gründlich mit *Wasser* abgespült wurde. b) Nun taucht man den Glasstab in eine **Seifenlösung** und berührt dann erneut die Wasseroberfläche.

c) Man legt vorsichtig eine **Nähnadel** oder **Rasierklinge** auf eine Wasseroberfläche und fügt dem Wasser anschließend etwas **Seife** (Spülmittel) zu.

13. Eine *Aufschlämmung* von **Ruß** in **Wasser** wird filtriert. – Anschließend gießt man **Seifenlösung** in das Filter.

14. In einem Becherglas wird Wasser zum Sieden erhitzt. Dann gibt man in ein Rg etwas **Dodecanol** (halbe Erbsengröße), in ein zweites 1 cm^3 **konz. Schwefelsäure** (Vorsicht, Schutzbrille!) und in ein drittes Rg 3 cm^3 **Natronlauge** (10%ig). Die drei Rg stellt man in das heiße Wasser. Wenn der Alkohol geschmolzen ist, werden mit einer Pipette 4 Tropfen der erwärmten konz. Schwefelsäure zugefügt. Man schüttelt und läßt das Reaktionsgemisch etwa 1 Minute im Wasserbad. Nun wird mit einem Tropfen **Phenolphthaleinlösung** und soviel warmer Natronlauge versetzt (Vorsicht! Tropfenweise zugeben und jeweils schütteln!), bis sich eine bleibende Rosafärbung zeigt. Das Reaktionsprodukt wird in ein zweites Rg gespült, dieses bis zur Hälfte mit Wasser gefüllt und kräftig geschüttelt.

15. Man stellt folgende 9 Rg bereit: 3 Rg mit je 1 cm^3 Lösung der selbst hergestellten **Seife**, 3 Rg mit je 1 cm^3 Lösung des selbst hergestellten **Tensids** (Versuch 14) und 3 Rg mit je 1 cm^3 Lösung eines **Feinwaschmittels**. In das erste Rg jeder Art gibt man jeweils 1 Tropfen **Calciumchloridlösung**, in das zweite jeweils 1 Tropfen **Ethansäure** und in das dritte jeweils 2 Tropfen **Phenolphthaleinlösung**. Alle Rg werden umgeschüttelt.

16. L. In je einem Rg werden etwas a) **Glycin**, b) festes **Eiweiß** (Horn, Federn, getrocknetes Hühnereiweiß) mit ein wenig **konz. Natronlauge** erhitzt (Vorsicht ätzend! – Siedeverzug! – Schutzbrille!). Das entweichende Gas wird jeweils mit a) feuchtem **pH-Papier**, b) einem Stück **Silber** geprüft.

17. Im Rg prüft man ein wenig **Glycinlösung** mit a) **pH-Papier**, b) **Ninhydrinlösung** (dazu leicht erwärmen).

18. Eine 0,1 %ige **salzsaure Lösung** ($c(HCl) = 0{,}1\ mol/dm^3$) eines **Aminosäuregemischs** (z. B. Glycin, Alanin, Leucin, Valin) wird punktförmig mit Hilfe einer Mikrokapillare ca. 2 cm vom unteren Rand einer **Cellulose-Dünnschichtplatte** aufgetragen (etwa 4 µl). Daneben können auf gleicher Höhe noch Lösungen der *reinen Aminosäuren* aufgetragen werden (jeweils etwa 1 µl). Die Platte wird in ein Chromatographiergefäß mit einem Gemisch von **n-Butanol/100 %ige Ethansäure/Wasser** (4 : 1 : 1) gestellt und verschlossen. Wenn die Flüssigkeit 15 cm hoch gestiegen ist, wird die Platte bei ca. 100 °C getrocknet, mit einer **Ninhydrinlösung** (Sprühreagenz) besprüht und noch einmal bei ca. 100 °C getrocknet.

19. Man versetzt 5 cm^3 **Bleiethanatlösung** (Bleiacetatlösung) solange mit 10 %iger **Natronlauge**, bis sich der entstehende Niederschlag wieder löst. Man teilt die Lösung und versetzt je einen Teil mit a) **Eiweißlösung**, b) **Wolle** (oder anderem festen Eiweiß) und erwärmt (Schutzbrille!).

20. Je 3 cm^3 **Eiweißlösung** werden a) erhitzt, b) mit 3 cm^3 **Ethanol**, c) mit einigen Tropfen **verd. Salzsäure**, d) mit ein wenig **Kupfersulfatlösung** versetzt.

21. In einem Rg werden 3 cm^3 **Eiweißlösung** mit 3 cm^3 10 %iger **Natronlauge** (Schutzbrille!) und einigen Tropfen **Kupfersulfatlösung** versetzt, kräftig durchgeschüttelt und leicht erwärmt.

22. L. Man versetzt **Eiweißlösung** (oder Horn oder geronnenes Eiweiß) mit **konz. Salpetersäure** und erhitzt zum Sieden (Vorsicht, Schutzbrille!).

23. Die Löslichkeit verschiedener **Zucker** wird in folgenden Lösungsmitteln überprüft: a) **Wasser**, b) **Ethanol**, c) **Hexan**.

24. Man wiederholt die Versuche 8–10 von Kap. 8 (Fehling-Probe, Silberspiegel, Schiffsche Probe) mit Lösungen von a) **Glucose**, b) **Fructose**, c) **Saccharose** und d) **Stärke**.

25. 3 cm^3 10 %ige **Saccharoselösung** werden mit **verd. Schwefelsäure** vermischt einige Minuten am Sieden gehalten. Dann wird mit **Natronlauge** neutralisiert und die Fehling-Probe durchgeführt (Versuch 8, Kap. 8).

26. a) Eine **Stärkelösung** wird mit einigen Tropfen **Iod-Kaliumiodid-Lösung** versetzt.

b) Man erhitzt die Lösung vorsichtig, gibt einige Tropfen der heißen, farblosen Lösung auf ein Stück weißes Papier und läßt abkühlen.

27. Man vermischt **Stärkelösung** mit **verd. Salzsäure** und erhitzt einige Minuten zum Sieden (Vorsicht! – Siedeverzug! – Schutzbrille!). Anschließend wird mit **Natronlauge** neutralisiert und

a) mit einem Teil die **Fehling-Probe** durchgeführt (Versuch 8, Kap. 8),

b) ein Teil mit **Iod-Kaliumiodid-Lösung** versetzt.

11.1 Fette und Öle

11.1.1 Bau und Vorkommen

Feste **Fette** und bei RT flüssige Fette, die man als **fette Öle** bezeichnet, lassen sich im Gegensatz zu *Mineralölen* (Erdöl, Paraffinöl) in Gegenwart von Alkalilaugen spalten, man kann sie **verseifen**. Als *Reaktionsprodukte* sind bei der **Verseifung** **Propantriol** (Glycerin) und verschiedene **Monocarbonsäuren** (bzw. deren Alkalisalze) nachzuweisen. Als Nachweis für Propantriol dient die sog. **Acroleinprobe** (vgl. Kap. 8.5.3).

Fette im chemischen Sinn sind Ester des **Propantriols** (Glycerin) mit unverzweigten **Monocarbonsäuren, Fettsäuren**. Ihre allgemeine Formel lautet:

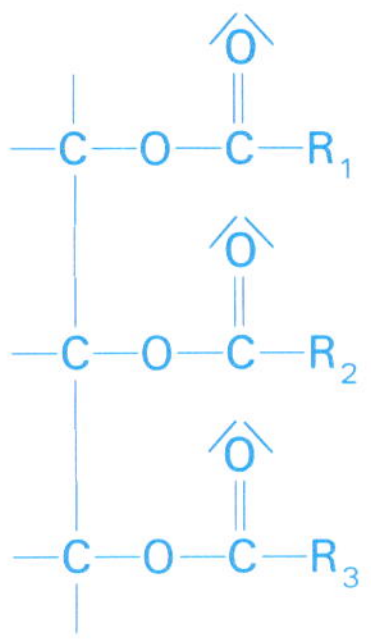

z. B.

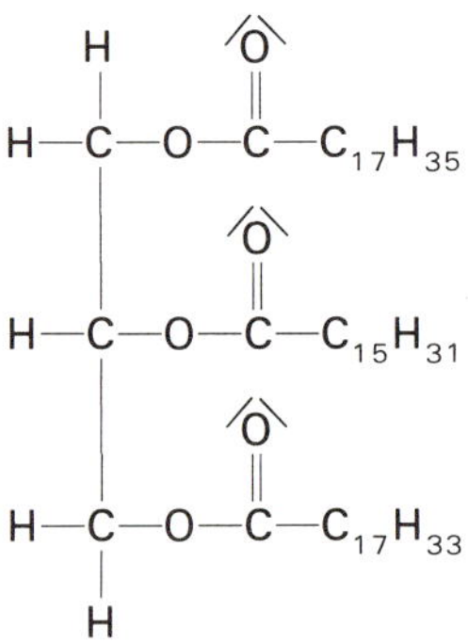

Stearo-Palmito-Olein

Fettsäure-Glycerin-Ester werden kurz **Glyceride** genannt.
Die **Naturfette** sind *Gemische* verschiedener *Triglyceride*.

1. Der **Alkanolbestandteil** ist in allen Fetten Propantriol.

2. Die **Carbonsäuren** der Glyceride haben eine gerade Anzahl von C-Atomen und jeweils eine *unverzweigte* C-Atomkette. Der Grund liegt darin, daß sie im Organismus aus Ethansäurebausteinen aufgebaut werden. Die wichtigsten in Fett-Molekülen vorkommenden Fettsäuren sind die **Palmitinsäure** (Hexadecansäure), die **Stearinsäure** (Octadecansäure) und die **Ölsäure** (Octadecensäure). – In manchen Naturfetten – vornehmlich pflanzlicher Herkunft – finden sich die mehrfach ungesättigten **Linol-** und **Linolensäuren** (vgl. Kap. 10.2). – In einzelnen Fettmolekülen ist das Propantriol mit *kurzkettigen* Fettsäuren verestert – bis hinab zur Butansäure.

Fette und Öle finden sich in großer Menge im Pflanzen- und Tierreich. Die Pflanzen lagern die Fette und Öle vornehmlich in den Zellgeweben der (reifen) Samen ab. Fette und Öle dienen den Organismen als Bau-, Betriebs- und Vorratsstoffe sowie als Wärmeschutz.

Die Zusammensetzung einiger wichtiger Naturfette gibt Tabelle 11.1 an.

Tabelle 11.1 Fettsäurenzusammensetzung einiger Fette und Öle (Massen-%)

	Gesättigte Fettsäuren								Ungesättigte Fettsäuren[1]		
	Buttersäure C4	Capronsäure C6	Caprylsäure C8	Caprinsäure C10	Laurinsäure C12	Myristinsäure C14	Palmitinsäure C16	Stearinsäure C18	Palmitoleinsäure C16:1	Ölsäure C18:1	Linolsäure C18:2
Schmelzpunkt °C	−8	−4	+16	+31	+44	+54	+63	+70	+1	+13	−5
tierische Fette											
Schweinefett	—	—	—	—	—	2	27	14	4	45	8
Milch-/Butterfett	3	2	2	3	3	9	24	13	6	30	2
pflanzliche Fette											
Kokosöl	—	1	8	8	48	15	9	3	—	6	2
Olivenöl	—	—	—	—	—	2	15	2	2	71	8
Sonnenblumenöl	—	—	—	—	—	—	5	2	—	27	65
Leinöl	—	—	—	—	—	—	7	3	—	18	14

11.1.2 Eigenschaften

1. Reine Fette sind geschmack- und geruchlos; sie haben eine geringere Dichte als Wasser. Die Smp. liegen unter 100 °C. Als Gemische verschiedener Glyceride haben die Naturfette *keinen* definierten Smp., sondern nur ein *Erweichungsintervall* (Schmelzbereich). Fette sind amorph. Die Fette sieden bei Temperaturen >250 °C, wobei sie zersetzt werden. Verflüssigte Fette (und Öle) sind *nicht* flüchtig, steigen leicht in Kapillarröhrchen (Fettfleck auf Papier) und brennen „am Docht“.

2. Fette sind in *Wasser unlöslich*. Beim Schütteln mit warmem Wasser entstehen unbeständige *Emulsionen*, die sich schnell wieder trennen. – In *organischen* Lösungsmitteln (z. B. Diethylether, flüssigen Kohlenwasserstoffen, Tetrachlorkohlenstoff) lösen sie sich leicht auf; Fette sind **lipophil** und **hydrophob**.

---

1 Zahl vor dem Doppelpunkt = Anzahl der C-Atome.
Zahl hinter dem Doppelpunkt = Anzahl der Doppelbindungen.

Die Wasserunlöslichkeit wird durch das Überwiegen von Alkylgruppen in den Fettsäuremolekülen bewirkt. – Die Löslichkeit in organischen Lösungsmitteln ist unterschiedlich und richtet sich nach dem Molekülbau des Lösungsmittels. Lösungsmittel mit größeren Alkylresten, wie Benzin, lösen Fette besser als solche mit kleineren, wie niedere Alkanole. Fette und Öle vermögen ihrerseits andere Stoffe zu lösen, z.B. die Vitamine A, D, E; diese Vitamine sind daher stets in natürlichen Fetten enthalten.

3. Additionen. Fette, vor allem Öle, die die funktionelle C=C-Gruppe in ihren Molekülen enthalten, können Brom und Iod *addieren.* Der Gehalt an ungesättigten Fettsäuren läßt sich durch die angelagerten Brom- bzw. Iodmengen bestimmen (**Iodzahl**; sie entspricht der Menge Iod in g, die von 100 g eines Fettes addiert wird).

Viele ungesättigte Fettsäuren sind für den menschlichen Körper **essentiell**, d.h. er ist nicht in der Lage, sie zu synthetisieren und muß sie daher mit der Nahrung aufnehmen (Vitamin F = essentielle Fettsäuren).

Bei Verwendung von Nickel-Katalysatoren gelingt es, *Wasserstoff* an die Doppelbindungen anzulagern. Diese *katalytische* Hydrierung, **Fetthärtung** genannt, ergibt dann „gesättigte", feste Fette mit höheren Smp.

Die Fetthärtung stellt einen Vorgang von weittragender Bedeutung dar, weil so fast ausnahmslos alle Fette und Öle, sogar Trane, die hierbei ihren unangenehmen Geruch und Geschmack verlieren, für die Speisefett- und Seifenindustrie verwendbar gemacht werden können. Gehärtete Fette und Öle sind den entsprechenden natürlichen Fetten chemisch und physiologisch gleichwertig. Große Mengen Tran werden zur Gewinnung von Margarine gehärtet.

4. Verseifung nennt man die Umsetzung der Fette entweder mit **Wasserdampf** zu Fettsäure und Propantriol oder mit **Laugen** zu den Salzen der Fettsäuren, den **Seifen** (vgl. Kap. 10.3).

Der Verseifungsprozeß ist die Umkehrung der Esterbildung.

5. „Ranzigwerden" der Fette. Unter Einwirkung von Luft (Sauerstoff), Licht, Wärme und Mikroorganismen werden Fette in Propantriol und Fettsäuren *gespalten.* Die ungesättigten Fettsäuren werden an den Doppelbindungen weiter aufgespalten und es entstehen Alkanale, Alkanone und Hydroxycarbonsäuren, die zusammen mit den kurzkettigen Alkansäuren (Butansäure) den „ranzigen" Geruch der sich zersetzenden Fette ausmachen.

11.1.3 Gewinnung und Verwendung

Fette kommen in der *Natur* in Tieren und Pflanzen in großen Mengen vor. Tierische Fette lassen sich durch **Ausschmelzen**, pflanzliche Fette durch **Auspressen** bzw. **Herauslösen** durch *unpolare Lösungsmittel* (Tetrachlormethan, Benzin) gewinnen. Sie finden **Verwendung** in der Nahrungsmittelindustrie, wo man sie direkt (Butter, Schmalz, Olivenöl, Kokosfett) oder umgewandelt z.B. zu *Margarine* in den Handel bringt. Zur Margarineherstellung werden vorwiegend pflanzliche Öle teilweise hydriert und mit Magermilch zu einer streichfähigen Emulsion verarbeitet. Durch Zusatz weiterer Stoffe (Vitamine, Mineralien) wird eine Qualitätsverbesserung erreicht. Zur Unterscheidung von Margarine und Butter wird gesetzlich vorgeschrieben, daß der Margarine außerdem Stärke (vgl. 11.5.3.1) zugesetzt wird. Margarine ist reich an essentiellen Fettsäuren und im Gegensatz zu Butter frei von *Cholesterin*[1].

Fettsäuren können auch synthetisch aus billigen Rohstoffen hergestellt werden: Höhere Alkane lassen sich mit geeigneten Katalysatoren durch Luftsauerstoff zu Fettsäuren *oxidieren.* – Die synthetischen Fettsäuren werden mit *Laugen* zu Seifen verarbeitet.

11.2 Seifen und Waschmittel

11.2.1 Seifen

11.2.1.1 Zusammensetzung

Während eine Mischung von Fett (Öl) und Wasser nur eine wenig beständige *Emulsion* bildet, die sich schnell wieder entmischt, erhält man durch Kochen von Fett (Öl) mit *Alkalilaugen* stark *schäumende* Lösungen. Das Fett wird hierbei durch die Lauge **hydrolysiert** und es entstehen neben Propantriol die in Wasser gelösten Alkalisalze der Fettsäuren, die man als **Seifen** bezeichnet.
Beispiel:

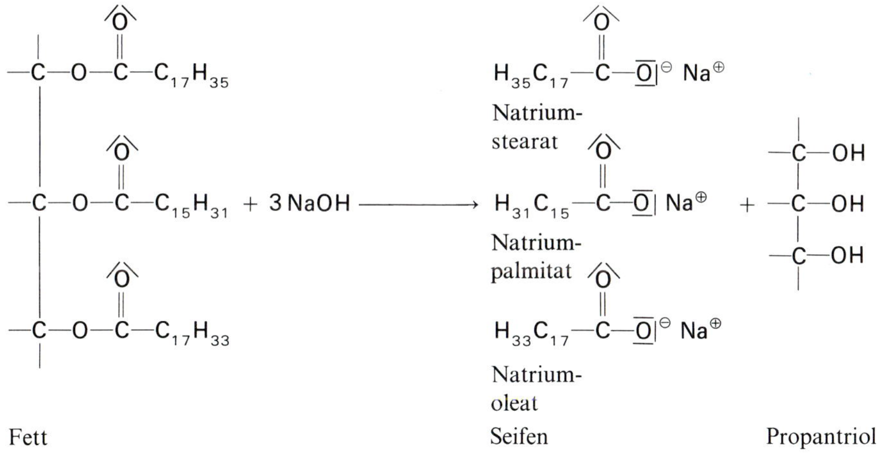

Seifen sind Salze der Fettsäuren, Waschseifen sind die **Alkalisalze der Fettsäuren**. Sie sind in Wasser (und Alkohol) löslich. Die Löslichkeit ist von der Länge der Kohlenwasserstoffkette abhängig. In wäßrigen Lösungen der Waschseifen finden sich **Alkalimetall-Kationen** und **Seifen-Anionen** (Fettsäurerest-Anionen).

1 Cholesterin ist eine wasserunlösliche Substanz; sie kann in den Adern abgelagert werden und zu Gefäßverstopfungen führen (Herzinfarkt).

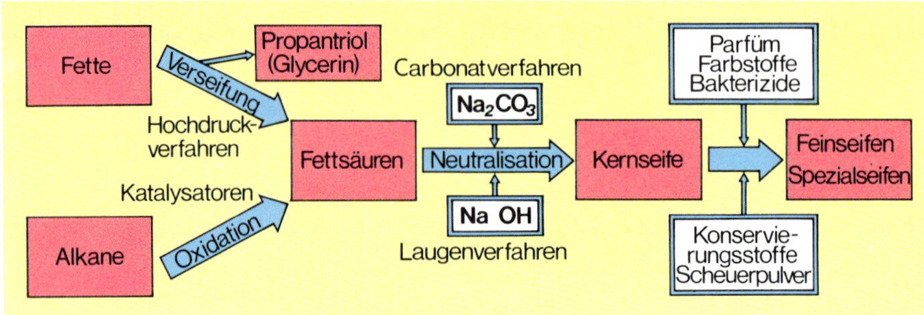

Abb. 11.2 Schema der Seifenfabrikation

Die Waschseifen stellen Gemische der Natrium- (oder Kalium-)salze der in den Fetten enthaltenen Säuren dar, insbesondere der **Palmitinsäure**, der **Stearinsäure** und der **Ölsäure**.

11.2.1.2 Herstellung der Waschseifen

Rohstoffe für die Seifengewinnung sind *natürliche* pflanzliche und tierische **Fette**, insbesondere solche, die für die menschliche Ernährung wertlos sind, und *synthetisch* hergestellte **Fettsäuren**.

Die **Seifenfabrikation** (Abb. 11.2) aus diesen Rohstoffen geschieht nach zwei Verfahren:

Bei der **Carbonatverseifung** werden die Fette unter hohem Druck durch *Wasserdampf* in Fettsäuren und Glycerin gespalten. Das Glycerin wird abgetrennt und die freien Fettsäuren werden in heiße *Sodalösung* gegossen, wobei unter stürmischer CO_2-Entwicklung **Kernseife** entsteht.

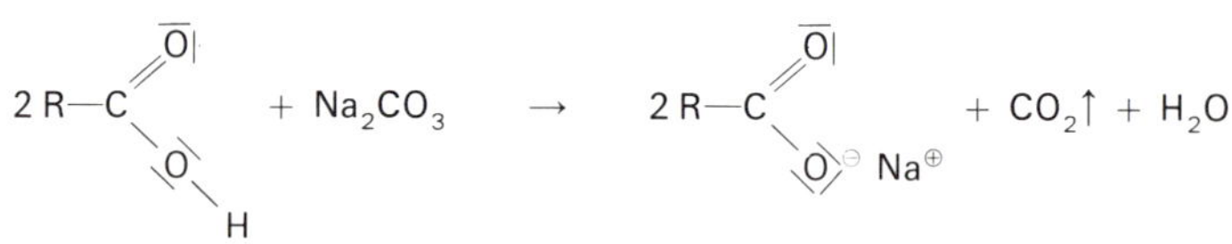

Bei der **Laugenverseifung** werden Fette mit Alkalien „*verseift*".

11.2.1.3 Eigenschaften

Alkaliseifen sind in Wasser *gut löslich*. Im Gegensatz zu echten Lösungen handelt es sich hier jedoch um **kolloide** Lösungen, d.h. es liegen keine isolierten Moleküle

Abb. 11.3 Bau eines Seifenanions (Palmitat-Anion)

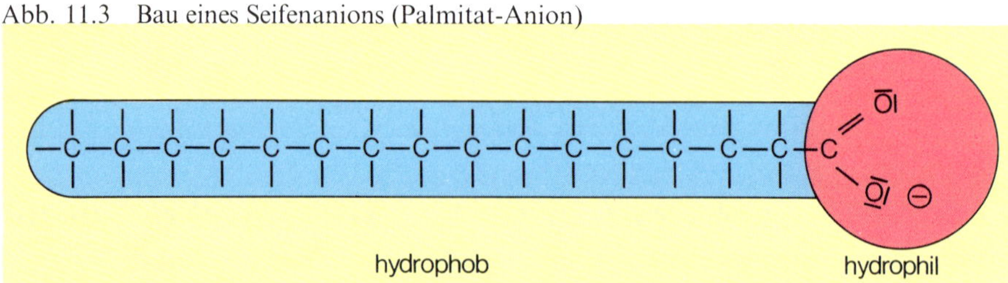

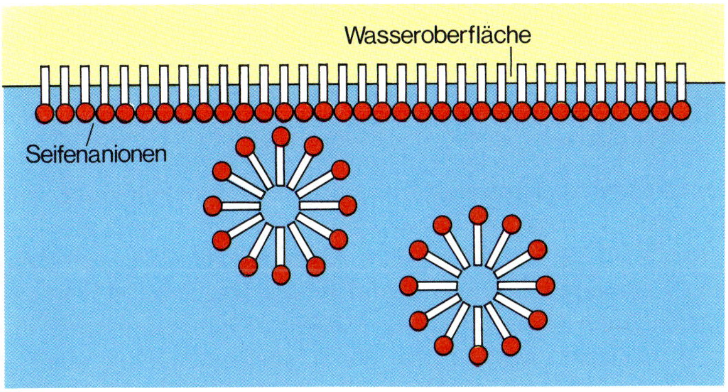

Abb. 11.4 Anordnung von Seifenanionen im Wasser und an der Wasseroberfläche

bzw. Ionen vor, sondern kleinere Gruppen von Molekülen bzw. Ionen (Teilchengröße 10^{-5} cm bis 10^{-7} cm).

Alkaliseifen sind im *Gegensatz* zu den *undissoziierten* Fettsäuren löslich, da die Anionen neben **unpolaren (hydrophoben)** *Kohlenwasserstoffketten* durch die *Ionenladung* eine stark **polare (hydrophile)** *Carboxylatgruppe* besitzen (Abb. 11.3).

In der kolloiden wäßrigen Lösung bilden die Seifenanionen kleine Gruppen **(Micellen)**, in denen die hydrophoben Enden zueinander und die polaren Gruppen zu den Wassermolekülen gerichtet sind (Abb. 11.4). An der Wasseroberfläche ordnen sich die Seifenanionen entsprechend mit den hydrophoben Enden aus dem Wasser heraus in einer *monomolekularen Schicht* an (Abb. 11.4).

Mit *Erdalkalikationen* (Ca^{2+}; Mg^{2+}) und einer Reihe von *Schwermetallionen* (Fe^{3+}, Pb^{2+}) bilden die Fettsäureanionen *schwerlösliche* Salze (Seifen).

Beispiel:

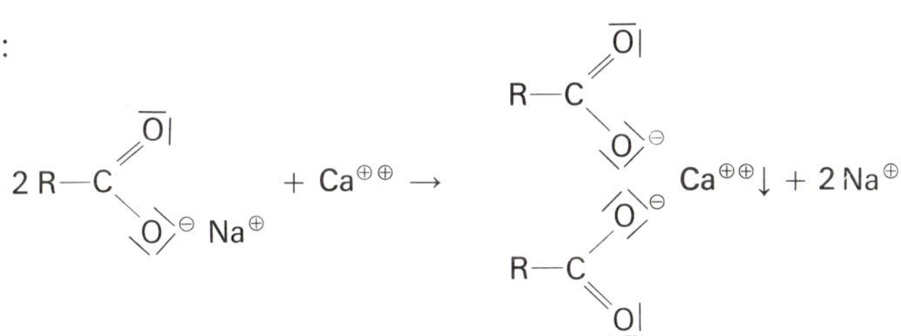

In wäßrigen Lösungen *protolysieren* Alkaliseifen und zeigen als Salze starker Basen und schwacher Säuren **alkalische Reaktion** (*Seifenlauge*).

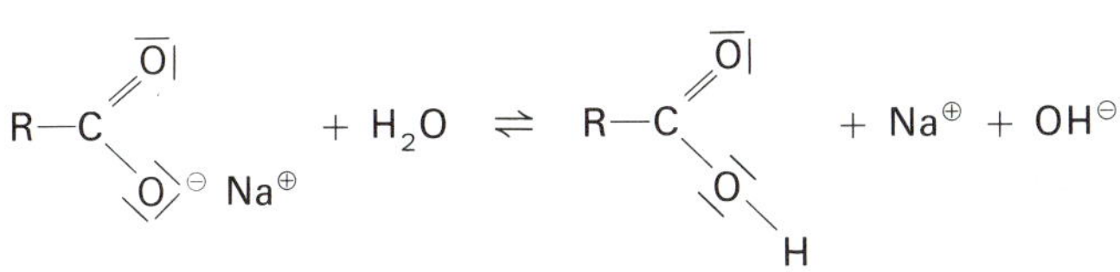

Im Gegensatz dazu zeigen alkoholische Lösungen keine alkalische Reaktion. Durch *starke Mineralsäuren* werden die Fettsäureanionen aus Seifenlösungen verdrängt und *fallen als Fettsäuren aus.*

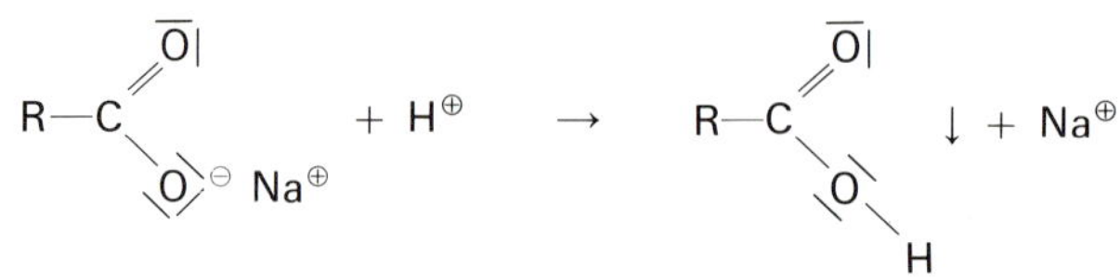

Seifenlösungen erscheinen durch die Anwesenheit von Fettsäuren auch immer ein wenig trübe. Freie Fettsäuren wirken nicht reinigend sondern schmieren. Die **Konsistenz** der Seifen ist abhängig von der Art des Alkalimetalls sowie von dem Anteil an ungesättigten Fettsäuren. *Kaliseifen* sind in der Regel bei RT weich (*Schmierseifen*), die *Natriumseifen* dagegen fest (*Kernseifen*). Je höher der Anteil an ungesättigten Fettsäuren ist, desto niedriger liegt der Schmelzbereich der Seife. Toilettenseifen enthalten neben der eigentlichen Seife auch Duftstoffe, Farbstoffe, Hautpflegemittel usw. (vgl. Abb. 11.2).

11.2.1.4 Waschwirkung

Zwischen den einzelnen Molekülen des Wassers sind infolge des Dipolcharakters elektrostatische Kräfte wirksam, die ihren Zusammenhalt bewirken. Diese Kräfte werden besonders deutlich an Grenzflächen mit anderen Stoffen, z.B. an der Grenzfläche Wasser/Öl oder an der Grenzfläche Wasser/Luft. Das hat zur Folge, daß die Grenzflächen das Bestreben haben, sich zu verkleinern, wodurch in ihnen eine Spannung erzeugt wird, die **Grenzflächenspannung**, die beim System Wasser/Luft **Oberflächenspannung** genannt wird.
Die Oberflächenspannung verhindert beim Waschprozeß ein (schnelles) Eindringen des Wassers in das Waschgut (Abb. 11.5). Das Wasser soll aber gut in das Gewebe eindringen, deshalb muß die Oberflächenspannung vermindert oder ganz aufgehoben werden. Das wird u.a. durch Seifenzusatz erreicht.

Herabsetzung der Oberflächenspannung. Beim Lösen von Seife in Wasser läßt sich beobachten, daß sie sich an der Oberfläche konzentriert. Dieses Verhalten findet seine Erklärung in dem Bau des Seifen-Anions. Durch die hydrophoben Enden wird der Zusammenhang zwischen den Wassermolekülen unterbrochen. Die zwischen diesen bestehenden anziehenden Kräfte bewirken jedoch eine schnelle Verdrängung der hydrophoben Seifen-Anionenenden aus dem Innern der Flüssigkeit. Sie sammeln sich an der Oberfläche. Bei hinreichender Konzentration der Seifen-Anionen kommt es schließlich zur Bildung einer **monomolekularen Schicht**,

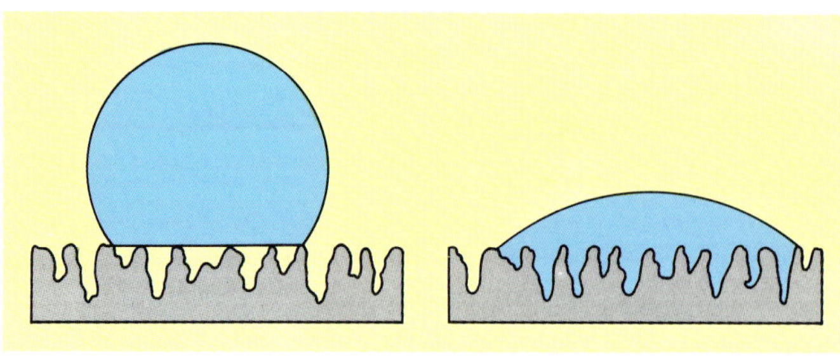

Abb. 11.5 Wassertropfen auf Gewebe, ententspanntes Wasser im Gewebe

Abb. 11.6 Herabsetzung der Oberflächenspannung und Dispersionswirkung der Seife

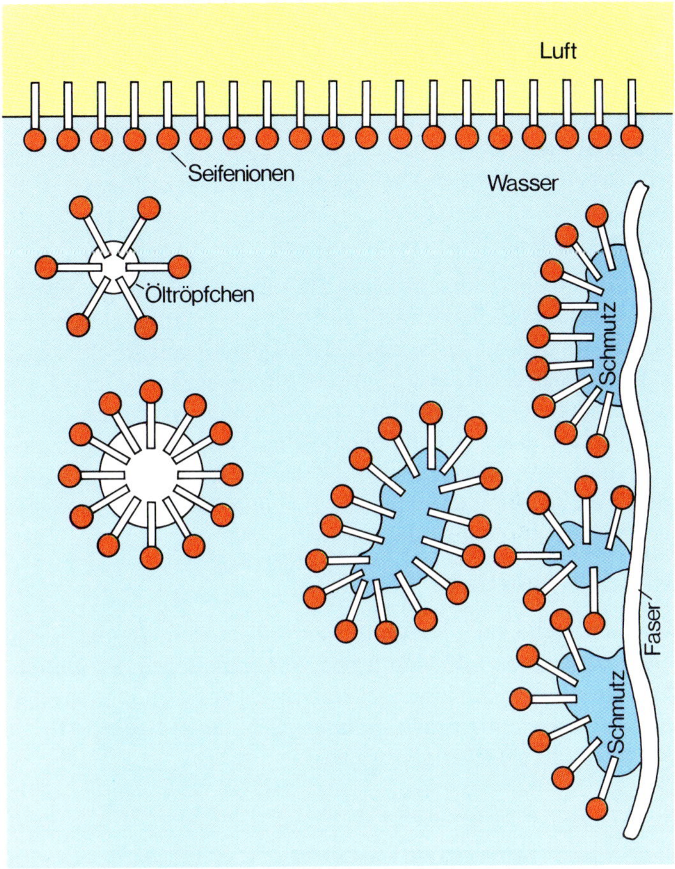

indem sich die Seifen-Anionen alle *senkrecht* zur Wasserfläche stellen (Abb. 11.6), wobei die *hydrophile* COO^--Gruppe ins *Wasser* gerichtet ist, die *hydrophobe* Kohlenwasserstoffkette dagegen in die *Luft* ragt. Da in der Oberflächenschicht jetzt nicht mehr die stark zusammenhaltenden Wassermoleküle vorhanden sind, sondern die gleichsinnig geladenen und deshalb auseinanderdrängenden Carboxyl-Ionen, ist die Oberflächenspannung der wäßrigen Seifenlösung sehr viel geringer als die des reinen Wassers.

Die geringe Oberflächenspannung einer Seifenlösung ist Ursache für die Fähigkeit zur *Schaumbildung*. Infolge der Herabsetzung der Oberflächenspannung können lufthaltige Gewebe nun durch die Seifenlösung **benetzt** werden (Abb. 11.5). Die Seifen-Anionen sind daher in der Lage, die auf den Fasern befindlichen *Schmutzpartikel* **abzuheben**. Die *hydrophoben* Schmutzteilchen werden von den *hydrophoben* Enden der Seifen-Anionen umgeben, die gleichzeitig mit ihren *hydrophilen* Enden eine Verbindung zu den Molekülen des Wassers herstellen. Da sich die gleichgeladenen Carboxylatgruppen gegenseitig abstoßen, kommt es zu einer

Zerteilung von größeren Schmutzteilchen (Öltropfen) in kleinere, die kolloid in Lösung gehalten werden (Abb. 11.6). Der Schmutz wird **dispergiert**, es entsteht eine *Emulsion* von Fetttröpfchen bzw. eine feine *Suspension* von Schmutzteilchen.

Waschaktive Substanzen zeichnen sich durch einen speziellen Bau aus: das Molekül (Ion) besitzt neben einer **hydrophoben Gruppe** ein stark **polares Ende**. Die Waschwirkung beruht auf der **Herabsetzung der Oberflächenspannung**, der **Netzwirkung** und der **Dispersionswirkung**.

Herkömmliche Seifen besitzen allerdings auch einige **Nachteile**. Sie werden durch *hartes* Wasser (hoher Gehalt an Erdalkaliionen) dadurch unwirksam gemacht, daß sie als *wasserunlösliche* Salze **(Kalkseifen)** ausgefällt werden. Kalkseifen haben keinerlei Waschwirkung. Darüber hinaus setzen sie sich z. T. auf dem Waschgut ab und bilden sehr unliebsame und störende Inkrusten in den Waschgeräten. Die *alkalische* Reaktion der Seifenlösung kann darüber hinaus zur Schädigung von empfindlichen Fasern und Farben sowie empfindlicher Haut führen. Bei *niedrigem pH-Wert* (d. h. sauren Lösungen) sind Seifen unwirksam, da die wasserunlöslichen Fettsäuren ausfallen.

10.2.2 Synthetische Tenside

Auf der Suche nach waschaktiven Substanzen, die die Nachteile der Waschseifen nicht besitzen, wurde eine Reihe von **anionischen, kationischen** und **nichtionischen Tensiden**[1] entwickelt. Sie zeichnen sich aus durch eine oder mehrere *hydrophobe Ketten* sowie eine stark polare, *hydrophile Gruppe*. Es soll hier nur auf die **Aniontenside** eingegangen werden.

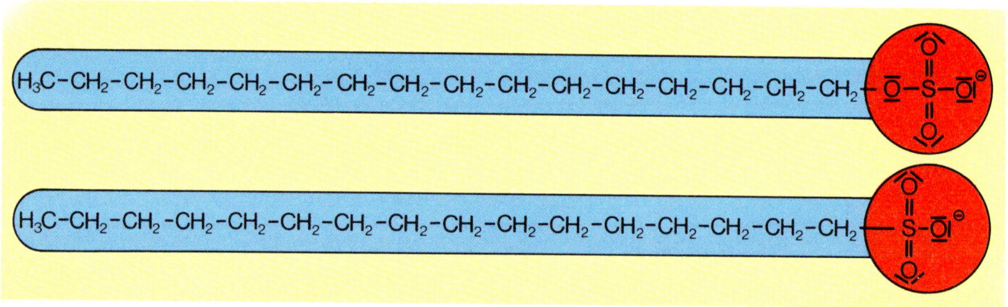

Abb. 11.7 Bau eines Alkylsulfat-Anions (Hexadecylsulfat), Alkylsulfonat-Anions (Hexadecylsulfonat)

Ihre wichtigsten Vertreter sind die **Alkylsulfate** [Anionen der Schwefelsäureester von langkettigen Alkanolen (Abb. 11.7)] und die **Alkylsulfonate** [Anionen der Alkylsulfonsäuren (Abb. 11.7)].
Die *Alkylsulfate* erhält man durch Veresterung von Schwefelsäure mit „Fettalkoholen" (langkettige Alkanole) und anschließender Neutralisation mit Natronlauge:

1 Von tensus (lat.) = gespannt; Stoffe, die waschaktiv sind.

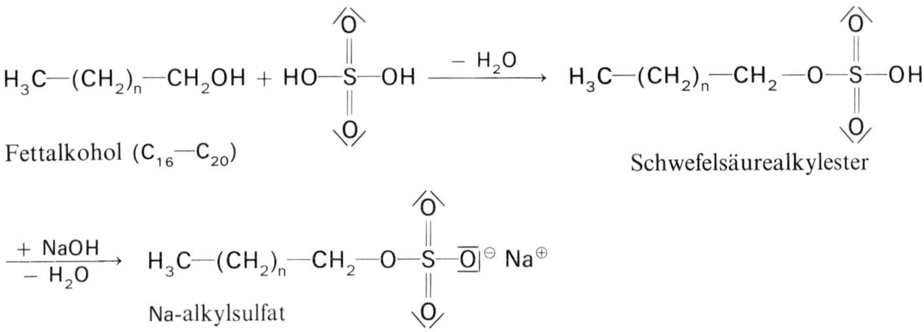

Die *Alkylsulfonate* gewinnt man aus langkettigen Alkanen und Schwefelsäure und anschließender Neutralisation mit Natronlauge:

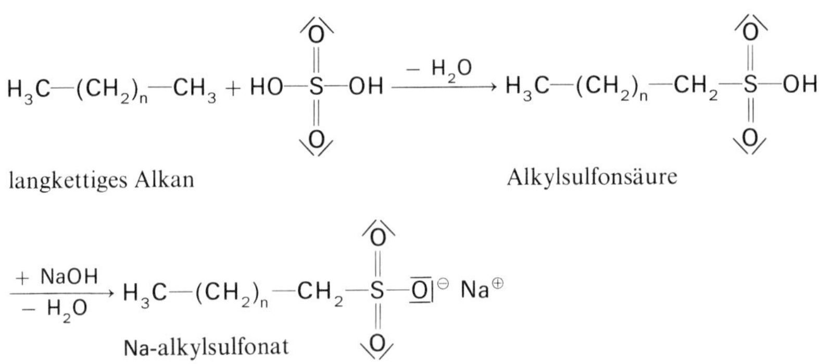

Diese modernen Tenside reagieren im Gegensatz zu Seifen in Lösungen *neutral*, da sie Salze von starken Säuren (Schwefelsäure) und starken Basen sind. Sie bilden *keine schwerlöslichen* Calciumsalze, und da die Anionen schwache Basen sind, bleiben sie auch noch in sauren Lösungen funktionsfähig.

11.2.3 Zusatzstoffe moderner Waschmittel (Waschhilfsmittel)

Moderne Waschmittel enthalten neben einem Gemisch verschiedener Tenside meist Zusätze weiterer Stoffe. Dazu zählen **Polyphosphate** und andere **Wasserenthärter** sowie **Bleichmittel**, **Enzyme** und **optische Aufheller**. *Bleichmittel* dienen der oxidativen Zerstörung von Flecken. *Enzyme*, besonders Lipasen und Proteasen, bauen als Biokatalysatoren fett- und eiweißhaltige Verunreinigungen bevorzugt bei niedrigeren Temperaturen ab, so daß die Waschtemperatur gesenkt werden kann. Dies ist für moderne Gewebe sowie zur Energieeinsparung von großer Bedeutung. *Optische Aufheller* sind solche Stoffe, die auf der Textilfaser haften bleiben, UV-Licht absorbieren und blaues Licht wieder abstrahlen. Auf diese Weise wird das Vergilben weißer Textilien überdeckt; die Wäsche erscheint weißer.

11.2.4 Umweltbelastung durch Waschmittel

Bis zu Beginn der 60er Jahre wurden sehr viele Tenside mit verzweigten Alkylgruppen verwendet, da diese leicht zu synthetisieren sind und ausgezeichnete hydrophobe Eigenschaften besitzen. Wegen der starken **Gewässerverschmutzung** (verzweigte Alkylgruppen werden von Mikroorganismen nicht abgebaut, so daß diese Tenside zu einer starken Schaumbildung in Flüssen und Bächen führen) sind seit 1964 durch das **Detergentiengesetz** nur noch solche Tenside zugelassen, die zu mindestens 80% biologisch abbaubar sind. Weiterhin führte der Zusatz von Polyphosphaten als Wasserenthärter in Waschmitteln zu einer übermäßigen *Umweltbelastung* durch die Überdüngung von Gewässern (vgl. Bd. 1, Kap. 21.4). Das **Waschmittelgesetz** von 1975 verlangt daher solche Tenside, die durch Wasserhärte in ihrer Wirksamkeit nur wenig beeinträchtigt werden, so daß auf Wasserenthärter weitgehend verzichtet werden kann.

11.3 Aminosäuren

Aminosäuren sind *Derivate* der Carbonsäuren, in deren Molekül (mindestens) ein H-Atom der Kohlenwasserstoffkette durch die Aminogruppe $—NH_2$ ersetzt ist. Je nach der Stellung der Aminogruppe zur COOH-Gruppe werden sie als 2-, 3-, 4-, ... oder als α-, β-, γ-, ... Aminosäuren bezeichnet.
Die **α-Aminosäuren** gehören zu den wichtigsten Verbindungen der physiologischen Chemie und werden als einfache Bausteine der **Eiweißstoffe** aus diesen durch Einwirkung von Enzymen sowie durch Kochen mit Säuren oder Alkalien (Hydrolyse) neben Ammoniak, Schwefelwasserstoff und Kohlendioxid freigesetzt.

Alle natürlich vorkommenden Aminosäuren sind α-Aminosäuren.

Die Moleküle der Aminosäuren bestehen aus drei Teilen:

- der funktionellen *Aminogruppe* $—NH_2$,
- der funktionellen *Carboxylgruppe* —COOH,
- dem *kohlenwasserstoffhaltigen Rest* R, in dem u. U. auch noch funktionelle Gruppen enthalten sein können.

Die **allgemeine Formel** der α-Aminosäuren lautet:

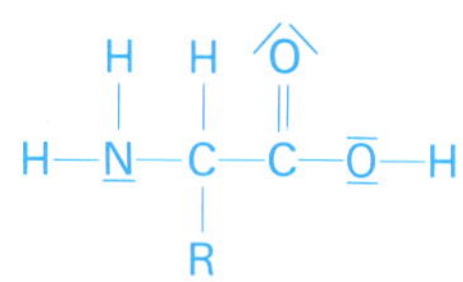

Die meisten Aminosäuren sind Monoamino-monocarbonsäuren, sie enthalten die beiden sie kennzeichnenden funktionellen Gruppen nur je einmal im Molekül. Innerhalb eines solchen Moleküls kann die NH_2-Gruppe die COOH-Gruppe *neutralisieren*, so daß die Aminosäuren den Charakter von **„inneren Salzen"** besitzen. Das *Proton* der Carboxylgruppe wird von dem einsamen Elektronenpaar des Stickstoffs der Aminogruppe (kovalent) gebunden, wodurch die elektrisch neutrale NH_2-Gruppe zur positiven NH_3^+-Gruppe wird. Es entsteht ein Aminosäuremolekül, das zwei entgegengesetzt geladene Pole besitzt, ein **Zwitterion**:

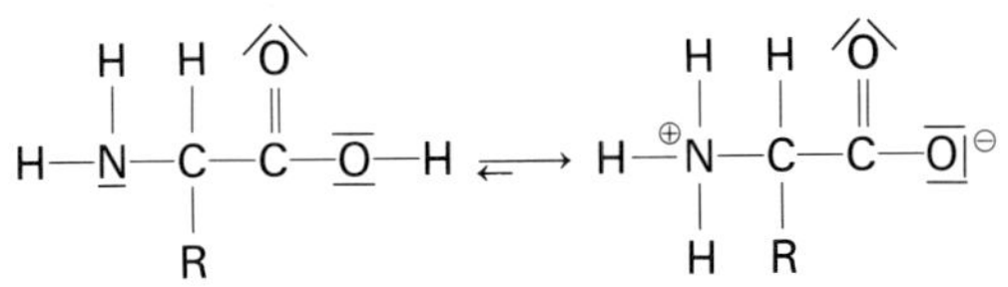

Zwitterion

Die Aminosäuren liegen sowohl frei als auch in wäßrigen Lösungen fast ausschließlich als Zwitterionen vor. Sie besitzen daher im Vergleich zu den normalen Carbonsäuren relativ hohe Smp (Glycin: Smp ca. 234 °C – Ethansäure: Smp 16,6 °C), kristallisieren, sind gut löslich in polaren Lösungsmitteln wie Wasser und schlecht löslich in unpolaren (Diethylether, Chloroform). Die Aminosäuren zersetzen sich bereits beim Schmelzen.

Da in *demselben* Aminosäure-Molekül eine *saure* ($-\overset{\oplus}{N}H_3$) und eine *basische* ($-COO^{\ominus}$) Gruppe enthalten ist (*amphotere* Verbindung), vermögen die Aminosäuren sowohl mit Laugen als auch mit Säuren **Salze** zu bilden:

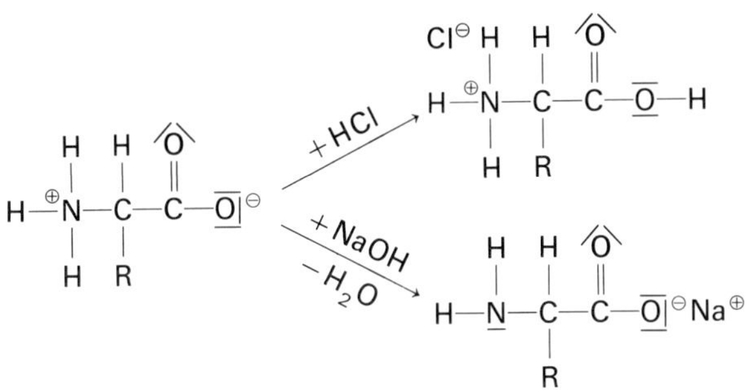

In *saurer* Lösung bilden die Aminosäuren *Kationen*, in *alkalischer Anionen*; in einem elektrischen Feld wandern sie in saurer Lösung zur Kathode, in alkalischer zur Anode. Jede Aminosäure ist bei einem bestimmten pH elektrisch neutral, im elektrischen Feld findet dann *keine* Wanderung statt (isoelektrischer Punkt = IEP).

Alle Aminosäuren außer Glycin (Aminoethansäure) besitzen im α-C-Atom ein **asymmetrisches** C-Atom und kommen daher in zwei **Stereoisomeren** vor. Die in der Natur vorkommenden Aminosäuren sind allerdings fast ausschließlich **L-Aminosäuren**.

Durch *Hydrolyse* (z.B. mit Salzsäure) sind bisher aus Eiweißstoffen über 25 verschiedene Aminosäuren isoliert worden, von denen sich 20 regelmäßig in den Hydrolysaten finden (Tab. 11.3).

α-Aminosäuren lassen sich auch aus α-Halogencarbonsäuren und konz. Ammoniak erhalten (vgl. Kap. 10.3.2.1).

Zum **Nachweis** von Aminosäuren, auch von kleinsten Mengen, dient *Ninhydrinlösung*, mit der die Aminosäuren einen intensiven (meist violetten) Farbstoff bilden.

Tabelle 11.3 Auswahl natürlicher Aminosäuren

Name	Symbol	Formel	Isoelektrischer Punkt
Glycin	Gly	$CH_2(NH_2)COOH$	5,97
Alanin	Ala	$CH_3CH(NH_2)COOH$	6,00
Valin	Val	$(CH_3)_2CHCH(NH_2)COOH$	5,96
Leucin	Leu	$(CH_3)_2CHCH_2CH(NH_2)COOH$	6,02
Isoleucin	Ileu	$CH_3CH_2CH(CH_3)CH(NH_2)COOH$	5,98
Tyrosin	Tyr	$HO-C_6H_4-CH_2CH(NH_2)COOH$	5,66
Serin	Ser	$HOCH_2CH(NH_2)COOH$	5,68
Cystein	CySH	$HSCH_2CH(NH_2)COOH$	5,05
Asparaginsäure	Asp	$HOOCCH_2CH(NH_2)COOH$	2,77
Glutaminsäure	Glu	$HOOCCH_2CH_2CH(NH_2)COOH$	3,22
Lysin	Lys	$H_2NCH_2CH_2CH_2CH_2CH(NH_2)COOH$	9,74

Im Gegensatz zu den Pflanzen, die aus einfachen anorganischen N-Verbindungen Aminosäuren aufzubauen vermögen, also in bezug auf den N-Stoffwechsel **autotroph** sind, sind die meisten vielzelligen Tiere **heterotroph**. Sie sind mehr oder weniger stark auf die Zufuhr von Aminosäuren angewiesen. Die meisten

Abb. 11.8 Chromatographie von Aminosäuren

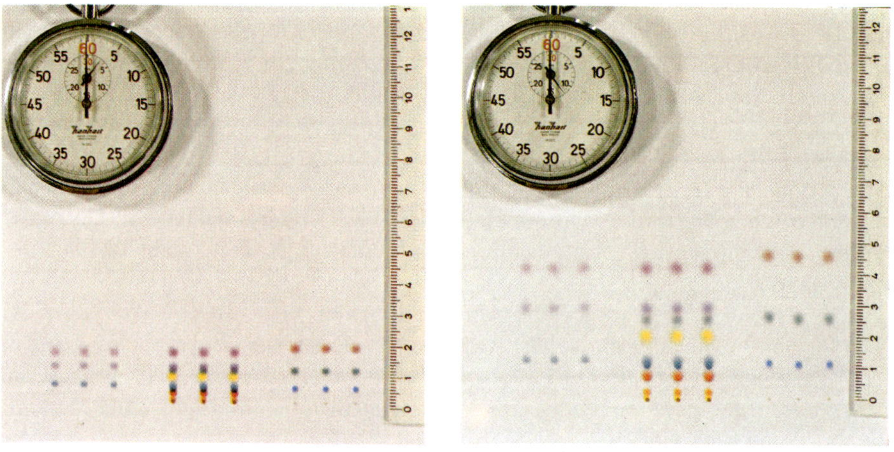

Aminosäuren vermag der menschliche Organismus selbst aufzubauen, etwa acht müssen ihm ständig mit der Nahrung zugeführt werden: unentbehrliche, **essentielle** Aminosäuren. Fehlen sie, so treten schwere Mangelkrankheiten auf.
Aminosäuregemische lassen sich durch **Dünnschichtchromatographie** trennen. Hierbei handelt es sich um ein modernes Trennverfahren, bei dem das zu trennende Stoffgemisch in kleinen Mengen punktförmig auf eine dünne Schicht eines speziellen absorbierenden Materials aufgetragen wird, das sich auf einer Glas-, Kunststoff- oder Metallplatte befindet. Dieses Material (Aluminiumoxid, Kieselgel o.a.) stellt die sog. **stationäre Phase** dar und steht in einer Flüssigkeit, der **mobilen Phase**, die durch Kapillarkräfte in der stationären Phase senkrecht hochsteigt. Hierbei nimmt sie das Stoffgemisch mit. Die einzelnen Komponenten des Gemisches werden aufgrund ihrer unterschiedlichen Eigenschaften (Polarität usw.) unterschiedlich stark von der stationären Phase *adsorbiert*, daher unterschiedlich weit von der mobilen Phase mitgenommen und so getrennt. Farblose Substanzen wie Aminosäuren werden zum Nachweis durch spezielle Reagenzien, z. B. Ninhydrin, angefärbt (Abb. 11.8). Neben dieser **Adsorptionschromatographie** (Dünnschicht- und Säulenchromatographie) gibt es noch ein weiteres Prinzip in der Chromatographie. Bei der Verwendung von Dünnschichtplatten mit *Cellulose* oder Papier (Papierchromatographie) als stationäre Phase tritt die Adsoprtion als Trennprinzip in den Hintergrund. Auf der Cellulose befindet sich immer eine Schicht Wasser. Die Komponenten des Stoffgemisches werden hier aufgrund ihrer unterschiedlichen Löslichkeit (= Verteilung) in Wasser (stationäre Phase) und der mobilen Phase getrennt (**Verteilungschromatographie**).

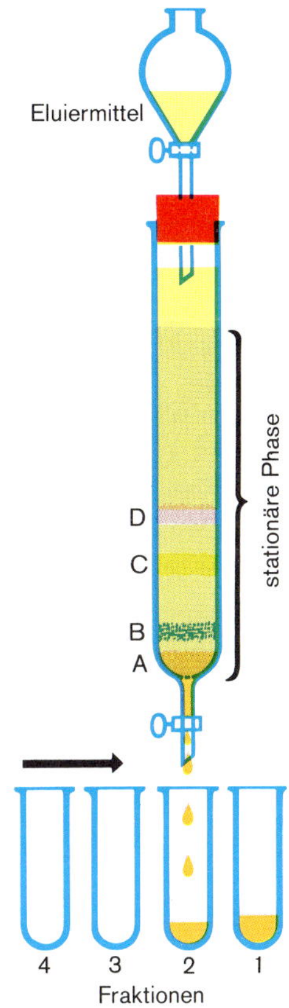

Abb. 11.9 Säulenchromatographie

11.4 Peptide und Proteine

11.4.1 Peptide

Die Aminogruppe eines Aminosäuremoleküls läßt sich formal mit der Carboxylgruppe eines zweiten Moleküls unter *Wasserabspaltung* verbinden.

Die bei dieser **amidartigen** Verknüpfung entstehenden Verbindungen werden als **Peptide** bezeichnet. Die kennzeichnende Gruppe solcher **Peptidbindung** hat die Form

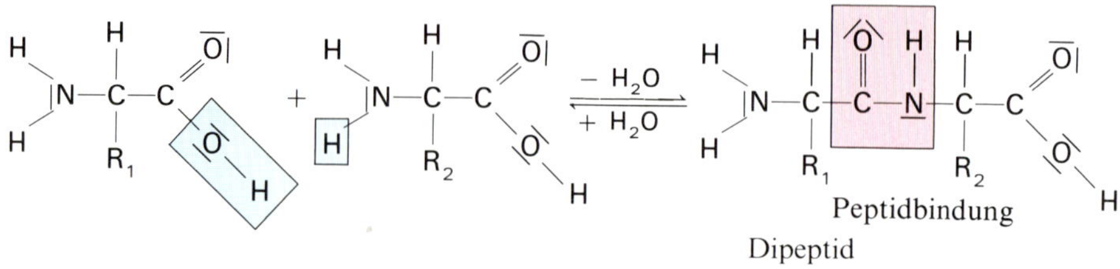

Da das Gleichgewicht fast ganz auf der linken Seite liegt, lassen sich in der Praxis auf diesem Weg keine Peptide darstellen.

Das Dipeptid kann an jedem Molekülende weiterreagieren; so können lange Ketten entstehen. Je nach der Anzahl der Aminosäuren, die sich zu Peptiden vereinigen, nennt man die Stoffe: **Di-, Tri-, … Polypeptide**.
Die Polypeptide zeigen bereits *eiweißartigen* Charakter.

11.4.2 Proteine (Eiweiße)

11.4.2.1 Eigenschaften und Bedeutung

1. Proteine bestehen aus *sehr langen* Ketten von miteinander durch Peptidbindungen verknüpften Aminosäuren. Ihre Molekülmassen schwanken zwischen einigen Tausend und vielen Millionen u. Zur Bestimmung ist eine Reihe besonderer Methoden ersonnen worden. So werden z. B. aus der Sedimentationsgeschwindigkeit mit Hilfe der Ultrazentrifuge für die Molekülmassen des Milchalbumins 17400 u, des Eieralbumins 34500 u, des Pepsins 35500 u, des Insulins 41000 u, des Thyreoglobulins (eines Eiweißstoffes der Schilddrüse) 700000 u und des Tabakmosaikvirus 40,7 Mio u gefunden.

2. Sie lassen sich unter Wasseraufnahme durch Säuren oder spezielle Enzyme (Proteasen) in die Aminosäuren **hydrolysieren**, die chromatographisch getrennt werden können. Am Aufbau der natürlichen Proteine sind 20 verschiedene Aminosäuren beteiligt.
Beim *Erhitzen* von Eiweißen mit *Alkalien* werden sie *zersetzt* und spalten **Ammoniak** aus den Aminogruppen der Aminosäuren ab. Die meisten Proteine enthalten *schwefelhaltige* Aminosäuren (Cystin, Cystein), die sich mit Blei(II)-salzlösungen durch Ausfällen von *Bleisulfid* nachweisen lassen.

3. Durch *Hitze*, *Ethanol*, *Säuren* und *Schwermetallionen* werden Eiweiße **denaturiert**, d.h. ihre Struktur wird zerstört, sie gerinnen und flocken aus den Lösungen aus.

4. Die wichtigsten Nachweisreaktionen für Eiweiße sind Farbreaktionen wie die *Biuret-Probe* und die *Xanthoproteinprobe*.

Biuret-Probe: mit alkalischer Cu^{2+}-Salzlösung bilden Proteine eine violette

Komplexverbindung. Diese Reaktion tritt bei allen Verbindungen auf, die eine

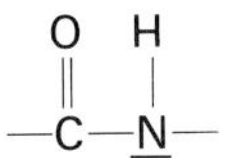

-Gruppierung besitzen.

Xanthoproteinprobe: mit konz. Salpetersäure bilden fast alle Eiweiße einen intensiven gelben Niederschlag. Diese Reaktion wird hervorgerufen durch die Bildung von gelben Nitroverbindungen solcher Aminosäuren, die einen Benzolring besitzen.

5. Die Eiweißstoffe sind die wichtigsten Bestandteile aller lebenden Zellen. Alle Lebensvorgänge sind nach unserem heutigen Wissen an Eiweiß gebunden. Die Eiweißstoffe dienen in entscheidender Weise einmal zum Aufbau lebensnotwendiger *Organ-* und *Zellbestandteile*, zum anderen zum Aufbau der ebenso notwendigen *Biokatalysatoren*, der Enzyme und Hormone, wogegen sie für die direkte Energieversorgung nur in untergeordnetem Maße eine Rolle spielen.

11.4.2.2 Primärstruktur

Verantwortlich für die charakteristischen Eigenschaften der Eiweiße ist: a) **welche** Aminosäuren in der Polypeptidkette enthalten sind, b) die **Anordnung** der Aminosäuren in der Polypeptidkette, c) die **Länge** der so aufgebauten Polypeptidkette. Die Reihenfolge der Aminosäuren bezeichnet man als **Aminosäuresequenz**, sie stellt die **Primärstruktur** der Proteine dar, die nur durch sehr spezielle Untersuchungsmethoden zu ermitteln ist.

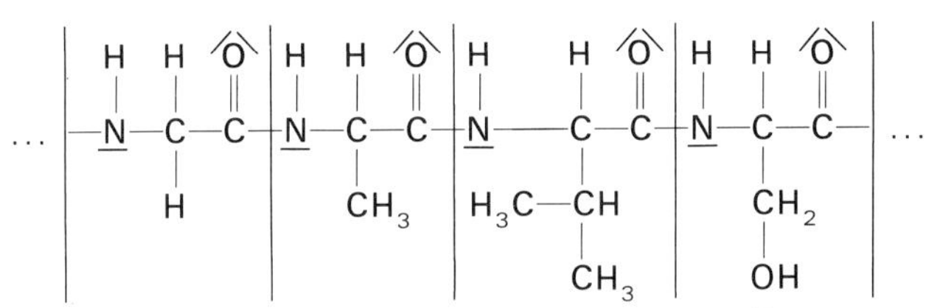

Gly Ala Val Ser

Aus den 20 Aminosäuren lassen sich *„unzählig"* viele Kombinationen zu Proteinen zusammenstellen. Es sind bereits 400 verschiedene Dipeptide denkbar, 8000 Tripeptide, 160000 Tetrapeptide, $2{,}56 \cdot 10^{10}$ Octapeptide. Für ein Polypeptid aus 75 Aminosäuren gibt es theoretisch $3{,}8 \cdot 10^{97}$ verschiedene Sequenzen.

Proteine liegen ebenso wie die Aminosäuren als *Zwitterionen* vor, so daß das eine Ende der Polypeptidkette von einer $—NH_3^+$-Gruppe, das andere von einer $—COO^-$-Gruppe gebildet wird.

11.4.2.3 Sekundärstruktur

Die **Eiweißmolekülkette** hat meistens *keinen* gestreckten, linearen Bau. Im unveränderten (nativen) Eiweiß ist die Kette meist *spiralig* aufgewickelt. Die räumliche Anordnung der Eiweißkette wird als **Sekundärstruktur** des Proteins bezeichnet. Die häufigste Sekundärstruktur ist die **schraubenförmige Helixstruktur**

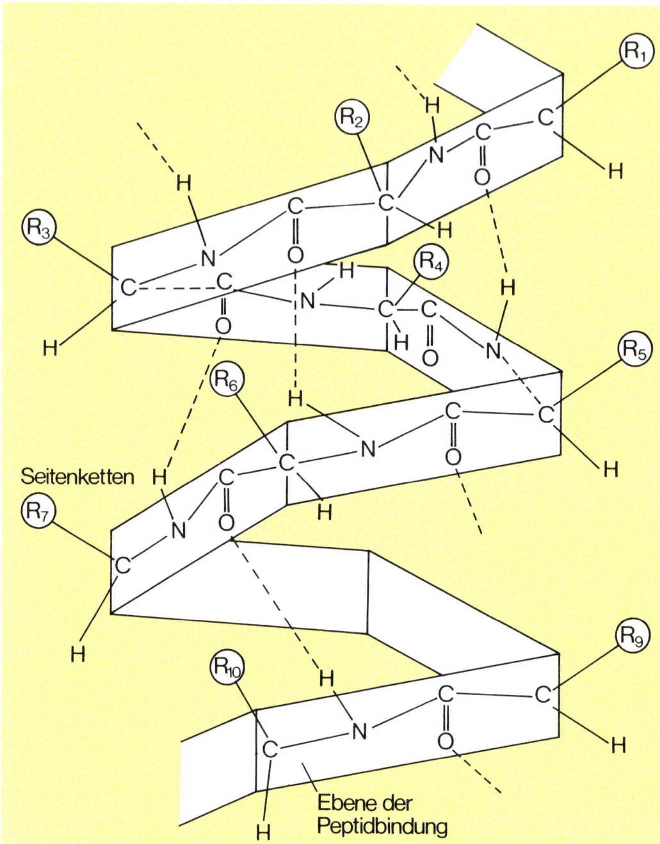

Abb. 11.10
α-Helix eines Proteins mit ihren H-Brückenbindungen

Abb. 11.11 Faltblattstruktur

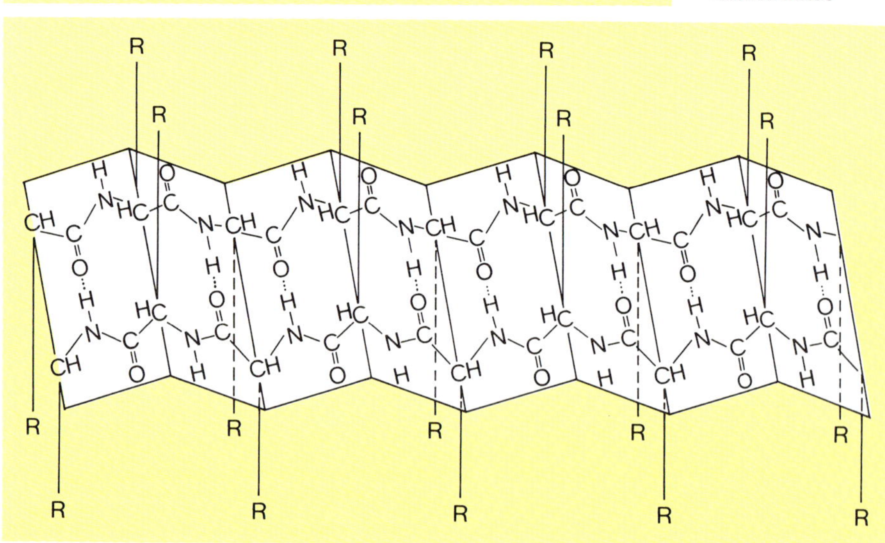

In ihr bildet jede -Gruppe in Richtung der Schraubenachse eine **H-Brückenbindung** zu C=O-Gruppen derselben Polypeptidkette (Abb. 11.10). Alle Seitenketten der Aminosäuren sind nach außen von der Schraubenachse weggerichtet. Die Atome der Peptidbindung liegen jeweils in einer Ebene.
Eine weitere Sekundärstruktur ist die sog. **Faltblattstruktur**, in der mehrere Polypeptidketten parallel liegen. Die Peptidbindungsebenen sind gegeneinander aufgefaltet, die Reste stehen senkrecht über und unter der Ziehharmonika-Ebene (Abb. 11.11). Man findet diese Struktur z. B. beim Eiweiß der Seide und dem β-Keratin.

11.4.2.4 Tertiärstruktur

Die über H-Brückenbindungen verknüpften Polypeptidketten, insbesondere die Helix-Schraube, sind ihrerseits wieder durch die Ausbildung weiterer Bindungen in spezieller Weise räumlich angeordnet (**Tertiärstruktur**, Abb. 11.12).
Ursache für die Tertiärstruktur ist die Verknüpfung verschiedener Bezirke der Helix durch folgende Bindungsarten: *Atombindungen*, **(Disulfidbrücken), Ionenbindungen, H-Brückenbindungen, van der-Waals-Bindungen** (Abb. 11.13). Man unterscheidet zwei große Gruppen von Eiweißen aufgrund der mit den Tertiärstrukturen verbundenen Eigenschaften: **fibrilläre** (fadenartige) und **globuläre** (kugelförmige) Proteine.

Die unter dem Einfluß von Säuren, Alkohol, Hitze oder Schwermetallionen entstehende **Denaturierung** (Koagulation, Gerinnung) der löslichen globulären

Abb. 11.12 Tertiärstruktur von Myoglobin

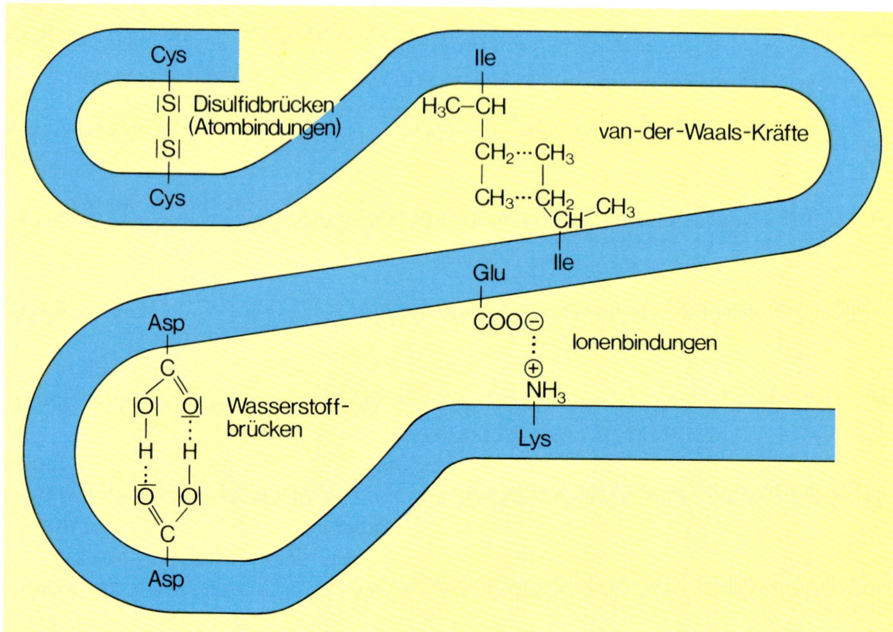

Abb. 11.13 Bindungstypen in der Tertiärstruktur

Proteine ist auf eine *Zerstörung der Tertiärstruktur* zurückzuführen, die in einigen Fällen jedoch reversibel (umkehrbar) ist (Abb. 11.14).

11.4.2.5 Quartärstruktur

In vielen Fällen lagern sich nun aber auch *mehrere* Moleküle aufgrund ihrer spezifischen Struktur zu *größeren Gebilden* zusammen. Diese Verbände bezeichnet man als **Quartärstruktur** der Proteine (Abb. 11.25).

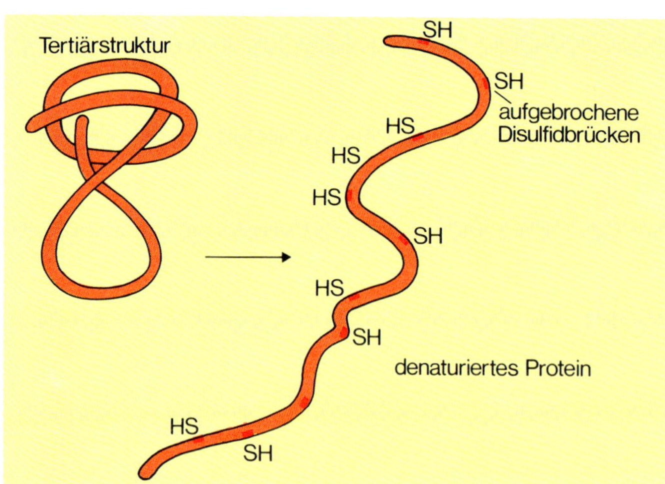

Abb. 11.14 Denaturierung eines Proteins

Abb. 11.15 Hämoglobin

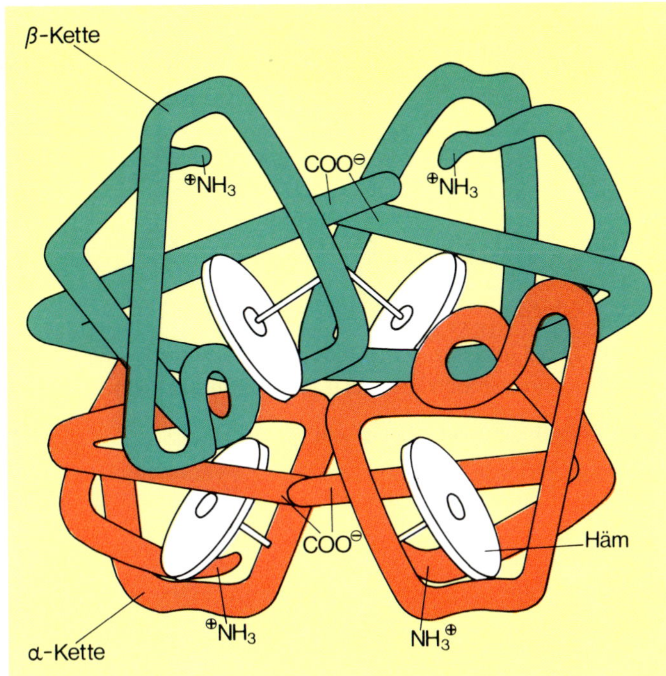

Die räumliche Struktur der Eiweiße wird durch die **Primärstruktur** (Aminosäuresequenz), die **Sekundärstruktur** (Anordnung der Aminosäurekette), die **Tertiärstruktur** (Aufknäulung zu räumlichen Gebilden) und die **Quartärstruktur** (Zusammenlagern mehrerer Moleküle) bestimmt. Alle Eigenschaften der Eiweiße sind eng mit der Struktur verbunden.

11.5 Kohlenhydrate

Die **Kohlenhydrate** stellen *mengenmäßig* den größten Teil der auf der Erde vorkommenden organischen Stoffe dar.
Die Kohlenhydrate werden durch Fotosynthese in Pflanzen aufgebaut, sie bilden einen Hauptbestandteil der tierischen und menschlichen Nahrung. Sie sind unter den Nährstoffen die wichtigsten *Energieträger*.
Es hat sich als zweckmäßig erwiesen, sie nach ihren Eigenschaften in *drei* Gruppen einzuteilen:

Monosaccharide[1], **Einfachzucker.** Zu ihnen gehören die **Pentosen** und **Hexosen**[2].

---

1 saccharum, lat. = Zucker; monos, gr. = allein, ein; oligo, gr. = wenige.
2 In diesen Namen ist die Zahl der in einem Monosaccharid-Molekül enthaltenen C-Atome durch das entsprechende griechische Zahlwort angegeben, dem die Endung **-ose** angehängt ist.

Oligosaccharide. Sie sind durch Kondensation aus Monosacchariden entstanden und ähneln diesen in ihren Eigenschaften. Zu ihnen gehören die **Disaccharide**.

Polysaccharide. Auch sie sind Kondensationsprodukte von Monosacchariden. In ihren Eigenschaften weichen sie aber erheblich von denen der Monosaccharide ab. Zu ihnen gehören die **Stärkearten** und die **Cellulose**.

11.5.1 Monosaccharide

11.5.1.1 Glucose

1. Bau. Die *Elementaranalyse* der Glucose ergibt die Verhältnisformel $(CH_2O)_n$, die Molekülmasse beträgt 180 u. Die **Summenformel** ist also $C_6H_{12}O_6$.

Für die **Struktur** der **Glucose** gilt die Formel:

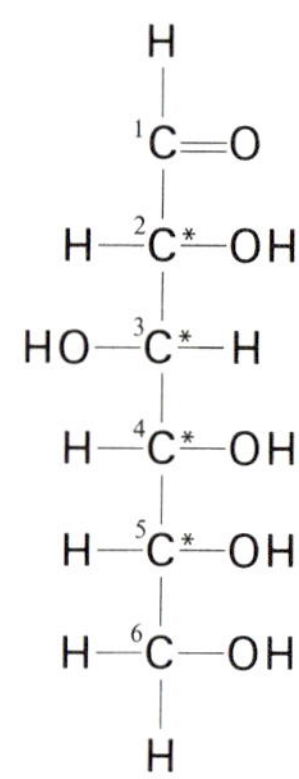

Projektionsformel der D-Glucose (Kettenformel) nach FISCHER

In der Projektionsformel nach FISCHER steht das *höchstoxidierte* C-Atom oben. Die Substituenten links und rechts von den asymmetrischen C-Atomen sind vor der Papierebene zu denken, die Bindungen nach oben und unten gehen hinter die Papierebene. Die Bezeichnung D und L erfolgt nach der Stellung der funktionellen Gruppe (hier —OH) am höchstnumerierten asymmetrischen C-Atom (hier C_5).
Glucose ist ein Vertreter der **Aldehydzucker**, der **Aldosen**.
Das Glucosemolekül enthält *vier* asymmetrische C-Atome. Die wäßrige Lösung ist *optisch aktiv*, sie dreht die Schwingungsebene des polarisierten Lichts.

2. Eigenschaften. Versuche bestätigen die Eigenschaften der Glucose, die nach der Formelanalyse zu erwarten sind:
– die gute *Mischbarkeit* mit *Wasser* und die *Unlöslichkeit* in *Hexan*. Das **hydrophile** Verhalten ist bedingt durch die Häufung der (stark assoziierenden) Hydroxylgruppen im Glucosemolekül.
– den relativ hohen Smp. (bei RT ist Glucose fest) aufgrund der Ausbildung vieler H-Brücken.
– die *reduzierende Wirkung:*

Ammoniakalische Silbersalz-Lösung wird *reduziert*, das Glucosemolekül zur *Gluconsäure*[1] oxidiert:

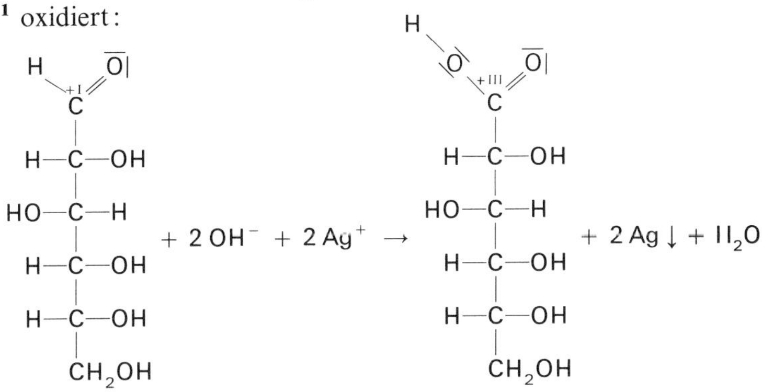

D-Glucose D-Gluconsäure

Cu^{2+}**-Ionen** (einer Fehling-Lösung) werden zu rotem Kupfer(I)-oxid *reduziert* (vgl. Kap. 8).
Diese Reaktionen geben auch die *Alkanale* und bestätigen die obige **Kettenformel** der Glucose. Aber andere für die Alkanalgruppe charakteristische Reaktionen bleiben aus: Eine Glucoselösung gibt *keine* Rotfärbung mit fuchsinschwefliger Säure; außerdem *polymerisieren* Glucosemoleküle *nicht* und zeigen *keine* Additionsreaktionen.

3. Ringstruktur. Dieses von den Alkanalen abweichende Verhalten ist darauf zurückzuführen, daß die Glucose in einer **cyclischen Form** vorkommt. Zwischen der Kettenform und der Ringform besteht ein Gleichgewicht, das fast ausschließlich auf der Seite der ringförmigen Moleküle liegt:

0,2 %

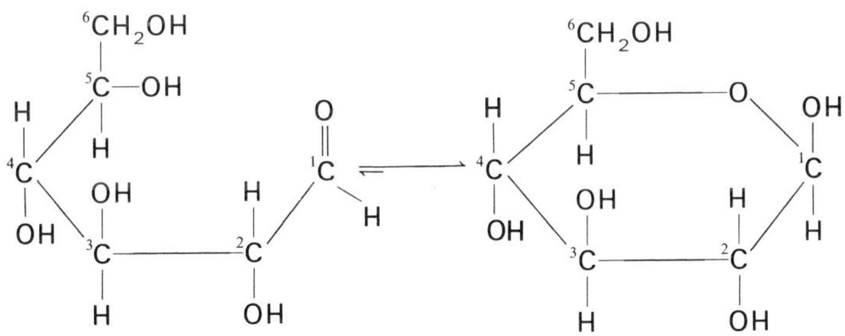

99,8 %

Aus *sterischen* Gründen erfolgt der Ringschluß von der Hydroxylgruppe des C_5-Atoms zum C_1-Atom; es entsteht ein spannungsfreier, in sich gewinkelter **Sechsring** aus 5 C- und einem O-Atom.

4. Vorkommen und Gewinnung. Glucose (Traubenzucker) kommt in süßen Früchten vor, namentlich im Saft der Trauben, ferner im Honig und im Nektar der Blüten und in konstanter Konzentration (0,1 %) im Blut.

---

1 Korrekter: es entsteht das Ammoniumsalz der Gluconsäure.

Traubenzucker ist weniger süß als der gewöhnliche Rohrzucker; er schmilzt bei etwa 147 °C. – Im festen Zustand ist er gelblichweiß. – Traubenzucker ist ein wichtiges Stärkungsmittel (Dextroenergen, Dextropur).
Technisch wird Traubenzucker durch Hydrolyse aus Rohrzucker oder Stärke gewonnen.

11.5.1.2 Fructose

1. Für die **Struktur des Fructosemoleküls** hat sich die Formel

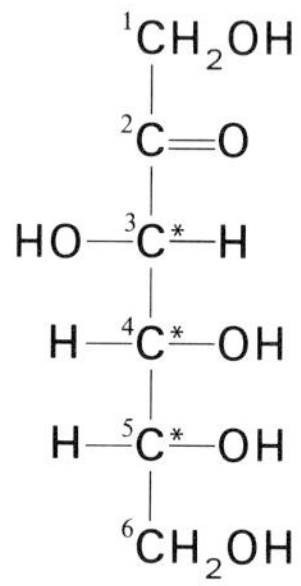

D-Fructose

ergeben. – Fructose ist ein Vertreter der **Ketozucker**, der **Ketosen**.
Im Gegensatz zu den Alkanonen vermag aber die Fructose ebenfalls Fehling-Lösung und Silberionen zu reduzieren. Ursache hierfür ist die Tatsache, daß die Fructose mit der Glucose über eine Zwischenstufe im Gleichgewicht steht:

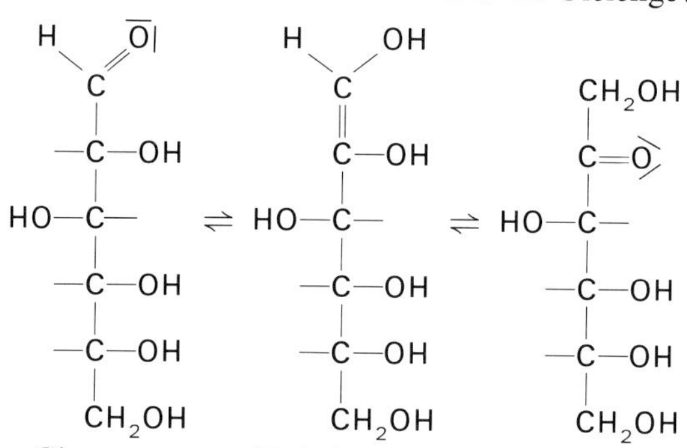

D-Glucose Zwischenstufe D-Fructose

Auch Fructose liegt vorwiegend in einer *ringförmigen* Struktur vor. Dabei handelt es sich um einen **5-Ring**, bei dem ein Sauerstoffatom die Verbindung zwischen dem C_2- und C_5-Atom herstellt.

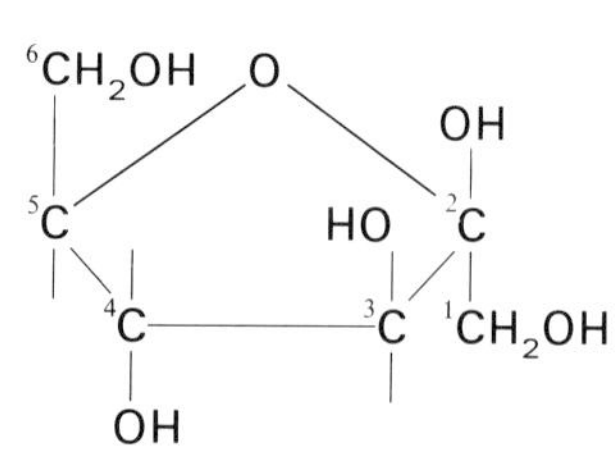

Ringform der D-Fructose

2. Fructose kommt weit verbreitet im Pflanzenbereich vor, meistens zusammen mit der Glucose. – Fructose ist wie die Glucose in Wasser leicht löslich, ist aber süßer als Rohrzucker.

11.5.2 Disaccharide

Zu den Disacchariden gehören z. B. die **Saccharose** (Rohrzucker) und die **Maltose** (Malzzucker). Disaccharidmoleküle können als Kondensationsprodukte aufgefaßt werden, die aus zwei Monosaccharidmolekülen entstanden sind:

$$2\,C_6H_{12}O_6 \rightleftharpoons C_{12}H_{22}O_{11} + H_2O$$

Da die Carbonylgruppe bzw. die OH-Gruppe am C_1-Atom der Glucose am reaktionsfähigsten ist, erfolgt die Bindung der beiden Monosaccharide meistens über diese Gruppe. Eine solche Verknüpfung, die unter *Wasserabspaltung* von dem C_1-Atom mit einer OH-Gruppe eines weiteren Moleküls eingegangen wird, bezeichnet man als **glycosidische Bindung**. Aus räumlichen Gründen erfolgt die Bindung eines Monosaccharids außerdem auch noch häufig am C_4-Atom.

1. Saccharose (Rohr- oder Rübenzucker) kommt in vielen Pflanzensäften, besonders aber in dem *Zuckerrohr* und der *Zuckerrübe* vor, dagegen nicht im Tierreich.
Der Rohrzucker hat einen reinen, süßen Geschmack, löst sich leicht im Wasser (3 : 1), in geringem Maße auch in Ethanol, und kristallisiert ausgezeichnet in monoklinen Prismen.
Kocht man Rohrzuckerlösung mit verd. Säuren, so wird der Zucker, beschleunigt durch die katalytische Wirkung der H_3O^+-Ionen, unter Aufnahme von Wasser in gleiche Teile Traubenzucker und Fruchtzucker zerlegt: Hydrolyse der Saccharose.
Die D-*Glucose* und die D-*Fructose* sind in der Saccharose **(1,2)-glycosidisch** verknüpft, so daß die Saccharose keine reduzierende Wirkung besitzt.

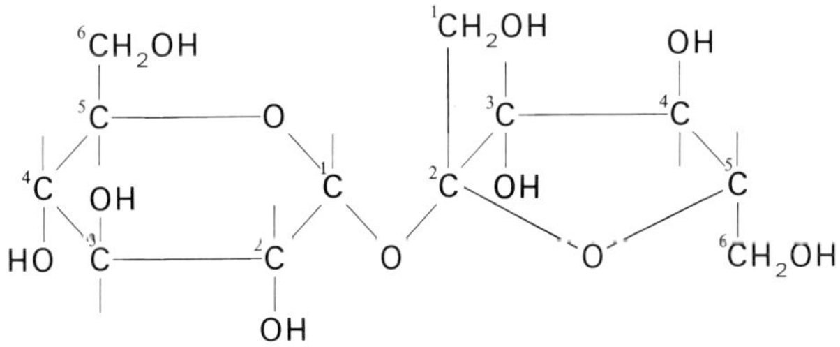

α-D-Glucose β-D-Fructose **Saccharose**

11.5.3 Polysaccharide

Die Polysaccharide sind sehr weit verbreitet, sie bilden etwa 90 % aller organischen Substanzen in der Natur. Sie haben verschiedene Funktionen, hauptsächlich sind sie Reserve- und Nährstoffe oder Gerüstsubstanzen.

Die Moleküle der Polysaccharide bestehen aus *sehr* vielen Monosaccharid-Bausteinen, und zwar die Moleküle der wichtigsten Polysaccharide, die der *Stärke*, des *Glykogens* und der *Cellulose*, nur aus Glucose-Molekülen.
Die *Molekülgröße* kann nicht genau angegeben werden, in einzelnen Fällen sind mehrere hundert, in anderen einige tausend Monosaccharid-Moleküle am Aufbau eines Polysaccharid-Moleküls beteiligt. Durch die Verknüpfung einer großen Anzahl von Monosaccharidbausteinen zu einem Makromolekül *verschwinden* die typischen *Eigenschaften* der *Monosaccharide* vollkommen, so die Wasserlöslichkeit, die Kristallisierbarkeit, das Reduktionsvermögen und auch der süße Geschmack. **Die Polysaccharide sind „zuckerunähnliche" Kohlenhydrate.**

11.5.3.2 Stärke (Amylose)

1. Vorkommen. Die Stärkearten sind amorphe, nicht süß schmeckende, weiße, geruch- und geschmacklose Pulver, die sich samtartig anfühlen. Sie bestehen aus mikroskopisch kleinen, geschichteten Körnchen, die bei jeder Stärkeart (Pflanzenart) besonders geformt sind.
Als Reservestoff wird die Stärke in Knollen, Wurzelstöcken, Stämmen, Samen und Früchten gespeichert, aus denen sie durch Auswaschen gewonnen werden kann.

2. Zusammensetzung. Die Stärke besteht aus *zwei* Komponenten, aus der in *heißem* Wasser kolloid löslichen **Amylose** und zu etwa 80% aus unlöslichem **Amylopektin**. Sowohl für die Stärke insgesamt als auch für jeden der beiden Bestandteile ergibt sich aufgrund der Elementaranalyse die Verhältnisformel $(C_6H_{10}O_5)_n$. Die Molekülgröße kann, da die Stärke nicht löslich ist, nicht genau angegeben werden. Für das aus *Tausenden* von Atomen aufgebaute Makromolekül schreibt man die Formel $(C_6H_{10}O_5)$.

Die Stärkearten sind makromolekulare Polysaccharide.

Die Löslichkeit. In *kaltem* Wasser und Ethanol ist Stärke *unlöslich*. *Heißem* Wasser gegenüber verhalten sich die beiden Komponenten verschieden. **Amylose** bildet eine *kolloide* Lösung. Sie gibt mit Iod eine tiefblaue Einschlußverbindung (Abb. 11.16).
Die Iod-Stärke-Verbindung ist bei höherer Temperatur unbeständig. – **Amylopektin** nimmt Wasser auf, quillt dabei und wird durchscheinend und gallertartig: **Stärkekleister**. Nach dem Erkalten gibt die *Iodprobe* eine *violette* Färbung; Fehling-Lösung wird aber *nicht* reduziert.

Die Iodprobe dient als Stärkenachweis.

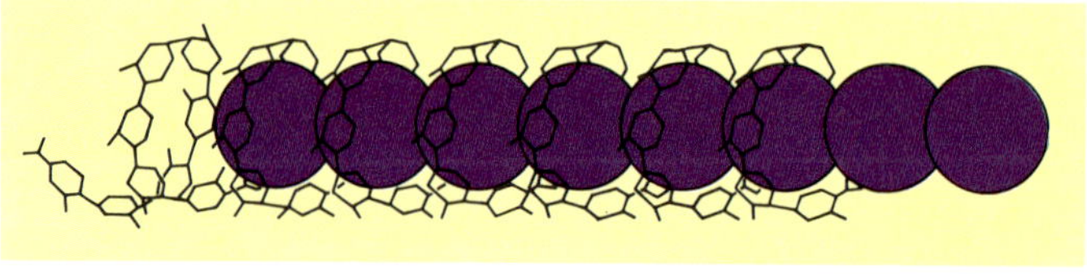

Abb. 11.16 Iod-Stärke-Einschluß-verbindung

Abb. 11.17 Ausschnitt aus einer Cellulosefibrille

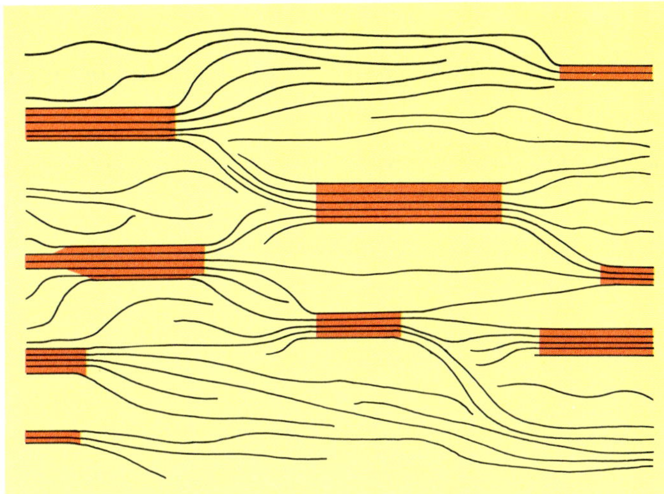

11.5.3.3 Cellulose

1. Vorkommen. Die Cellulose (Zellstoff) kommt im *Tierreich* nur ganz vereinzelt vor (Tunicaten), während sie im *Pflanzenreich* den Grundbaustoff der Zellwände bildet, die im jugendlichen Alter nur aus ihr bestehen. Je stärker die Zellwände beim Wachsen der Pflanze mechanisch beansprucht werden, um so mehr „verholzen" sie durch Einlagerungen von Stützsubstanzen, die aber keine Kohlenhydrate sind, von denen das **Lignin**, der **Holzstoff**, die wichtigste ist. Die „Inkrusten" können chemisch entfernt werden, wobei *reine* Cellulose zurückbleibt (40–60 % des trocknen Holzes).

Am reinsten findet sich die Cellulose in den Samenhaaren der **Baumwolle** und der aus ihnen hergestellten **Watte**. Auch die Fasern von **Hanf** und **Flachs(-leinen)**, **Binsen-** und **Papyrusmark**, **Fließpapier** sind fast reine Cellulose.

2. Eigenschaften. Chemisch reine **Cellulose** ist ein *weißer* Stoff, der im physikalischen Sinn in *keinem* Lösungsmittel löslich ist, weder in Wasser noch verd. Säuren oder Laugen.

3. Die Molekülstruktur. Die Elementaranalyse liefert für die Cellulose die gleiche Verhältnisformel $(C_6H_{10}O_5)_n$ wie für die Stärke. Cellulose ist ebenfalls ein *makromolekulares* **Polysaccharid**.

Sie besteht aus **D-Glucoseeinheiten**, die *(1,4)-glycosidisch* verbunden sind und **lineare Fäden** von beträchtlicher Länge bilden (Abb. 11.17).

Aufgaben

1. Begründen Sie, warum Fette keinen Smp, sondern einen Schmelzbereich haben!

2. Erstellen und erläutern Sie den Reaktionsmechanismus für die Verseifung von Fetten mit Natronlauge.

3. Woran kann man erkennen, ob die Verseifung eines Fettes abgeschlossen ist?

4. Erstellen Sie die Strukturformel eines Glycerids aus drei verschiedenen Fettsäuren (Tab. 11.2).

5. Erklären Sie, warum eine methanolische Seifenlösung im Gegensatz zu einer wäßrigen nicht alkalisch reagiert (Versuch 10).

6. Erklären Sie die Beobachtungen von Versuch 12 und Versuch 13!

7. Erstellen Sie den Reaktionsmechanismus für die Darstellung eines Natriumalkylsulfats (Versuch 14).

8. Erklären Sie die Kristallisierbarkeit und den hohen Smp. der Aminosäuren genau (im Gegensatz zu den Hydroxycarbonsäuren).

9. Erklären Sie, warum sich die Haut gelb färbt, wenn sie mit konz. Salpetersäure in Berührung kommt.

10. Zum Eiweißnachweis im Harn versetzt man diesen mit verd. Salpetersäure. Wie läßt sich Eiweiß dabei erkennen? – Erklären Sie!

11. Erläutern Sie, warum Saccharose keine positive Fehling-Probe zeigt, während ihr Hydrolysat positiv reagiert.

Namen- und Sachverzeichnis

Bildnachweis

Badische Anilin- & Sodafabrik BASF AG, Ludwigshafen Abb. 7.12; Bayerische Staatsbrauerei Weihenstephan, Foto: Körber, Freising Abb. 7.13; Deutsches Museum, München Abb. 2.3; Drägerwerk, Lübeck Abb. 7.14; Esso AG, Hamburg Abb. 6.12 rechts; General Dynamics Corporation, Tokyo Abb. 6.14; Mobil Oil, Hamburg Abb. 6.11, 6.12 links; Verlagsarchiv Diesterweg, Frankfurt a. M. Abb. 2.10, 2.12, 4.3, 4.10, 5.3, 7.8, 8.2, 9.1, 10.11; Wacker-Chemie GmbH, München Abb. 4.9; H. Wilder und Phywe AG, Göttingen Abb. 1.2, 2.16, 3.3, 4.11, 7.11, 8.3, 8.4, 10.5, 10.7, 11.8; L. Windstoßer, Stuttgart 6.16.

 987654 32

Elektronen-Konfiguration der Elemente

	Ordnungszahl	Element	1s	2s	2p	3s	3p	3d	4s	4p	4d	4f	5s	5p	5d	5f	5g	6s	6p	6d	6f	6h	7
1. Periode	1	H	1																				
	2	He	2																				
2. Periode	3	Li	2	1																			
	4	Be	2	2																			
	5	B	2	2	1																		
	6	C	2	2	2																		
	7	N	2	2	3																		
	8	O	2	2	4																		
	9	F	2	2	5																		
	10	Ne	2	2	6																		
3. Periode	11	Na	2	2	6	1																	
	12	Mg	2	2	6	2																	
	13	Al	2	2	6	2	1																
	14	Si	2	2	6	2	2																
	15	P	2	2	6	2	3																
	16	S	2	2	6	2	4																
	17	Cl	2	2	6	2	5																
	18	Ar	2	2	6	2	6																
4. Periode	19	K	2	2	6	2	6		1														
	20	Ca	2	2	6	2	6		2														
	21	Sc	2	2	6	2	6	1	2														
	22	Ti	2	2	6	2	6	2	2														
	23	V	2	2	6	2	6	3	2														
	24	Cr	2	2	6	2	6	5	1														
	25	Mn	2	2	6	2	6	5	2														
	26	Fe	2	2	6	2	6	6	2														
	27	Co	2	2	6	2	6	7	2														
	28	Ni	2	2	6	2	6	8	2														
	29	Cu	2	2	6	2	6	10	1														
	30	Zn	2	2	6	2	6	10	2														
	31	Ga	2	2	6	2	6	10	2	1													
	32	Ge	2	2	6	2	6	10	2	2													
	33	As	2	2	6	2	6	10	2	3													
	34	Se	2	2	6	2	6	10	2	4													
	35	Br	2	2	6	2	6	10	2	5													
	36	Kr	2	2	6	2	6	10	2	6													
5. Periode	37	Rb	2	2	6	2	6	10	2	6			1										
	38	Sr	2	2	6	2	6	10	2	6			2										
	39	Y	2	2	6	2	6	10	2	6	1		2										
	40	Zr	2	2	6	2	6	10	2	6	2		2										
	41	Nb	2	2	6	2	6	10	2	6	4		1										
	42	Mo	2	2	6	2	6	10	2	6	5		1										
	43	Tc	2	2	6	2	6	10	2	6	6		1										
	44	Ru	2	2	6	2	6	10	2	6	7		1										
	45	Rh	2	2	6	2	6	10	2	6	8		1										
	46	Pd	2	2	6	2	6	10	2	6	10												
	47	Ag	2	2	6	2	6	10	2	6	10		1										
	48	Cd	2	2	6	2	6	10	2	6	10		2										
	49	In	2	2	6	2	6	10	2	6	10		2	1									
	50	Sn	2	2	6	2	6	10	2	6	10		2	2									
	51	Sb	2	2	6	2	6	10	2	6	10		2	3									
	52	Te	2	2	6	2	6	10	2	6	10		2	4									
	53	I	2	2	6	2	6	10	2	6	10		2	5									
	54	Xe	2	2	6	2	6	10	2	6	10		2	6									